Life Sciences in Space

宇宙生命科学入門

生命の大冒険

The Great Adventure of Life to Space

石岡 憲昭 著

谷田貝 文夫 執筆協力

共立出版

執筆にあたって

私が1998年に東京慈恵会医科大学から宇宙開発事業団（NASDA）に移り，以来2003年の機関統合を経て宇宙航空研究開発機構（JAXA）になり，宇宙科学研究所（ISAS）に異動してから今に至るまで，宇宙環境を利用する生物実験を担当して約20年になる．その間，多くの先生方とスペースシャトルや国際宇宙ステーション（ISS）での宇宙実験に携わってきた．2017年2月までは，老化や人工冬眠の研究のかたわら宇宙飛行士の姿勢制御に関する実験の代表研究者としてヒューストンのジョンソン・スペース・センター（JSC）に行ったり来たりしていた．

2017年3月に定年退任を迎えるにあたり，これまで宇宙環境を利用する生命科学実験の自分の経験と面白さを次の世代の若い方々に伝え，少しでも宇宙生命科学の分野に興味と関心を持ってもらいたいとの思いから本書の執筆を思い立った．この分野に身を置き多くの方々にお世話になった者として，少しは恩返しができるのではないかとも考えた．そこで，日本がISS「きぼう」で本格的に宇宙実験を開始したときの最初の実験の代表研究者で，私が共同研究者としてご一緒した谷田貝文夫先生（理化学研究所，JAXAシステム共同研究員）にご相談申し上げたところ，それではと心よく執筆に協力していただけることとなった．特に第1章，第4章はほとんど先生に執筆していただいた．また，宇宙微生物研究の推進にお力添えいただいた那須正夫先生（大阪大学名誉教授，大阪大谷大学客員教授）には，本書執筆を力強く後押ししていただいた．さらに共立出版の信沢孝一様（取締役編集担当）をご紹介いただき出版にこぎつけることができた．この場をお借りして感謝申し上げます．

本書では，地球の誕生に遡り，生物の進化をもたらしながら現在の地球環境に至った諸要因を考察することから始め，地球環境をより良く理解して，生命にとっての宇宙の特殊性の本質に迫りたいと考えている．さらには宇宙における生命の起源，進化，分布，そして未来についてまで考え，我々人類が未来に向けて宇宙をどのように活用し利用していったらよいのか，人類が宇宙に進出する意味について考えていただければと思っている．

有人宇宙飛行が1961年に実現し，その後スペースシャトルの時代を経て，宇宙飛行士がより長く宇宙に滞在することがISSの建設によって可能になったことは周知の通りである．関連する技術の目覚しい発展により，ISSの中では微小重力であることを除くとほとんど地上の環境に近いと言われるまでになった．しかしながら，微小重力による宇宙飛行士への健康影響，例えば，骨密度の減少や筋力の低下などは今現在でも問題になっている．また，有人火星探査の計画が持ち上がってから，さらに長期間の宇宙滞在が余儀なくされることもあって宇宙放射線による被ばく線量の増大も心配の種になってきている．宇宙での微小重力と放射線は生物に影響を及ぼす二大因子である．まずは，これら二大因子による生物影響について今までにわかってきたことを，過去の歴史的発見から最新情報までなるべくわかりやすく解説したいと思っている．次に，微小重力と宇宙放射線をそれぞれ独立の因子として生命への影響を評価するだけでよいのかという問題を提起したい．この本を通して，この問題提起や見解について読者の方にも関心をもってもらいたいと考えている．

この本の執筆を開始してから，すでに2年以上の月日が経ってしまい，その間にも，テレビ，報道などを通して宇宙に関して多くの重大なトピックスが報じられた．はやぶさ2号の打ち上げは，その目的の一つが生命の起源を地球外に求めるものである．NASAは地球を周回するケプラー天体望遠鏡で太陽系外惑星を1284個発見し，550個が地球のような岩石惑星で，そのうちの9個がその属する恒星の「居住可能区域」内を周回していると発表した（さらに2017年2月，地球からわずか？40光年ほど離れた星系に地球型惑星7個が見つかり生命の存在する可能性が期待できるとNASAから発表があった）．ブラックホールどうしの合体によって重力波が生じることは，アインシュタインによって100年も前に予測されていたが，実際に地上の宇宙重力観察装置によって重力波が検出されたという大きなニュースも入ってきた．日本ではカミオカンデやスーパーカミオカンデで有名な奥飛騨の神岡鉱山に新しい装置（重力波望遠鏡KAGRA）をつくって重力波の検出を試みている．米ソの冷戦時代に両国が開発に国の威信をかけてしのぎを削ってきたことは有名な話だが，現在でも中国やインドなども含めて宇宙開発に積極的な国が多くあり，昔よりもさらに競争が激しくなってきたと言えるかもしれない．人類の生活を向上させるために宇宙をどのように利用するか，国際間の協調関係をもとにした適切な宇宙開発が望まれてやまない．

生命の本質に迫る問題を解決するために宇宙があるという捉え方をしたくて，「宇宙生命科学入門—生命の大冒険—」というタイトルをつけて執筆にあたったが，科学の進歩は速く，新たな問題を提起する目的で書いたことが新しさを失いつつあるのではと不安にかられている．とりわけ，生命科学分野においては，一つの細胞に対する解析，いわゆるSingle-cell Analysisを駆使して細胞応答を明らかにできる時代にさえなってきたことを考えると心配が一層深刻化する．ともあれ，幅広い層の読者に興味をもってもらうとともに，この分野の若手研究者や研究者の卵にはより一層の探求心を駆り立てることができたらという願いから，不安はあっても当初の構想通りに筆を進めた．幅広い層の読者の興味を引くには，難解のところがかなり多くなってしまったかもしれない．その点はご容赦願いたい．

さて，21世紀は，本当に，人類が宇宙に進出する世紀になるのだろうか．この問題を扱う学問分野の一つとして，アストロバイオロジー（Astrobiology）が挙げられる．本書ではあえて言及はしていないが，アストロバイオロジーとはNASAがつくった造語で，宇宙における生命の起源，進化，分布，そして未来についてまで考える，幅広い領域をもつ学問と認識されている．ただ，宇宙生物学の分野をアストロバイオロジーと捉えると扱う問題が限定されてしまうので，ライフサイエンスに関わる研究分野として捉えた方がよいという考え方もある．もしかしたら，このような定義はあまり意味がないのかもしれない．大切なことは，私たちが未来に向けて宇宙をどのように活用し利用していったらよいのかを考え，提案し，実現していくことである．また，新たな活用や利用を可能にするにはどのような技術の開発が期待されているのかも重要である．

最後に，ISSの運用が2024年まで延長されることが決まったが，多くの関連研究者がISSの運用，利用を延長することだけにとらわれ過ぎてはいないだろうか．成果最大化を問われる今，ISSの存在理由を明確にして，今後の

10 年，20 年，いや 100 年後を見据えた今までとは全く異なる独創的な発想がこの分野にも求められているような気がしてならない.

石岡　憲昭

目　次

第1章
私たちを取り巻く宇宙

はじめに，宇宙がどのように成り立っているのか，地球がどのようにして創られたのか，そして，人類の宇宙への進出を考えてみよう．宇宙への第一歩である地球周回軌道上の宇宙船は低軌道でも宇宙環境を反映している．そこで，宇宙環境は地球環境とどのように異なるのかを国際宇宙ステーション（ISS）を例に挙げて説明する．また，このような宇宙船の中での生活は，果たして，健康にどのような影響を及ぼすのかについても考察したい．

1.1　宇宙の成り立ち

1.　宇宙：多くの銀河系

誰しも一度は「宇宙には本当に果てがないのだろうか」と考えるだろう．宇宙観については古代ギリシャの時代から議論がなされ，その頃は私たちの太陽系と同じような世界が無数に存在するという説と，地球を中心とする世界が唯一存在するという説の2つが対立していた．前者の方が正しいという結論がでるまでには，多くの議論がなされ長い年月が費やされた．天王星の発見をきっかけとして，太陽系についての観測が進んだのは18世紀末からであり，太陽系以外の惑星の存在が科学的に実証されたのは何と1990年代の後半と言われている．「宇宙の果て」についての理解が飛躍的に進んだのは20世紀になってからであり，いわゆる「ビッグバン宇宙論」が確立されてからである．宇宙全体の4分の3くらいが「ダークエネルギー」と呼ばれる正体不明の存在であることが，遠方の超新星の観測から明らかにされた［1-1］．そして，宇宙全体の5分の1くらいが「ダークマター」とされ，まわりの物体に重力を及ぼす（質

図 1-1　アメリカ合衆国ニューメキシコ州ソコロに並ぶ超大型干渉電波望遠鏡の風景
直径 25 m のパラボラアンテナを 27 台集めて，直径 130 m の電波望遠鏡として機能する．
http://ja.wikipedia.org/wiki/ 電波望遠鏡より引用

量だけをもつ）が，光や電波などを発しない物質と考えられるようになった．宇宙の質量のほとんどがこの「ダークマター」であると言われる．また，現在の技術ではすでに宇宙の果て 137 億光年の遠方まで観測することができ，これは観測可能な全宇宙の 99.999% に相当する．

宇宙全体には数千億もの銀河系があり，そのうちのひとつが私たちの銀河系「天の川」である．「天の川」銀河系には，1000 億もの恒星があり，そのひとつが太陽である．銀河系の総質量は 2000 億太陽質量と言われている．近年，天体の観測技術の進歩には目覚しいものがあり，その進歩に大いに役立ったのが電波望遠鏡（図 1-1）である．光学望遠鏡には，レンズを利用し光を屈折させて収束する屈折望遠鏡と，反射鏡を利用して光を集光する反射望遠鏡があるが，電波は可視光よりも波長が長いため収束するほど屈折させることが難しいので，電波望遠鏡では反射を利用する．電波をアンテナで受信し，増幅してからその信号をコンピュータで解析している．このような原理で，目では暗く見える天体でも電波望遠鏡では明るくとらえることができ，水素を始めとする温度の低い原子や分子から構成され星形成の足場ともなる分子雲の存在も明らかにすることができる．

また，宇宙望遠鏡も活躍している．アメリカ航空宇宙局（NASA）によるディスカバリー計画の一環として，ハッブル宇宙望遠鏡が 1990 年に地球を周回する軌道上に打ち上げられた．ハッブル宇宙望遠鏡は太陽系の惑星だけでなく新しい銀河を発見してきた．このハッブル宇宙望遠鏡の後継機種として 2009 年に打ち上げられたケプラー宇宙望遠鏡（図 1-2）は，地球の後を追いかける

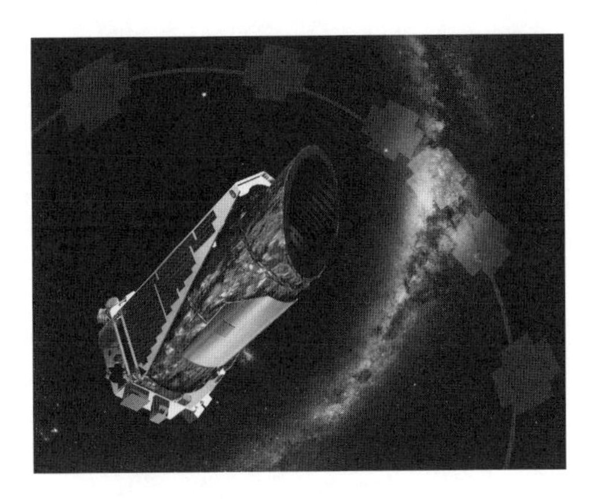

図 1-2　ケプラー宇宙望遠鏡のイラスト
ディスカバリー計画の 10 番目の衛星として打ち上げられた.
NASA ホームページ https://www.nasa.gov/content/kepler-multimedia より引用

太陽周回軌道に投入された．観測対象の星が地球の影に隠れてしまうのを防ぐためである．ケプラー宇宙望遠鏡は地球型の太陽系外惑星を探すために活躍しており，2013 年には，地球と同規模の太陽系外惑星を 3 つ発見したことが NASA によって発表された．その後も太陽系外惑星の発見が続けられ，2015 年 1 月には 1000 個を超したと報じられた．天体観測は様々な観点から注目を浴びているが，人類のような生命が生活できるハビタブルゾーン（次節「太陽系」参照）をもっている惑星に大きな関心が寄せられていることは間違いない．2017 年 6 月現在，ケプラーによって観測された惑星候補は 4034 個で，そのうち 2335 個が太陽系外と確認されている．地球サイズの惑星候補は 50 個見つかっている．

星と星の間にある物質は長い間，原子状と考えられていたが，電波望遠鏡による観測によって，多数の分子が存在することがわかってきた．例えば，「天の川」銀河系では，およそ 50% が分子状で，これらの分子は，地球上の生命体の重要な構成要素である生体高分子をつくるもとになりうる．銀河系というと星にばかりに注目がいくが，そのもとになるガス状の分子雲で埋め尽くされている空間と言ってもよい．始めに，星間物質が存在し，分子状つまり星間ガス（水素 71%，ヘリウム 27%，その他 1%）が重力によって凝縮して恒星ができたとされる．恒星の周りを廻る惑星系も同時に形成され，銀河系がつくら

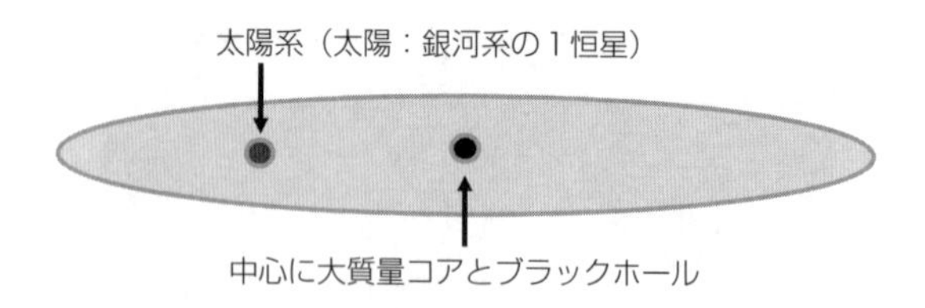

図1-3　天の川銀河系（円盤銀河の構造を模式的に表示）
銀河は，中心に大質量コアとブラックホール，そしてその周りの古い星々からなる密度の高い中心核（バルジ）を持つ．円盤銀河は古い星と若い星が混ざり，星間ガスも豊富で中心に行くほど密度が高くなる．そして銀河全体を包み込むようにダークマターからなる（希薄な星間物質や星雲がまばらに存在している）領域（ダークハロー）が取り巻いている［1-1］．

れたのである．

祖父江の著書『宇宙生命へのアプローチ』［1-1］にとても興味深い話が載っている．宇宙に地球と同じような文明をもっている惑星があるとしたら，私たちと交流できるのかという話題である．銀河系に存在する文明は2000個くらいで文明間の距離は平均で1000光年と見積もられている．銀河中心では恒星密度が高いが，太陽系はどうやら天の川銀河系の端に近いところにあり（図1-3），その周辺の恒星密度は低いとのことである．銀河中心の恒星密度は太陽系あたりと比べて20万倍も高いと見積もられている．文明遭遇のチャンスは星と星との距離の二乗に比例するとすると，銀河中心では惑星間で文明が交流されている可能性があるのではと推測される．一方，私たちの地球文明と他文明の交流の可能性がでてくるには，他の文明までの距離を上述のように平均値1000光年とすると，現在の情報伝達技術が少なくとも1000年間は維持されなければならない．読者の夢を壊してしまうのかもしれないが，現在の地球環境を守ることに人類が格段の努力をしないと，情報伝達技術を維持する以前に人類の存在自体が危うくなるだろう．

2.　太陽系：太陽とその惑星

太陽は高密度のガスの火の玉である．光輝いて見えるのは，陽子からヘリウム原子核を生成する反応（核融合反応）が起きて光を放ってエネルギーを放出するからである．もちろん，目に見える光だけではなく粒子放射線なども放出する．このエネルギー放出期間がおよそ100億年と考えられるので，地球が誕

表 1-1 太陽系の惑星のプロフィール

惑星	赤道半径（km）	質量（地球比）
水星	2,440	0.055
金星	6,050	0.82
地球	6,400	1.0
火星	3,400	0.11
木星	71,500	320
土星	60,300	95
天王星	25,700	15
海王星	24,700	17

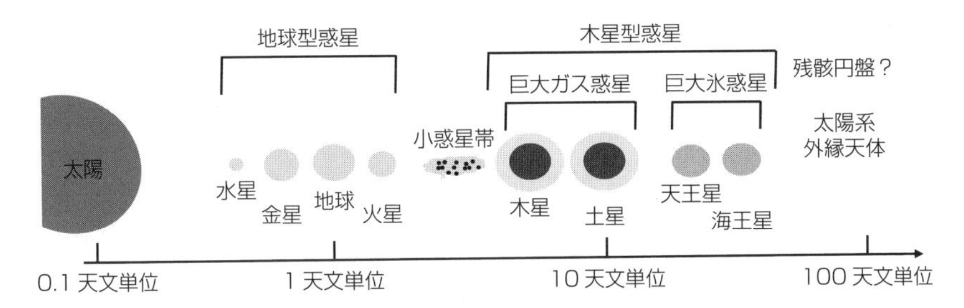

図 1-4 私たちの太陽系に存在する惑星（太陽からの距離）
地球と太陽の距離は約 1 億 5 千万キロメートルで，光の速さで 8 分強かかる．
この距離を 1 天文単位とする．

生して 46 億年とすると，あと 50 億年余りで太陽は燃え尽き，赤色巨星となる．なお，恒星として光り輝くためには，核融合反応を想定すると，少なくとも太陽の 10 分の 1 の質量が必要とのことである．恒星が誕生する際には惑星系も同時に形成されると述べたが，太陽系には，8 個の惑星（表 1-1），その周りを廻る 63 個の衛星，そして約 8000 個の小惑星，約 150 個の周期彗星の存在が知られている［1-2］．太陽と地球との距離を 1 天文単位として表した場合の，太陽からそれぞれの惑星までの距離を対数表示にして図 1-4 に示してある．

一番外側には冥王星があって，惑星の数は 9 個と記憶されている読者も多いのではないだろうか．海王星が 1846 年に，そして 1930 年に冥王星が見つかった．ところが，2006 年 8 月の国際天文学連合総会で冥王星を太陽系惑星から外す決議がなされた．つまり，太陽系の外縁に拡がっている天体の一つとして冥王星を扱うことが決まったのである．これらの太陽系惑星を大きく分けると，地球型惑星と木星型惑星に分けることができる．前者は，太陽系の内側に位置して比較的小型の岩石主体の惑星である．一方，後者をさらに分類すると，表面をガスに覆われた巨大ガス惑星（木星，土星）とほとんどの質量が氷で占められている巨大氷惑星（天王星，海王星）に分けられる（図1-4）．つまり，太陽からの距離（軌道半径）が大きくなるとその惑星では，温度が低くなり水が凍ってしまう．水，すなわち，海をもてるような惑星は，地球ぐらいの軌道半径の惑星に限られるということになる．このような軌道半径に対応する領域（範囲）をハビタブルゾーンという．まさに，惑星の軌道半径と生命の誕生とは密接に関わっている．地球型惑星でも海洋の形成に成功する場合と失敗して水を失う場合があり，これも軌道半径が大きな因子となるようである．いずれにしても，地球型惑星が発見されたといったニュースは度々報じられ，大きな関心が寄せられている．

2017年2月23日にNASAが40光年ほど離れたところに少なくとも7個の地球型惑星を発見したと記者会見した．地球とほぼ同じ大きさで，海の存在の可能性が高く，環境も地球に近いかもしれないという．一つの恒星系から7個も地球型惑星が発見されるのは異例で（そのうち3個の惑星に水の可能性がある），果たして生命は存在するのであろうか？と期待が膨らむニュースであった．この恒星は「トラピスト1」と名付けられ，NASAのスピッツァー宇宙望遠鏡などによる複数回の観測により，その存在が確認されている．さらに2017年4月14日のNASAの緊急記者会見で，土星の衛星エンケラドゥスの海の底で水素分子が生みだされていることを発表した．これは氷の下の海の底で水熱反応を起こしているためと考えられていて，これもまた生命が存在する可能性を期待させるものである．

3. 地球：構造と磁場

さて，地球へと話が進んできたが，地球の表面には水（海）があり，その周りを空気（大気）が覆っている．地球から見て太陽が光り輝いているのは，太陽の核融合反応（上述）によって地球上に光が降り注いでいることに他ならない．水も温度が高すぎて水蒸気になってしまう訳でもなく，また寒すぎて凍って氷になってしまう訳でもない，適切な温度に保たれて地表に存在して川や湖や海になってくれる．地球が適切な暖かさを保っているのは，大気という暖かい毛布にくるまっているからで，そのおかげで水が液体状態に保っているという見方もできる．地球の周りの大気は他の惑星の場合と異なり，酸素を 20% も含んでいて，次節で述べる生命進化の原動力にもなった．ちなみに，火星や金星では大気の主要な成分は二酸化炭素（CO_2）である．ここで，簡単に地球の内部構造や磁場についてふれる [1-3].

地球を玉ねぎに例えることがよくある．玉ねぎの皮が地球を覆っている層に例えられるからである．一番外側は薄い地殻で，その深さはボールや風船に張られた薄いシールの厚みに相当する．地殻の下はマントルでこれは地球の体積の 82% 以上を占める．さらに深いところは非常に高密度の核になっている．地磁気は，太陽から放出される太陽放射線（宇宙放射線）から地球上の生命を守ってくれる役割もある．地球は単純な棒磁石と同様な形の磁場を持っている．地球の内部に巨大な磁石が埋め込まれているのではと疑いたくなるが，その可能性はない．地球が巨大な発電機（ダイナモ）として働き，力学的エネルギーを電気エネルギーに変換し，地球の奥深いところで電流が流れることによって磁場が生じると考えられている．もともとは，地球が誕生したときに，太陽の磁場が引き金となって地磁気が生じたのに，現在はこの地磁気が太陽の磁場を締め出しているという皮肉な結果にもなっている．また，地磁気（磁場）の強さは絶えず変動していて，過去 160 年の間に 7% も減少し，この割合で減ると 2000 年後には消滅してしまうとも言われている．地磁気は私たちの生活と密接に関連しているので，これは大きな問題である．

コラム　地球における生命の誕生と進化

地球の創生は 46 億年前，生命の誕生は 38 億年前，そして生物の進化を経て私たち人類が誕生したのは 500 万年あるいは 700 万年前といわれている．地球が誕生してから現在までを 1 年間のカレンダーに例えると，人類の誕生は大みそかの午後あるいは夕方ということになる．そして，文字など人類の文明が芽生えたのは除夜の鐘が鳴り始めてからで，新年を迎える 2 秒前に産

コラム図 1　生命の起源と進化：星と惑星系の形成と生物進化
NASA ホームページより引用
(https://www.nasa.gov/exploration/whyweexplore/Why_We_13.html)

業革命が起きたということになる．地球が誕生してから地球環境がどのように変化し，生命の誕生に至ったのであろうか．

生命の起源には地球起源説と地球外起源説の二つがある．地球が冷えるとともに水蒸気は水となり，原始地球の海が形成された．宇宙放射線や紫外線あるいは雷といったエネルギーにより，大気の成分から様々な有機物がつくられ原始地球の海の中に溶け込んだ，あるいはまた，海底の熱水噴射によって有機物が生成されたのが最初のステップであるという説が地球起源説である．一方，他の惑星で誕生した生命の“種”が宇宙空間を旅して地球にたどり着き，地球に生命の誕生をもたらしたとするのが地球外起源説［1-4］である．この考え方は古代ギリシャの時代からあったとされ，1906 年にスゥエーデンの化学者，アレニウスの提案した「パンスペルミア説」［1-5］がその代表的なものである．実際に，1969 年にオーストラリアに落下した隕石の有機化学的研究から，隕石中にアミノ酸，カルボン酸，核酸塩基，糖の誘導体が発見された［1-6］ことなどがこの説の裏付けとされている．地球起源でも地球外起源でもその後のステップにおいては，原始地球の海の中で化学進化が進み，核酸からポリヌクレオチドとして RNA が合成され，RNA を鋳型としてアミノ酸がつくられ，ポリペプチドを経てタンパク質まで合成が進んだのではという推測がなされている（コラム図 1）．

なお，ポリヌクレオチドとして DNA が先に合成され，DNA の情報が RNA に転写され，その情報がタンパク質に翻訳されたという説も提唱されている．RNA が先であるという説では，アセチレンとホルムアルデヒドが前駆化合物となってRNAを合成したのではと説明されているが，最近，天然に存在しないTNA（Threose Nucleic Acid：トレオース核酸）という人工核酸が合成され，DNAやRNAと相補的な塩基対を形成できるだけでなく遺伝情報を伝えることができるため，RNAに至る進化の過程上に存在したのではないかと考えられている [1-7]．また，DNA，RNAなどの分子が合成されるには細胞膜をつくる脂質の働きが不可欠なので，脂質を抜きには生命の起源は考えられないという論文も発表されている [1-8]．

一方，太陽系惑星に生命が存在した痕跡を調べるために，今までに多くの試みがなされている．例えば，土星の衛星であるタイタンにアデニンやメタンを含む有機化合物が見つかった [1-9] という話や火星の岩石にレーザー光をあててガスを発生させその成分分析を行うといった調査もなされている．JAXAによって2014年12月に打ち上げられた「はやぶさ2号」は，小惑星「リュウグウ」に生命誕生の謎を探ることが目的の一つである．「リュウグウ」は，多くの有機物を含んでいる「炭素質コンドライト」隕石と同じ鉱物組成をもつと考えられている「C型小惑星」であり，生命の痕跡としての有機物が見つかる可能性がある．実際に，小惑星でサンプルを採取した後に，地球に持ち帰るのは2020年になる．

地球生物の進化をもたらした環境要因は何であろうか？　地球が創られた46億年前の原始大気には分子状の酸素 O_2 はなかった．その後38億年くらい前に最初に地球に誕生した生物と考えられる嫌気性細菌は，海洋中の有機物を分解してエネルギーを得ていた．最初の生物の誕生から5億年くらいの間はこの嫌気性細菌が繁殖して，海水や大気には二酸化炭素 CO_2 が増加した．その後，この CO_2 を利用して自ら有機物をつくる光合成細菌やラン藻類が現れ，光合成によって CO_2 が酸素 O_2 に変換されるようになった．こうして25億年くらい前は大気中に酸素が存在するようになったが，この頃の生物にとって，酸素はむしろ有害であった．一方で地球の表面は生物にとって厳しい環境で今よりも数千倍も強い紫外線の嵐に覆われていた．この強い太陽紫外線から逃れる“きっかけ”となったのが，実は光合成細菌が出す酸素であったという説がある．有害であった酸素がなぜ，これらの脅威から逃れるのに役立ったのか，次のような二つの理由が提唱されている．その一つは，光合成細菌が出した酸素が大気中に拡がってオゾン層をつくり紫外線を吸収したこと，もう一つは，酸素を利用して呼吸を行い，エネルギーを獲得する好気性細菌が現れたことである．大気の酸素濃度は，カンブリア紀（6

億年くらい前）には現在のレベルの1%になり，シルル紀（4億年くらい前）には現在のレベルの10%になったと推定されている．なお，現在の酸素濃度レベルは大気の21%である．シルル紀には酸素がオゾン層となって地球の上層を覆い，太陽からの紫外線を吸収してくれた．その後，海中から生物が上陸し，一部の嫌気性細菌を除き，酸素（活性酸素）や紫外線などの環境毒に対する抵抗力を獲得した生物だけが進化の過程で生き残ったと考えられる．

地球の寒冷気候によって，今から5〜7億年前に全地球が凍結し，生命のほぼ絶滅が起きた．その後，凍結から回復して生き残った生物が爆発的に拡散したのが“カンブリア紀の爆発”である．なお，〜6億年前以降には，生物の大量絶滅は六度起こっている．その間に訪れた氷河期は三度であるため，氷河期と大量絶滅には必ずしも相関がないという指摘もある［1-5］が，紫外線や酸素に加え，気候変動が進化の原動力の大きな要因であったことは間違いないと考えられる．さらに，気候変動だけではなく，地球上の宇宙放射線強度が進化の一因になったのではという説を支持する報告もある［1-10］．

生物の進化を調べる有力な手法として，16sリボソームRNAの塩基配列を調べて同じ進化の系統に属するかどうかを判定する方法（進化系統樹）がよく用いられてきた．リボソームはタンパク質を合成している細胞器官で，生物種を問わず同じ機能をしていると考えられており，このリボソームを構成しているサブユニットの16SリボソームRNA（16SrRNA）の塩基配列が似ているかどうかを手掛かりに生物の系統図をつくるという手法である．しかしながら，最近では，ヒトゲノムのDNA配列を直接解読することも可能になり，トランスポゾンの存在も注目されるようになった．トランスポゾンとはゲノム上の位置を転移できる塩基配列のことで，動く遺伝子とも転移遺伝子とも呼ばれる．転移はゲノムのDNA配列を変化させるためゲノム再編の原動力の一つ，すなわち，進化に繋がると考えられる．つまり，トランスポゾンは突然変異の原因になり，生物の多様性を増幅して進化を促進してきたと考えられるからである［1-11］．

1.2　宇宙とはどのような環境なのか？
—地球近傍の国際宇宙ステーション—

宇宙とは地球の大気圏外の空間のことで，ふつうは高度が100 km以上の空間を指す．人類が今までに行ったことのある宇宙とは，地球に比較的近い（平均で38万4千km）月の上と地球の大気圏を出て数百kmの周回軌道だけである．しかし低高度周回軌道上の宇宙船といっても地上とは全く異なる環境である．宇宙飛行士が滞在する宇宙船内では，宇宙飛行士だけでなく色々なものがふわふわと浮いている．重力がかからなくなると，地球上では当たり前の現象が現れなくなるからである．このような様子を映像で見ると，読者も“異なる環境”を実感されるのではないだろうか（図1-5）．

地球上の物体が地球から受ける力は万有引力である．万有引力だけでなく地球の自転に伴う遠心力も足して合計すると，地球上での重力は1 Gとなる．この基準に従うと，火星では0.38 G，月では0.17 G，太陽では28.1 Gになる．つまり，他の天体に行ったときに体重がこの割合で減ったり増えたりするのである．ここで，地球周回軌道を回っている衛星を考えてみると，軌道から外れていこうとする遠心力と軌道の中心方向に引っ張る重力のバランスを保つようにしているので，衛星は重力のかからない無重力状態のように見える．ところが，衛星の軌道あたりの高度では，地球，太陽，月との引力が働き，厳密には

図1-5　宇宙での微小重力：ISSきぼう棟内で実験中の若田飛行士
若田宇宙飛行士の胸のあたりを実験器具が浮遊している．
http://iss.jaxa.jp/iss/jaxa_exp/wakata/ のフォトライブラリィより引用

表1-2 地球近傍（〜高度 400 km）での宇宙環境（文献［1-12］の表 2-1 を改変引用）

環境因子	特徴
気圧	10^{-5} Pa
大気	原子状酸素 85%
太陽光エネルギー	1.4 kW/m^2
宇宙放射線	陽子，α 線，重粒子線とこれらの 2 次放射線（γ 線，中性子線）など
重力	10^{-6} G〜10^{-4} G
温度	−100℃以下〜＋100℃以上（スペースシャトル外面）

無重力にはならない．そこで，衛星付近での重力は微小重力（低重力）と表現される．実際に，国際宇宙ステーション（International Space Station: ISS）など地球周回軌道上（平均で高度 400 km くらい）の衛星の内外での重力は 10^{-6} G〜10^{-4} G 程度の微小重力状態になっている（表 1-2）．

ISS には様々な種類の宇宙放射線が飛んでくる．地球では地表に放射線が到達するまでに，水に換算して 10 m，鉛では約 90 cm の厚さに相当する“大気による遮へい”が存在するが，ISS の辺りにはこのような遮へいはない．また，宇宙放射線の高エネルギー成分は衛星の外壁，内壁などでも完全に遮へいすることはできない．このように遮へい効果の低い宇宙船内では放射線のレベルが高くなり，被ばくする線量が増す．地上での自然放射線による外部被ばくと比較すると，地上での 1 年分近くの線量を宇宙船内では 1 日で浴びることもある（詳細後述）．また，巨大な太陽フレアが生じると船内における被ばく線量は大きく上昇する．太陽フレアの発生だけでなく，宇宙船の周回軌道や宇宙船内の場所の違いも被ばく線量に大きな影響を与える．測定期間によって被ばく線量は増えたり減ったりするので，線量率で比較すると，船内での線量率がミッションによって変動することがわかる（表 1-3）．

他の環境因子についても考えてみよう．地球表面近くの大気は，窒素 78 %，酸素 21%，アルゴン 1%，二酸化炭素 0.03〜0.04%，その他微量のガスや水蒸気から構成され，大気圧は 1 気圧 1013 hPa である．海面からの高度が高くなるにつれて，大気は薄くなる．旅客機が飛行する 10,000 m くらいの高度では 1/4 から 1/5 気圧に低下する．そして，ISS が飛行する高度 400 km くらいになると，大気圧が 10^{-5} Pa まで低下し，大気の主成分は原子状の酸素とな

表 1-3　宇宙船内の放射線の被ばく線量率の比較

ミッション（実施年）	被ばく期間（days）	平均線量率（mSv/day）
マーキュリー MA-8 and MA-9（1962）［1-13］	0.4, 1.4	0.14-1.4
ジェミニ III-XII（1965-1966）［1-13］	0.2-14	0.05-2.6
アポロ VII-XVII（1968-1972）［1-13］	6-12.5	0.14-1.3
ボストーク，ボスホート，ソユーズ 3-9，サリュート，スカイラブ，ミール 01-23（1960-1997）［1-13］	16-366	0.07-0.86
国際宇宙ステーション（ISS）［1-14］		1.0（0.05-1.9）
ISS（Cutinotta *et al.*）［1-15］		0.4
ISS（November 2008-March 2009）［1-16］	134	0.44

る．宇宙環境は高真空の状態になるため，空気による熱の伝導はほとんど起こらない．また，地表のように大気層による太陽エネルギーの減衰がないために直接太陽光を受けることになる．したがって，スペースシャトルの外面で温度測定すると，太陽光の直接あたる部分では100℃以上にもなり，あたらない部分では－100℃以下にもなる（表 1-2）．このような温度や温度変化も，やはり，人類にとっては過酷な環境条件の一つである．一般には，宇宙空間の温度は1 K（－273℃）に近く，星間の分子雲では10～20 Kと言われている．

このように地球近傍の宇宙空間を考えただけでも，宇宙環境は人類にとって極めて過酷な環境といえる．人類は宇宙では水や空気を準備した宇宙船内の居住空間に住むことを余儀なくされる．こうした地上と隔離された閉鎖空間に住むことによる精神心理的影響も大きな問題となる（後述）．また，船外の隕石や宇宙デブリに対しても対策が必要となる．隕石は，2 cm程度の大きなものから0.1 mm程度の微小なものまであるが，ある一瞬をとっても地表から2,000 kmの範囲で200 kgは存在していると言われている．宇宙デブリはロケットや人工衛星打ち上げ時に地球周回軌道に残された破片や部品，衛星の表面から剥がれた塗料片などである．したがって，宇宙飛行士が船外活動で着用する宇宙服は，断熱，宇宙放射線防護，微小隕石保護などの機能をもった多層構造で，内部は与圧状態を保つ気密性の高いものとなっている．

また，表 1-2の太陽光エネルギーにも注目したい．太陽光をエネルギー量に換算すると，高度400 km近傍で1.4 kW/m^{2}くらいである．この地上よりも4

倍程度高い値は，大気層によるエネルギー減衰が地上よりも少ないことを意味する．そこで，宇宙で太陽光を利用して発電し，電力を地上に無線送電するシステム“太陽光発電衛星”の構想が浮上し，実現のための検討も始められている．この話の詳細は，第5章「JAXAによる宇宙開発と宇宙環境の利用」でふれる．

1.3　宇宙船内での生活に伴う健康影響

1. 微小重力：どのような状態になるのか？　人体への影響は？

微小重力状態では主に液体や気体に対して，「無浮遊・無沈降」，「無対流」，「無静水圧」，「無容器浮遊」の4つの効果が作用すると言われている（図1-6）[1-17]．地上では重いものは沈み，軽いものは浮かぶ．一方，微小重力環境では水と油のように比重の違うものが均一に混ざる．これが「無浮遊・無沈降」効果である．また，地上では熱せられた液体や気体は比重が軽くなり対流が発生するが，微小重力状態では比重差による対流は発生しない．そこで，対流に邪魔されずに材料のプロセシングができる．これが「無対流」効果である．さらに，「無静水圧」効果も見られる．地上では液体の深いところほど自重により静水圧が高くなるが，微小重力状態では液体中の静水圧はほとんど発生しない．この効果は，非常に柔らかい材料では特に有効である．最後に，「無容器浮遊」効果を説明する．地上では液体を容器の中に溜めておく必要があるが，微小重力状態では空間に浮遊させることができる．そのため，容器からの汚染がない状態（無容器状態）で物質の性質を測定したり，化学反応現象を解明したり，これまでにない機能を持つ材料を開発することができる．

このような微小重力状態は，人体の組織・臓器にどのような影響を及ぼすのであろうか．地球上の生物は1Gの重力状態で進化してきたので，人体も1G状態に適応できるように作られている．したがって，人体が微小重力状態をどのように感知し，その状態に適応していくかの仕組みを調べることが宇宙で生活していく上で重要になる．微小重力だけではなく閉鎖空間に長期に滞在する影響として，人体の様々な器官での生理的変化（症状）が宇宙空間で生活を始めてからの時間経過に伴ってどのように現れるかということも重要なテーマである.

宇宙は人類にとって過酷な環境であり，特に長期宇宙滞在では医学的な課題も多い．ISSでは，打ち上げ能力や電力等の制約から，必ずしも十分な医療設備が整っている訳ではなく，また医師が常駐している訳でもない．このため限られた医療機器を用いて，地上から遠隔で支援されているが，必ずしも十分と言える状況ではない．1980年代半ばを過ぎ，宇宙開発が本格的になった時代

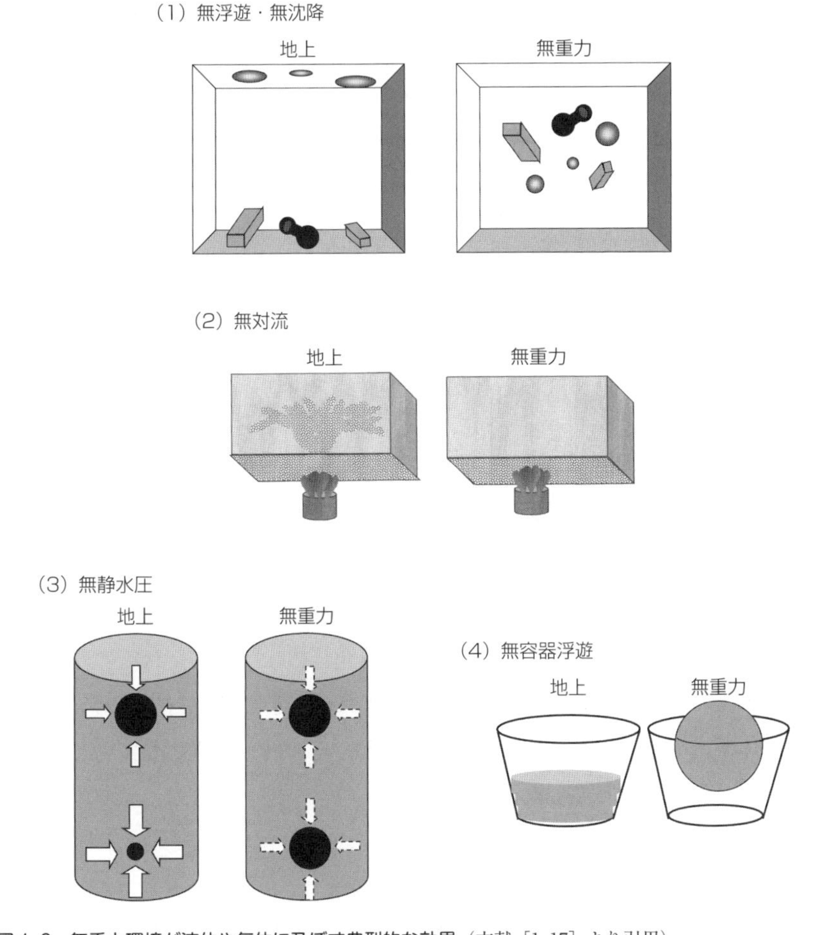

図 1-6　無重力環境が液体や気体に及ぼす典型的な効果（文献 [1-17] より引用）

(1)　無浮遊・無沈降：比重の違うものが均一に混ざる．(2)　無対流：比重差による対流は起こらない．(3)　無静水圧：液体中の静水圧はほとんど発生しない．(4)　無容器浮遊：液体を容器に溜めずに空間に浮遊させることができる．

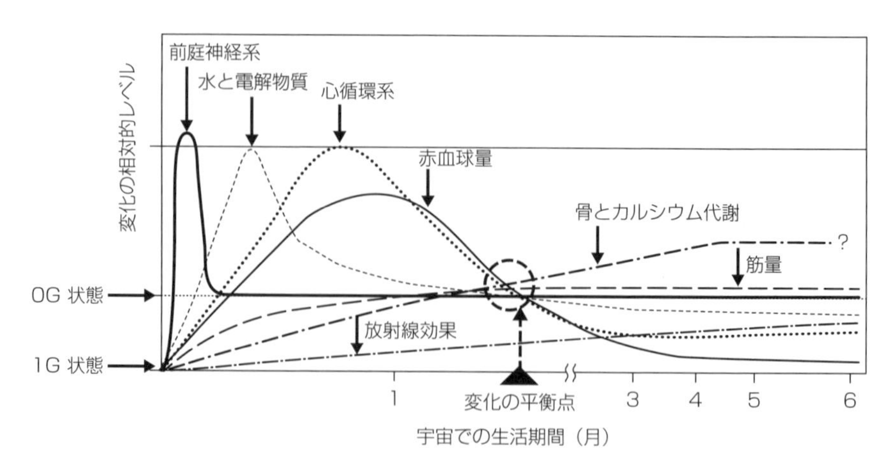

図 1-7　微小重力状態（0 G）への種々の器官の対応（生理的変化）
Nicogossian らの論文［1-18］に掲載されている図を改変引用

から各器官での生理的影響の現れる順番や程度についての検討が始まっていた．その当時の興味深い報告を図 1-7 に紹介する［1-18］．微小重力や閉鎖空間だけでなく放射線による影響も一緒に扱われているところも評価に値する．

まず放射線の影響は別に考えるとして，他の身体の器官（システム）への臨床的変化を追跡すると大変興味深いことがわかる．骨や筋肉などは，宇宙での滞在期間が長引くにつれて徐々に変化していき，その後一定のレベルで安定するようにみえる．神経系，心循環系，血液，免疫などは宇宙生活が始まってから割と早い期間に大きな変化を示し，そのレベルが一過性に上昇するが，その後の時間の推移によりレベルが減少し一定の平衡状態に落ち着く．放射線効果を除くと多くの器官でおおよそ 1.5 ヶ月で変化後の状態が平衡状態になる．そこでこの 1.5 ヶ月が過ぎた時点は平衡点と呼ばれている．宇宙で生活していく上で人体が微小重力状態をどのように感知し，その状態に適応していくかの仕組みを調べることはとても重要になる．

2. 宇宙放射線：地上でも影響を受けているか？

地上で日常暮らしていて浴びる放射線には，自然放射線と人工放射線の 2 種類がある．自然界にある不安定な原子核である放射性同位体（Radioisotope: RI）が安定な原子核になる過程で放出されるのが自然放射線で，α 線，β 線，

表 1-4 放射線の種類と特徴

名称	実体	電荷	発生のしくみ
α 線	ヘリウムの原子核	2+	不安定な原子核が壊れて安定な原子核になるときの壊れ方の様式が3つあり，その違いによって発生する放射線が α 線，β 線，γ 線と区別される．
β 線	電子（陽電子*）	−（+）	
γ 線	光子	なし	
X 線			電子の運動にブレーキがかかったときなどに発生
中性子線	中性子		核分裂，核反応など

＊ プラス（+）の電荷をもった電子

γ 線，中性子線などがある（表 1-4）．一方，加速器などの発生装置で人工的につくられるのが人工放射線である．同じ種類の放射線でも，天然の RI から放出されるヘリウム原子核と電子は α 線，β 線と呼ばれ，人工的に発生させると，それぞれ，ヘリウムイオン線，電子線と呼ばれる．また，放射線の質量から光子放射線と粒子放射線に分けられる．光子放射線は電磁波であり，その実体は質量のない光子である．粒子放射線は質量をもつ．例えば，ヘリウムの原子核は，ほぼ同じ質量の陽子と中性子それぞれ 2 個から構成され，全体としては電子の質量の 7500 倍近くにもなる．粒子が電荷を帯びていない粒子放射線には中性子線がある．原子から電子が剥ぎ取られると（陽）イオンと呼ばれ，α 線，β 線のような電荷を帯びた荷電粒子となる．α 線は β 線と比べると電荷はプラスとマイナスで異なり，電荷数は 2 倍大きいだけだが質量は 7500 倍も大きい．

宇宙を起源とする宇宙線を 1 次宇宙放射線といって，太陽系外（銀河宇宙線）あるいは太陽系（太陽粒子線）から来るものに分けられる（図 1-8）．銀河宇宙線は粒子放射線のエネルギーが高いことが特徴的で，10 GeV 以上のものは，87% が陽子，12% が α 線，1% が α 線よりも原子番号の大きな元素の原子核（重イオン）である．太陽粒子線は太陽風（プラズマ）と太陽フレア粒子線からなる．前者は低エネルギーの陽子と電子が，後者は太陽表面の爆発による高エネルギーの粒子放射線（陽子と 3〜20% の α 線）が主成分である．太陽プラズマなどは，地球の磁場で加速され捕えられて赤道上空を帯状に取り囲む，この状態の放射線を捕捉粒子線，帯状領域を捕捉粒子線帯（ヴァン・アレン帯）と呼ぶ．宇宙放射線の低エネルギー成分は捕捉粒子線帯で吸収される

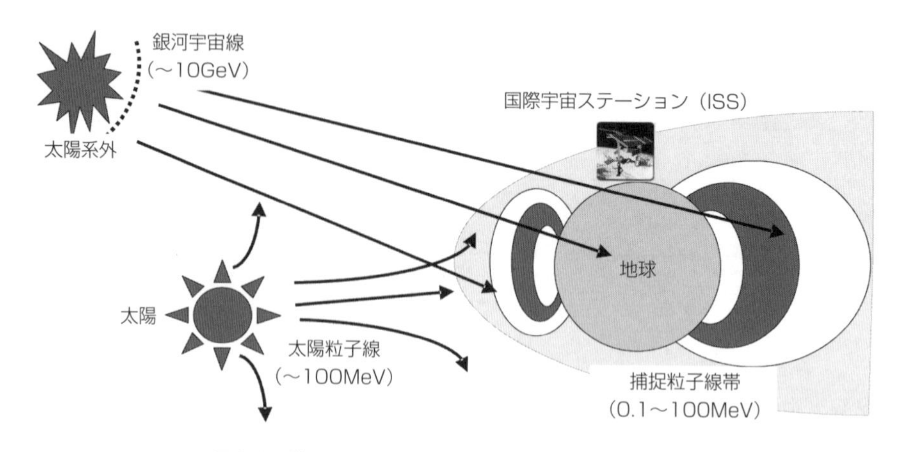

図 1-8 様々な種類の宇宙放射線が地球に飛んでくる様子

が，高エネルギーの1次宇宙放射線は大気と衝突してシャワーのようにまき散らされる．このまき散らされた高速の粒子放射線が2次宇宙放射線となって地上に飛んでくる．2次宇宙放射線の主成分は，中性子，原子核の中で陽子や中性子を結びつける働きをしているパイ中間子，そしてこれらが物質と相互作用して放出するX線やγ線などの光子放射線である．

2次宇宙放射線の成分の一つである中性子が大気中の窒素と衝突して^{14}C[1-1]をつくる．この他にも，^{3}H，^{7}Be，^{22}NaなどのRIが日々新たに生成される．したがって，宇宙環境中だけではなく地上においても，宇宙放射線の影響で私たちの身体は外側から絶えず放射線被ばく（外部被ばく）している．それだけではなく地殻の中にあるRIからも私たちの身体は外部被ばくを受ける．地球の誕生前から存在する，つまり，太陽系ができる前の超新星爆発によって生成されたと考えられる，天然放射性同位体（^{40}K，^{87}Rb，^{238}Uなど）が地殻に存在するからである．天然のウラン（^{238}U）は，次々に崩壊していく過程で生成される壊変生成物からもα線，β線，γ線などを放出している．また，^{40}Kは崩壊の過程でβ線だけでなくγ線も放出している．さらに，大気中の^{14}Cは空気

1-1） ^{14}Cは，陽子6個と中性子6個で原子量12の^{12}Cよりも中性子が2個増えて，原子量14となった放射性同位体であり，β線を放出して安定な窒素（^{14}N）になる．^{14}Cは自然の生物圏では^{12}Cの1兆分の1程度しか存在しないが，β腺を放出する能力（放射能）をもっているので追跡することができる．大気上層での一次宇宙線による中性子と窒素原子の衝突で大気中に^{14}Cが放出される．したがって，大気中の^{14}C量は宇宙線の強度の変動によって変わる．なお，^{14}Cの放射能は5730年（半減期）で半分に減るので，動植物の遺骸から年代測定することにもよく利用される．

中の酸素と結合し炭酸ガスを発生する．この炭酸ガスは地上の植物による炭酸同化作用で植物の中に取り込まれたのち，人間も含めて動物に摂取される．また，地殻の中にあるRIも，私たちが呼吸したり，食物を摂取することで身体の中に取り込まれる（内部被ばく）．つまり，宇宙から，あるいは，大地，地殻から飛んで来る自然放射線に，私たちの身体はいつもさらされている．

3. 閉鎖空間：人体にはどのような症状が起こるのか？

宇宙での生活は宇宙船やISSという限られた閉鎖空間で行われている．閉鎖空間は宇宙飛行士の命に係わる事故や障害のリスクが常につきまとい，対人関係も含め精神的なストレスが高まると考えられる．さらに，微小重力下での不眠やストレスによる免疫能の低下とそれに伴う微生物感染のリスクが高まるなど，健康に対して様々な影響が考えられる．

①細菌感染（微生物リスク）

宇宙船内における微生物汚染は，宇宙飛行士の健康に影響を与える重大な問題である．実は，宇宙船内であろうとなかろうとヒトがいる限り，常在菌としてもしくは環境菌としての微生物との関係を断ち切ることはできない．宇宙船あるいはステーション内の機器類に微生物が付着して機器が正常に機能しなくなり，さらには宇宙飛行士の健康にも危害を及ぼす可能性が重要な課題となっている．機器類への微生物の付着については，那須らによる報告がある［1-19］．「きぼう」モジュール内の細胞培養装置の表面および内側，手すり，空調機の送風部および吸気部を対象にして，宇宙飛行士によって試料が採取された（2009年8～9月（Microbe-1），2011年2～3月（Microbe-2），2012年8～10月（Microbe-3））．16SrRNA遺伝子[1-2]を標的としたパイロシーケンス法[1-3]によって細菌集団の構造を調べたところ，「きぼう」内にはブドウ球菌や腸内細菌が多く付着していることがわかった．これらの細菌はヒトの皮膚表面や腸管内の常在菌であることから，宇宙飛行士から「きぼう」内の機器表面に移行し

1-2） 微生物のリボソームを構成するRNAの一つで，1990年Wooseらにより16SrRNA（真核生物の場合は18SrRNA）の遺伝子配列を用いた系統分類法が提案された．

1-3） 試験管内反応で，4種類のヌクレオシド（dNTP）を取り込んでDNA合成をする際に放出されるピロリン酸を検出して塩基配列を決定する手法．

たものと推測される．16SrRNA遺伝子を標的とした定量的PCR法[1-4]によって細菌の現存量も測定された．その結果，調べたすべての箇所で測定値は検出限界ギリギリであり，現存量は地上の一般的な室内環境と比べて，100倍から1000倍くらい低いことが明らかになった．「きぼう」は，現状では微生物学的に適切に管理されていると言える．

私たちの皮膚には多種多様な微生物が常在しており，しかも絶妙なバランスで保持されている．このバランスが破綻すると疾患へと進展することがある．例えば，マラセチアなどのヒトや動物の皮膚に常在する菌は様々な皮膚疾患の原因となる．そこで，宇宙飛行士の上気道粘膜や皮膚からサンプルを採取して，飛行前，飛行中，飛行後における細菌や真菌の種類，量，割合（分布）などが詳しく調べられている．杉田らは，ISSに滞在する宇宙飛行士を対象にして皮膚微生物をパイロシーケンス法によって網羅的に解析した [1-12]．その結果，ISS滞在中の宇宙飛行士の皮膚では地上よりも菌の多様性が低下したため，閉鎖空間では新たな環境中の微生物にさらされる機会が少なくなることが示唆された．

このような種々の検査は，地球からISSに病原性微生物が持ち込まれることを予防するだけでなく，宇宙船内環境の効果的除菌法の開発にも繋がることが期待される．

②不眠症

宇宙飛行士に起こる不眠症の問題は，有人の宇宙飛行が始まってからずっとつきまとっている懸案の健康問題と言える．宇宙空間では，身体の位置を保持することが難しく平衡感覚がずれてしまうといった微小重力環境にさらされる．また，ISSのような地球周回軌道上にある宇宙船内では，地上の1日（24時間）内に16回も日の出と日の入りを迎えるといった目まぐるしい環境も余儀なくされる．海外旅行に出かけたときの時差による眠気や体調不備は，まさにこの問題の一種といえる．もう少し正確に表現すると，概日リズムの変調ということになる．そこで，宇宙での居住空間において光にあたる時間を調節し

1-4）ポリメラーゼ連鎖反応（Polymerase Chain Reaction: PCR）を利用して，試験管内で特定のDNA配列を多重複製する方法．PCRによる増幅を経時的（リアルタイム）に測定することで，増幅率に基づいて鋳型となるDNAの定量を行なう．定量が行えることから定量的PCRとも呼ばれる．

たり，運動トレーニングを実施したりしてこの種の障害を解消する対策が行なわれている．しかしながら，このような対策では完全な解消にはなっていないようである．最近，眠っているときにも眼球の急速な動きによって夢をみることが多いレム（Rapid Eye Movement: REM）睡眠に微小重力が影響を及ぼすことが指摘され［1-13］，睡眠時間の短縮だけでなく睡眠の質にも変調をもたらすという可能性がでてきた．これからの研究の進展を見守りたい．

③精神的ストレス

宇宙飛行士は，地上と隔絶した環境で長期間過ごすことから孤独感にさいなまれたり，限られた人との対人関係で悩んだり，危険な環境で過ごす緊張感など，精神面での負荷も大きい．このような閉鎖空間での精神的ストレスはヒトの免疫機能の低下にも繋がる．そこで，健康で安全でかつ仕事も効率よくできるように，関連の健康リスクを識別し，ストレス状態の評価や対処の方法（訓練法）を開発する必要性が指摘されている．実際に，JAXA では筑波宇宙センターに宇宙飛行士の健康管理体制をつくり，NASA などと連携しながら，ISS に長期間滞在する宇宙飛行士の飛行前，中，後の健康管理が行われている．その体制にはフライトサージャン（Flight Surgeon: FS）を中心に，FS を支える看護士や健康管理技師，宇宙放射線被ばく管理担当者，精神心理支援担当者，生理的対策担当者，環境管理担当者から成る JAXA 医学運用チームがある．そして，このチームとは別に宇宙食担当者と生活用品担当者から成る搭載チームも設けられている．

④栄養状態

宇宙飛行士の食事の摂取量や栄養状態が適切でなければ，閉鎖環境下では様々な医学的な問題が生じることが考えられる．もちろん栄養だけで全ての健康問題を解決することはできないが，ミッションの成否にもかかわってくるので重要である．食事の摂取量の減少が一因と考えられるが，宇宙では宇宙飛行士の体重が減る［1-22］．これに加えて宇宙飛行士の食欲の低下傾向が認められている．ISS に搭乗した 11 人の宇宙飛行士の飛行前後での生理的変化を調べたところ，飛行中のエネルギー摂取量が推奨エネルギー摂取量の 80% 程度であったとの報告がある［1-23］．体重減少，筋萎縮や骨量減少，心循環系や免疫系，宇宙放射線などに対応するために，栄養素でいえば，骨やカルシウム代謝に大きく関係するカルシウム，ビタミンK，ビタミンD，タンパク質，ナトリウム，リンなどがある．また宇宙では免疫機能が低下することから（第3章参照），免疫系の機能を維持するためにアミノ酸，ビタミンやミネラル類なども必要である．これに加えて脂肪や糖なども適正に摂取することが重要だ．食事から摂取できる抗酸化物質によって，宇宙放射線による生体への影響を軽減することも期待される．さらにω-3やω-6などの不飽和脂肪酸を宇宙食に添加するという健康対策が提案されている．ヒトを含む動物は，ω-3脂肪酸（図1-9），ω-6脂肪酸の両方を体外からとらなければならない（必須脂肪酸）．このω-3脂肪酸には骨芽細胞の減少や破骨細胞の増加を抑制する働きがあるだけではなく，心循環系や自己免疫性の疾患の予防にも繋がることが指摘されている．

ちなみに，宇宙食はアメリカとロシアが半分ずつ用意している標準食があり，16日1セットを原則としている．それ以外に宇宙飛行士の希望に基づいたボーナス食がある．ボーナス食はISS搭載のための検査に合格すれば市販のレトルト製品や缶詰，お菓子などの食品も持っていける．STS-110ミッション（2002年4月）で公開されたISS内での食事風景にハウス食品のカレーマルシェや完熟トマトのハヤシライスソースが映っていたそうである．しかし残念ながら，宇宙飛行士の嗜好品のため詳細は公開されていない．

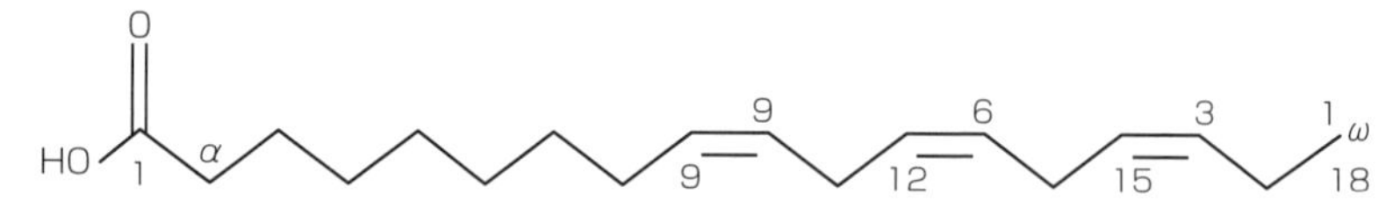

図1-9　α-リノレイン酸（ω-3必須脂肪酸の一種）の化学構造

ω末端から3番目の位置から炭素-炭素結合が二重結合になっている．またω-6はω末端から6番目の位置から二重結合になっている．

第2章
人類の宇宙への挑戦

宇宙ではこれまでにどのような生命活動がなされてきたのであろうか．最初は，動物をロケットで宇宙空間に打ち上げる実験が行われた．動物の宇宙への飛行が可能なことがわかると，次は，有人宇宙飛行によって人類が宇宙に進出することが目標とされた．人類の宇宙への挑戦が本格化したのである．また，基礎生命科学実験とは別に宇宙での生命活動をサポートするための生命科学実験も盛んに行われてきた．生命活動が地上と同じように安全に営まれるか否かの判断には，宇宙の生物への影響を調べることが必要不可欠だからである．

2.1　人が宇宙へ飛び立つ

1. 有人宇宙飛行の歴史と展開

1940年代，1950年代に，サル，ラット，マウス，イヌなどの哺乳動物をロケットなどで宇宙空間に打ち上げる実験がはじまり，1957年にイヌを打ち上げた旧ソ連のスプートニク2号が初めて地球周回軌道上での実験を行った（表2-1）．米国はマーキュリー計画（1959年～1963年）で1959年にサルを，1961年にはチンパンジーを打ち上げ，動物の生理機能が地球周回飛行に耐えられるか否かのテストを行った．さらに，1961年に旧ソ連による有人宇宙船ヴォストーク1号でガガーリン少佐が世界初となる108分間地球周回の宇宙飛行を果たした．彼の「地球は青かった」という言葉が有名なのはよくご存知のことであろう．米国はサル，チンパンジーに続き，1961年に短い時間ではあるがシェパード宇宙飛行士による弾道飛行を行った．この弾道飛行はガガーリンの宇宙飛行の3週間後のことであった．旧ソ連に一歩後れを取った形の米国は，1969年にアポロ11号を打ち上げ，人類初となる月面着陸に成功した．月面に

表2-1　初期の頃の有人宇宙飛行（動物の打ち上げも含めて）

年次	国名	衛星（宇宙船）	搭乗者（搭載）
1949	ドイツ	V2ロケット	サル
1957	旧ソ連	スプートニク2号	イヌ（名前はライカ）
1961	旧ソ連	ヴォストーク1号	ガガーリン少佐（周回飛行）
1961	米国	マーキュリー3号	シェパード宇宙飛行士（弾道飛行15分）
1965	米国	ジェミニ4号	ホワイト宇宙飛行士（宇宙遊泳22分）
1967	旧ソ連	ソユーズ9号	有人宇宙船（搭乗員の医学的検査）
1969	米国	アポロ11号	アームストロング宇宙飛行士（月面着陸）

表2-2　ヒトの長期滞在を可能にする宇宙ステーション計画

年次	国名	衛星（宇宙船）
1971	旧ソ連	サリュート1号
1973～1979	米国	スカイラブ計画（宇宙ステーション）
1983～2011	米国	スペースシャトル（STS）計画
1986～2011	ロシア（旧ソ連）	ミール（宇宙ステーション）
1998～	国際共同利用	国際宇宙ステーション

人類の第一歩を印したアームストロング船長の話はあまりにも有名であるが，彼の足首に放射線検出のためのフィルム（原子核乳剤）が巻かれていたことはあまり知られていないのではないだろうか．このフィルムに記憶された“宇宙放射線の飛跡”を調べたところ，陽子線が多く通過し，原子番号が10から12の荷電粒子線も1本通過していたことが報告されている［2-1］．旧ソ連も1967年から有人宇宙船ソユーズの打ち上げを始め，ソユーズ9号では17日間の有人飛行中に，医学的検査を行った．まさに，この頃は米ソによる激しい宇宙開発競争の時代といえる．1960年代までは有人の宇宙飛行がトピックスであったが，1970年代に入るとヒトの長期宇宙飛行，さらにはヒトが長期滞在する有人宇宙ステーションの計画へと移行した（表2-2）．

世界初の宇宙ステーションとなるサリュート1号が旧ソ連によって1971年に打ち上げられた．このサリュート宇宙ステーション計画のために，宇宙船ソユーズが開発されたといってもよく，実際に，ソユーズがサリュートにドッキングすることによって様々な宇宙実験が行われた．一方，米国はアポロ計画終了後の1973年にスカイラブ計画を始めた．スカイラブは空飛ぶ小実験室と呼ばれ，医学・生理学上の実験だけでなく気象・地質の観測も行われた．1985年にはサリュートに続く旧ソ連の新たな宇宙ステーション計画が始まり，1986

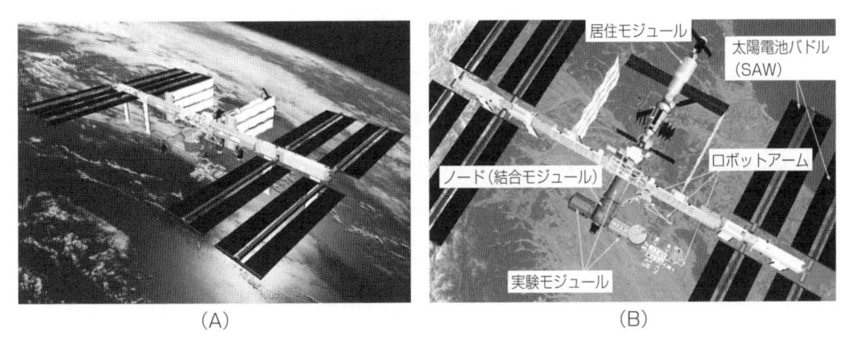

図 2-1 国際宇宙ステーション ISS の全体像（A）とその主な構成部分（B）[2-2]

年 2 月にコアモジュールが打ち上げられた．そのステーションはロシア語で「平和」あるいは「世界」を意味する「ミール」と名付けられた．1987 年にはサービスモジュール（居住室）が接続され，その後にクバント，クリスタルなどの実験モジュールも接続され，1995 年にはスペクトル実験モジュール，スペースシャトル用のドッキングモジュール，1996 年にプリローダというリモートセンシングモジュールが接続され，ミールは完成した．プリャコフ宇宙飛行士が一回の飛行で 438 日もの長い間滞在するという記録が生まれたのもこのミールであり，現在もこの記録は破られていない．延べで 100 人もの宇宙飛行士がミールを訪れたとのことである．およそ 15 年間地球周回軌道を飛行した後，2001 年 3 月に南太平洋上の大気圏に再突入，破棄処分された．また，このミールにはソユーズ宇宙船とプログレス補給船（貨物船）とのドッキングポートが設置されており，ミールでは人の長期滞在だけでなく種々の宇宙実験も行われた．

国際宇宙ステーション（ISS）[2-2] は，1998 年から，地上およそ 400 km 上空の宇宙空間に，建設が始められた有人宇宙ステーションである．ISS 計画は，米国，ロシア，日本，カナダ，欧州各国の計 15 カ国が協力して，各国の技術力を結集した一大国際プロジェクトである．ISS は今現在地球の周回軌道を 90 分で 1 周するスピード（～8 万 km/s）で廻っている．1998 年 11 月に ISS の基本機能としてロシアのコントロールモジュール（ザーリャ）が設置され，その後，米国のモジュール，ロシアのモジュール，欧州のモジュールが接続され，2008 年には日本の実験棟「きぼう」も接続され，現在に至っている

(図 2-1)．ISS の主な構成部分を示した図 2-1 の中で，「きぼう」は実験棟として紹介されている．この ISS によって低軌道での宇宙実験・研究が本格的に始まったといっても過言ではない．

宇宙飛行士や物資を輸送できる宇宙船としては，米国のスペースシャトルであるコロンビア，エンデバー，アトランティス，ディスカバリーの 4 機と上述したロシアのソユーズとプログレスが活躍してきた．2003 年 2 月，コロンビアは宇宙飛行から大気圏に再突入する際に空中分解を起こし，7 名の宇宙飛行士の尊い命が犠牲になったことは記憶に新しい．この事故は，「きぼう」を利用する日本の宇宙実験（後述）の実現に大きな遅れをもたらした．なお，スペースシャトルの事故としては 1986 年 1 月のチャレンジャーの大惨事がある．チャレンジャーは，打ち上げからわずか 73 秒後に爆発分解して，7 名の宇宙飛行士の尊い命がやはり犠牲になった．チャレンジャー事故が起きたすぐ後に，米国のレーガン大統領がラジオの緊急生放送で，「宇宙開発は遅れても続ける」と力強く話したのを，当時トロントの研究室で実験をしながら聞いた鮮烈な記憶があると執筆協力者の谷田貝から聞いた．一方，コロンビアの事故では，石岡が衝撃的な経験をしている．2003 年当時，コロンビア号が第一帰還地であるフロリダ州のケネディ宇宙センターに向けて，第二帰還地であるカリフォルニア州のドライデン飛行研究センター（2014 年にアームストロング飛行研究センターへ改名）の上空を淡いオレンジ色を発しながら通過するのを同研究センターから見送っていた．しかし，その時すでに異常が発生しており，その後テキサス上空で空中分解したのである．この時，ブッシュ大統領は声明で「彼らが命を失うことになった宇宙への旅は，今後も続くのです」と誓いを述べている．

米国のスペースシャトルは 2011 年 7 月にその役割を終了し，2014 年から現在は，ロシアのソユーズ，プログレスに加え，米国の民間によるドラゴンとシグナスが物資輸送の役割を担っている．欧州補給機 ATV[2-1]が ESA によって，また HTV「こうのとり」も JAXA によって打ち上げられ，物資の輸送を

2-1）ATV（Automated Transfer Vehicle）は欧州宇宙機関（ESA）が開発した ISS へ物資，機材等を運ぶ無人の補給機である．一方，HTV（H-II Transfer Vehicle）は日本の補給機で「こうのとり」の愛称で呼ばれている．

担っている．ISS に滞在する宇宙飛行士の生活必要品を運ぶだけでなく，科学の実験研究を ISS で行うための機材等も輸送している．現在，科学実験を宇宙環境で行える研究施設は ISS しかないため，日本としては少しでも長い間利用したいところである．2017 年現在，ISS の運用は 2024 年まで延長されることになった [2-3]．ISS を利用した生命科学分野の実験は今までに数多く実施され，また，現在も実施中である．世界各国がしのぎを削っている分野であることは間違いない．

2. 生物科学実験の展開

生物科学実験の歴史的な歩みを表 2-3 に示した．なお，本項では宇宙飛行士の健康影響を調べるための宇宙実験も広い意味で生物科学実験としているので，先述の有人宇宙飛行についての記述と一部重複している．

1960 年代になると，軌道上で数多くの生物科学実験が行われた．ガガーリン少佐が世界初となる地球周回有人飛行をしたヴォストーク 1 号には，生物試料として，子宮頸がん由来の培養細胞 HeLa[2-2] や大腸菌に感染するファージなどが搭載された．この頃に米国は有人宇宙飛行計画として打ち上げたジェミニ 3 号と 11 号で，ヒトの血液サンプル（末梢血）を利用して宇宙放射線の影響を調べている（実験は第 4 章で紹介する）．また，1966 年には，ヒトの皮膚や神経などの組織も対象となり，HeLa 細胞，クロレラ，細菌，大腸菌ファージなど多種多様な試料がバイオサテライト 2 号，ディスカバラー XVII 号および XVIII 号によって打ち上げられた．

1966 年から 1969 年にかけて，NASA は無人回収型宇宙船バイオサテライト 1, 2, 3 号を打ち上げ，生物を一定期間宇宙に滞在させたのち地球に帰還させ，その影響を調べるといった本格的な生物科学実験を行っていた．この一連の宇宙実験では，ショウジョウバエ，カエルの卵，真正細菌[2-3]，小麦の実生，サルなどが対象となった．バイオサテライト 1 号は回収に失敗したが，バイオサテライト 2 号では回収に成功し上述の生物材料を用いて様々な実験が行われ

2-2） HeLa 細胞は，1951 年にヒトの子宮頸がんの組織から分離され，株化された細胞でがんや細胞実験などいろいろな研究に使用されている．名前は患者の氏名に由来する．

2-3） 真正細菌は生物の分類の一つで大腸菌など一般的な細菌でバクテリアとも呼ばれる．これ以外に生物は古細菌と真核生物に分類される．

表2-3　宇宙を利用した生命科学実験の歩み

年代	国名	宇宙船	実験に用いた試料など
1961	旧ソ連	ヴォストーク1号	ヒト培養細胞（HeLa），大腸菌ファージ
1965～66	米国	ジェミニ3，11号	ヒト末梢血
1966	米国	バイオサテライト2号，ディスカバラーXVII，XVIII号	HeLa細胞，皮膚組織，神経組織，骨髄細胞，クロレラ，細菌，大腸菌ファージなど
1968～72	米国	アポロ計画（6号，7号）	ウシガエル，線虫，ポケットマウス
1973～96	ロシア／旧ソ連	バイオン（無人宇宙船1号から11号）	微生物，植物の種子，ショウジョウバエ，ナナフシ，カエル，魚類，カメ，サル，ラット
1973～74	米国	スカイラブ計画	マウス，クモなど宇宙医学
1983～11	米国	スペースシャトル（STS）	多数なので省略
1986～11	ロシア	ミール（ステーション）	多数なので省略
1992	日本参加	IML-1（STS-42）	生物試料を用いた宇宙放射線の検出
1992	日本	FMPT（STS-47）	ニワトリ卵，コイ，アフリカツメガエル，ショウジョウバエ，アカパンカビ，サル腎細胞，ヒトBリンパ球ハイブリドーマ
1994	日本参加	IML-2（STS-65）	キンギョ，メダカ，アカハライモリ，アイルランドアカウニ，ミズクラゲ，骨芽細胞，細胞性粘菌，大腸菌など
1998	米国（日本参加）	ニューロラブ（STS-90，STS-95）	ラット，マウス，ガマアンコウ，ソードテール，コオロギ，マキガイ，キュウリ，イネ，シロイヌナズナ，エンドウ，トウモロコシ
1998～	国際共同	国際宇宙ステーション	多数なので省略

た．サルを載せたバイオサテライト3号は1969年6月29日に打ち上げられ，30日間軌道上に滞在している予定であったが，たった9日足らずで帰還した．その理由が，計画した実験が順調にいかなかったというだけでなく，上述した人類初となる月面着陸に成功したアポロ11号の打ち上げが7月16日と近づいていたためであるという大変興味深い逸話がある．バイオサテライト3号の帰還は当初7月28日の予定であった．この期間にアポロ11号のミッションが計画され，実際は7月16日に打ち上がり，7月24日に無事地球に帰還している．そのためにバイオサテライト3号のミッション期間を繰り上げたとの逸話が生まれたものと思われる．バイオサテライト3号にはボニーと名付けられ

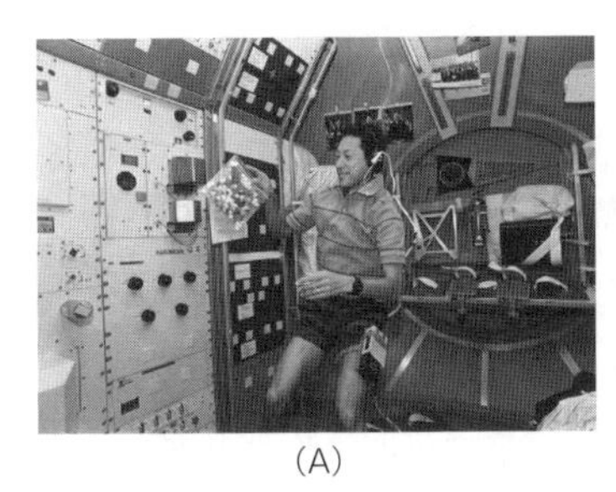
(A)

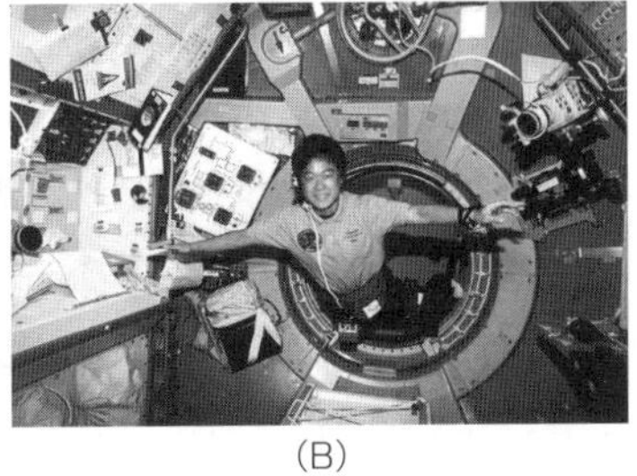
(B)

図 2-2 日本人宇宙飛行士の宇宙船内での活動（JAXA ホームページより引用）
(A) 毛利宇宙飛行士による宇宙船内からの子供たち向けの授業（FMPT : STS-47）.
(B) 向井宇宙飛行士の船内で微小重力環境を示す様子（IML2 : STS-65）.

たサルが乗せられていた．実験の目的は宇宙飛行が脳や心血管の状態，行動のパフォーマンス，体液と電解質のバランス，代謝に及ぼす影響を調べることであった．飛行後，ボニーの健康状態が急速に悪化したため 9 日後に帰還，回収された．回収 8 時間後に，脱水症状からの心臓発作で亡くなった．少し歴史を遡ってしまうが，1967 年からは旧ソ連によってソユーズ宇宙船の打ち上げが始まり，1968 年からは米国によってアポロ計画が始まった（表 2-1）．このアポロ計画の中でも，ウシガエル，線虫，ポケットマウスなどが搭載された．まさに，1960 年代は宇宙生物実験の幕開けの時代でもあった．

1970 年代になると，米国による有人宇宙ステーションであるスカイラブ計画が始まり，宇宙飛行士を対象にして，宇宙酔い，筋萎縮，骨密度低下などの宇宙医学研究（後述）が行われるようになった．また，同年には旧ソ連による無人衛星バイオンを利用した各種生物実験も行われた．バイオンを利用した宇宙実験でも，表 2-3 に示したように微生物から植物の種子，昆虫からほ乳動物まで幅広い生物試料が実験の対象となった．米ソが主導的な役割を果たしてきた 1970 年代くらいまでの生物科学実験を総括してみると，当初は，宇宙での微小重力の影響だけではなく宇宙船の打ち上げ時の加速や帰還時の安全性の確認，そして生命維持装置の機能を検証するといった意味合いからイヌや霊長類などの動物が搭載されることが多かった．その後，微小重力だけでなく宇宙放射線の影響も調べる上で感度の良い微生物や培養細胞などの生物試料が搭載されるようになった．しかし，これらも宇宙飛行士の宇宙における安全な滞在を確認するための調査といった色彩が強かったと考えられる．1986年になって，前にも紹介した旧ソ連のサリュート（表2-2）7号が宇宙ステーションミールとランデブー飛行をしてミールが活躍する時代へと移っていった．このミールと1983年から始まった米国のスペースシャトル（STS）計画が，本格的な宇宙生物科学実験を推進することとなった．

スペースシャトルにはミッドデッキの他にカーゴ内に搭載可能な与圧実験室としてスペースラブとスペースハブがあった．スペースラブは再利用できる実験室で，繰り返し実験によって実験結果の再現性が確認できるようになったとも言われた．国際協力の下で実施されたスペースラブのミッションとして，1985年にドイツが資金を拠出し運用を行なったD1，1992年には日本の第1次材料実験FMPT，1993年にはドイツのD2が実施された．なお，D1を利用して1980年代には宇宙放射線だけではなく放射線と微小重力との関わりについても調べる実験が行われた（第4章参照）．国際プロジェクト研究として，第1次国際微小重力実験室（IML-1）が1992年1月に，第2次国際微小重力実験室（IML-2）が1994年7月にスペースラブを利用して行われ，日本も参加した．FMPT（STS-47）は当初1988年に予定されていたが，前にも述べたチャレンジャーの事故があったため，4年間延びて1992年の9月となった．このFMPTでは毛利宇宙飛行士が日本人として始めてスペースシャトルに搭乗し，材料系の実験だけでなく，生命科学分野の実験，研究も行った．生命科学実験の一環として，微生物，培養細胞，動植物，ヒトなどを対象に宇宙放射線の影響についても調べられた（表2-3）．IML-2は，向井宇宙飛行士がアジア初の女性宇宙飛行士として搭乗したフライトで，多種の生物試料が搭載された（表2-3）．特にメダカでは脊椎動物として初めて，宇宙での生殖行動から産卵，ふ化に成功した［2-4］．

1998年5月と10月に，米国の当時のブッシュ大統領が定めた「脳研究10年計画」に基づいて，ニューロラブSTS-90とSTS-95の2回にわたって宇宙実験が実施され，日本も参加した．表2-3に示したように様々な生物試料が搭載されたが，実験研究の進め方で大きな特徴が一つあった．それは，帰還したラットの臓器組織を利用して研究することをあらかじめ提案していた研究者に，実際の組織を配分しただけでなく，使用しない部分をNASAが凍結保存し，希望する研究者に各国の宇宙機関を通して提供したことである．いわゆる，サンプルシェア研究の概念が宇宙生命科学研究でも始まった．

1998年11月にISSの研究プラットフォームとしてザーリャコントロールモジュールが設置されてから，ISSで行われた宇宙実験に関して「ISSの米国の軌道セグメント（米国実験棟）内で最近実施された研究の要約」というタイトルの論文が2011年に報告された [2-5]．低軌道での宇宙研究が本格的に始まってから節目の12年が経ったことを記念しての報告である．この報告は原著論文として，6名の著者がNASA, ESA, JAXA, CSA（カナダ）を代表した形で公表された．

論文の中で，Increment 16, 17（2007-2008）[2-4]で行われた各種実験の結果とIncrement 18, 19, 20での実験計画についてふれている．例えば，Increment 16には，生命科学，流体物理，宇宙生物，材料科学，放射線物理，宇宙生産と開発，ヒトと環境の相互作用，教育と地球観察という8つのカテゴリーが含まれている．生命科学については，栄養（Nutrition），血液や尿の貯蔵（Repository），睡眠（Sleep），脳血管（Cerebrovascular Control：帰還前の宇宙飛行士の血圧などの調整），自律神経障害（Midodrine），免疫状態（Integrated Immune：長期間の宇宙滞在による影響），ワクチン1-Aの検査，宇宙酔い（Space Motion Sickness）との関連，宇宙船内の微生物環境の試験，さらには脳-視覚-行動の関連性，飛行中の身体の体積変動，帰還後の疾病などがあり，人類が宇宙飛行する上での健康影響といった視点が重要視されている．ここにあげた“免疫状態”とは，宇宙空間に滞在している期間，とりわけ長期間の飛行であることから予測される免疫不全，そして打ち上げや帰還時に予測される一過性の免疫不全などの調査が対象となっている．

宇宙生物（Space Biology）というカテゴリーでは，シロイヌナズナなどの植物を利用して発芽や根の屈性などに対する微小重力影響が調べられた．計画した実験の一部では技術的な問題などもあって顕著な成果は得られなかったが，実験計画全体としては，シロイヌナズナの細胞壁の形成について遺伝子発

2-4） ISS運用期間の単位を意味している．それぞれのIncrementでは，宇宙船がいつ打ち上げられていつ帰還したかがわかるようになっている．なお，Increment 16と17は2007年10月から2008年10月の間のフライトで行われた実験である．

現などの分子レベルで研究を進め，細胞壁の構造における微小管（マイクロチューブル）や形質膜（プラズマメンブレン）との生理学的関係（第3章参照）が植物の重力に対する抵抗性を担っていることが報告されている．また，2008年11月以降のIncrement18, 19, 20の実験や実験計画も紹介されている．その中にはJAXAが支援した日本の宇宙実験も含まれている．例えば，Increment 18のアフリカツメガエルの腎臓細胞を利用した微小重力影響実験のDOME Gene[2-5]やヒト細胞を用いた宇宙放射線影響実験のRad Gene & LOHがある．特にLOHは本書の執筆協力者である谷田貝が代表研究者を務め石岡は共同研究者として支援した．DOME Geneでは微小重力の影響が中心課題であるが，Rad Gene & LOHでは宇宙放射線の影響だけでなく微小重力との関わりについての解明も試みられた．

日本の実験棟「きぼう」が取り付けられる前に，ISSを利用して実施した日本の生物科学実験の一つに，石岡が日本の代表として，線虫（*C.elegans*）を用いて筋肉への影響や老化現象を調べた宇宙実験がある（線虫国際共同宇宙実験1：ICE-First）．この実験はロシアのソユーズで*C.elegans*をISSに運び9日間宇宙に滞在させるというもので，2004年4月に行われた（第3章参照）．この他にも日本人によるISSを利用した植物実験などを経て，2008年に日本の実験棟「きぼう」がISSに取り付けられて以後，本格的に日本の生命科学実験が開始された．余談になるが，「きぼう」の取り付けにあたって，モジュール内の保管室の設置を担当したのが土井宇宙飛行士であった．彼にとってはこの時が2度目の宇宙であった．また土井宇宙飛行士は毛利，向井両宇宙飛行士とともに1985年当時のNASDA（現JAXA）に採用された3人の内の一人でもある．さらに若田宇宙飛行士がロボットアーム操作の腕を買われて，ISS組み立てミッション（STS-92：2000年10月）にミッションスペシャリストとして参加したことは有名な話である．

科学分野全般にわたって「きぼう」を利用してどのような宇宙実験が行われてきたのか，概略を表2-4にまとめた．この表から，幅広い分野にわたって，

2-5）DOME GeneやRad Gene，LOHなど本書で出てくる宇宙実験の略称は，それぞれの実験の内容や特徴をとらえてつけられる正式名なミッション名である．それに合わせてミッションパッチ（ミッションデカールともいう）も制作されたりする．

表 2-4 「きぼう」利用宇宙実験の分野別での利用実績（JAXA 宇宙環境利用：2012 年現在）

A）分野別での主な研究課題

分野	主な研究課題
生物科学	生物の発生，成長，世代交代に対する重力効果
宇宙医学	宇宙飛行士の健康管理や健康維持のための技術開発
物質科学	結晶の分子レベルでの成長過程，物質の流れ，熱の動き
応用科学	タンパク質の高品質な結晶の作成と医学分野への応用
船外利用	X 線や γ 線測定による地球観測や天体観測

B）実験研究テーマ数の分野による比較

分野	実験テーマ数
物質・物理科学	10
生命科学	23

数多くの実験テーマが実施されてきたことがわかる．この表の A）では生物科学と宇宙医学を別々に分類しているが，B）では大きく 2 つに分類し，宇宙医学は生命科学にまとめた．テーマ数だけで判断すると，生命科学のテーマがとても多いことに驚かれる読者が多いのではないだろうか．上述の Increment 18 の DOME Gene や Rad Gene & LOH もこの表の中の生命科学分野に含まれている．

最近，NASA は，JAXA, ESA が主体となって実施したものも含めて全ての実験課題を Animal Biology（動物生物学），Cellular Biology（細胞生物学），Microbiology（微生物学），Plant Biology（植物生物学）というカテゴリーに分けて，ウェブサイトに公開している（http://www.nasa.gov/mission_pages/station/research/experiments/experiments_hardware.html#Biology-and-Biotechnology）．また，JAXA ホームページにも，生命科学分野での最近の実験テーマが掲載されている．ホームページに載っているテーマの数は現在実施中のものも含めていることもあって，上記の表 2-4B と比べると多くなっている．これらのテーマを一覧表（表 2-5）にしてみると，微生物や哺乳類細胞だけでなく，植物から動物個体にわたって数多くの実験が実施され，また実施されつつあることが一目瞭然である．なお，本書では，石岡が関わった宇宙実験など，この表 2-5 の中のごく限られた実験を中心にそれらの研究成果を紹介している．

表 2-5　JAXA 主導による，日本の実験棟「きぼう」を利用した最近の生命科学分野の実験テーマ

テーマ名	実験目的	代表研究者（所属）
ES 細胞を用いた宇宙環境が生殖細胞に及ぼす影響の研究*	宇宙環境が次世代へ及ぼす影響を幹細胞で調べる	森田隆（大阪市立大学）
ほ乳類の繁殖における宇宙環境の影響*	遺伝資源の宇宙での保存の可能性に挑戦する	若山照彦（山梨大学）
重力による茎の形態変化における表層微小管と微小管結合タンパク質の役割*	植物が重力に耐える体を作るしくみを探る	曽我康一（大阪市立大学）
無重力ストレスの化学的シグナルへの変換機構の解明*	重力感受機構の仕組みを探る	曽我部正博（名古屋大学）
植物細胞の重力受容の形成とその分子機構の研究*	植物の重力感知メカニズムに迫る	辰巳仁史（金沢工業大学）
植物における回旋転頭運動の重力応答依存性の検証*	植物が持つ生存戦略としての「よじ登る」仕組みを解明する	高橋秀幸（東北大学）
宇宙居住の安全・安心を保証する「きぼう」船内における微生物モニタリング*	閉鎖空間での安全・安心のために微生物をモニタリングする	那須正夫（大阪大学大学院）
ISS 搭載凍結胚から発生したマウスを用いた宇宙放射線の生物影響研究*	宇宙放射線の影響を凍結受精卵で調べる	柿沼志津子（放射線医学総合研究所）
植物の抗重力反応における微小管—原形質膜—細胞壁連絡の役割**	細胞壁というドームを支える，細胞内部の役者たち	保尊隆享（大阪市立大学）
微小重力環境下におけるシロイヌナズナの支持組織形成に関わる遺伝子群の逆遺伝学的解析**	植物細胞壁の「鉄筋コンクリート構造」の強度は宇宙でどう変わる？	西谷和彦（東北大学）
哺乳動物培養細胞における宇宙環境曝露後の *p53* 調節遺伝子群の遺伝子発現	がん化を防ぐ遺伝子「*p53*」の宇宙での働きを探る	大西武雄（奈良県立医大）
ヒト培養細胞における TK 変異体の LOH パターン変化の検出	低線量放射線が遺伝子を傷つけた「証拠」を高感度に検出	谷田貝文夫（理化学研究所）
両生類培養細胞による細胞分化と形態形成の調節	カエルの細胞は宇宙でも「ドーム」を作るのか	浅島誠（東京大学）
微小重力環境における高等植物の生活環	種から種へ，身近なペンペン草（シロイヌナズナ）の一生を宇宙で	神阪盛一郎（富山大学）
カイコ生体反応による長期宇宙放射線曝露の総合的影響評価	カイコの卵は宇宙放射線の番人になるか?!	古澤壽治（京都工業繊維大学）
線虫国際宇宙実験** 線虫を用いた微小重力の影響解析	アポトーシス，老化，筋肉への影響は？　遺伝子やタンパク質動態は？	石岡憲昭（JAXA 宇宙科学研究所）

テーマ名	実験目的	代表研究者（所属）
線虫 *C.elegans* を用いた宇宙環境におけるRNAiとタンパク質リン酸化	筋が衰えるメカニズムを最先端の手法でねらい打ち	東谷篤志（東北大学）
宇宙放射線と微小重力の哺乳類細胞への影響	細胞の生死を制御する司令塔「ミトコンドリア」は宇宙でどう働くか？	馬嶋秀行（鹿児島大学）
蛋白質ユビキチンリガーゼCblを介した筋萎縮の新規メカニズム	宇宙で筋肉が衰える「新規メカニズム」とは	二川健（徳島大学）
重力によるイネ芽生え細胞壁のフェルラ酸形成の制御機構	イネの細胞壁は宇宙でどう変化するか	若林和幸（大阪市立大学）
微小重力下における根の水分屈性とオーキシン制御遺伝子の発現	植物の根を曲がらせる「影の物質」を宇宙で探る	高橋秀幸（東北大学）
宇宙空間における骨代謝制御：キンギョの培養ウロコを骨のモデルとした解析	目から「ウロコ」の実験が骨の重力応答の仕組みを解明する	鈴木信雄（金沢大学）
国際宇宙ステーション内における微生物動態に関する研究	特殊な環境に生きる微生物のヒミツを探る	槇村浩一（帝京大学），那須正夫（大阪大学）
赤血球膜蛋白質バンド3が媒介する陰イオン透過の分子機序解明［PDF: 334KB］	生命現象の鍵を握る蛋白質「バンド3」を解析する	濱崎直孝（長崎国際大学）
メダカにおける微小重力が破骨細胞に与える影響と重力感知機構の解析	メダカの飼育を通して宇宙で骨が減るメカニズムの解明に挑む	工藤明（東京工業大学）
ゼブラフィッシュの筋維持における重力の影響	筋と腱が光るゼブラフィッシュを用いて骨格筋の維持機構を探る	瀬原淳子（京都大学）
植物の重力依存的成長制御を担うオーキシン排出キャリア動態の解析	植物の重力を利用したからだ作りのしくみに迫る	高橋秀幸（東北大学）
植物の抗重力反応機構―シグナル変換・伝達から応答まで	植物が感じる，反応する，そのしくみを探る	保尊隆享（大阪市立大学）
宇宙環境での線虫の経世代における環境適応の研究	宇宙での世代交代とエピジェネティックな関係を調べる	東谷篤志（東北大学）
線虫Cエレガンスを用いた微小重力による筋繊維変化の解析	宇宙での筋萎縮を線虫で調べる	東谷篤志（東北大学）
宇宙環境における線虫の老化研究	宇宙での寿命の変化を線虫で調べる	本田陽子（東京都健康長寿医療センター研究所）

＊2015年当時実施中　＊＊「きぼう」利用前に実施

2.2　地球での宇宙実験？

1. 地球で実験をする意味とは

宇宙船外の空間を利用した生物学（アストロバイオロジー）実験も実施されているが，特に断らない限り，宇宙実験といえば本書では人の生活が可能な与圧空間での生命科学実験を意味する．宇宙での実験研究が重要視される理由は，地上で宇宙船内と同じ環境，すなわち宇宙環境を地上で模擬することが極めて難しいからである．とは言え，宇宙環境を利用して実験を行う機会は非常に限られている．また，宇宙実験のための地上予備実験も必要である．そこで，宇宙環境を忠実に再現することは難しくても，何とか類似の環境を地上で模擬できないだろうかと考えて，様々な試みがなされている．その試みを大きく分類すると，表2-6のようになる．

ここでは，模擬宇宙環境をつくるためにどのような実験手段が用いられ，また，構築された模擬環境にはどのような問題点があるのかを説明する．実際に，模擬宇宙環境下で行われた実験の具体的内容やそれらに対する評価については，第3章および第4章を参照されたい．

微小重力に関して，後述するクリノスタットやRWVを利用した模擬微小重力は，本当に微小重力になっているのではなく，生物試料にかかる重力の方向を絶えず変化させ，長時間時経ってから積算値で見ると一定方向からの重力が

表2-6　地上での模擬宇宙環境を構築する試み

対象となる宇宙環境因子	地上での工夫（実験手段）
微小重力（主に宇宙生物学研究）	クリノスタット，回転壁型細胞培養器RWVバイオリアクター（模擬微小重力） 短時間微小重力 　落下塔 　航空機（パラボリックフライト） 　大気球 　観測ロケット
微小重力（主に宇宙医学研究）	尾部懸垂・後肢懸垂（荷重の除去） ベットレスト
宇宙放射線	加速器による重粒子線 微小重力と放射線の併用
その他	閉鎖生態系生命維持システム

かかっていないようにみえるということに過ぎない．しかし過重力も含め重力変動に対する生物応答の基本メカニズムの解明は，宇宙空間における微小重力の生物影響を解明する上で極めて重要な手がかりとなりうる．また，短時間の微小重力環境も利用されている．たとえば落下塔による落下，航空機によるパラボリックフライト，大気球や観測ロケットなどによって数秒から数分間無重力に近い状態をつくることができるからである．このような手法は短時間で完結するような生命現象（生化学反応など）に対する微小重力影響の研究には有効であると考えられている．一例としてラットなどの尾部懸垂や後肢懸垂という実験方法がある．ラットの尾を固定して吊り上げ，前肢のみ床に接触させ筋肉や骨などに対する機械的荷重を除く方法である．これは筋肉や骨に対する無荷重の影響を解析して宇宙における微小重力の影響を推定しようというものである．人の場合は頭部を6度下げた状態で睡眠をとり（ベットレスト），宇宙飛行中の体液移動や心循環系の状態を模擬する実験や，その後の姿勢制御に関する予備実験等も行われている．

もう一つの宇宙環境の特徴である宇宙放射線環境を模擬することも容易ではないと考えられている．しかしながら，宇宙放射線に特徴的といってよい高エネルギーの陽子線や重粒子線を地上の加速器を利用して生物試料に照射することが比較的容易になってから，宇宙放射線による生物効果については，地上の加速器実験から推測できるという考え方も定着してきている．その顕著な例が，米国NASAによるブルックヘヴン国立研究所の加速器である．その加速器の特定ビームラインを宇宙研究のために専用に利用するという計画が立てられ，それが実現し，実際に利用されて多くの研究成果が得られている（詳細は後述）．欧州のグループもこの動きに呼応して加速器利用の機運が高まっている．もちろん，日本や中国などでも加速器を利用した生物実験が積極的に行なわれ，宇宙放射線の生物影響も視野に入れた研究が展開されている．

2. 地球で微小重力を利用する実験

上述したように落下塔や観測ロケットを用いて得られる微小重力環境は数秒（～5秒）から数分（～7分）くらいが限度であり，長時間の微小重力が生命現象に及ぼす影響を観察したり，分析したりする実験には適さないが，実験の工夫により短時間であっても完結させられる実験やISSや将来につながる結果を出す予備実験として期待できる．なぜならば，刺激に対する生物応答は，例えば神経系での神経伝達やイオンの細胞内外への流入，流出など1ミリ秒以下で起きている反応があるからである．また人の腱反射では数十ミリ秒であり，分子レベルでの重力刺激感受機構の研究や重力変化に対する応答機構の研究など短時間で起きる細胞応答や生物現象が可能な研究には十分活用できると考えられるからである．

①落下塔（10^{-3}〜10^{-6} G，2〜9秒）

落下塔の仕組みは，地球の中心に向けて真っすぐ立てたタワー，もしくは掘った穴に実験装置を内蔵したカプセルを落下させるというものである．落下塔の原理は簡単で，遊園地にあるフリーフォール（自由落下）と基本的に同じである．1Gの加速度で自由落下する容器の中の物体は容器と同じ速度で自由落下しながら逆向きの力（慣性力）が働き±0の無重量状態になる．この原理は落下塔に限らず，後述するパラボリックフライトや大気球や観測ロケットで微小重力環境を得るのと同じである．ISSが常に地球に向けて落下し続けているためにISS内では宇宙飛行士が浮遊し，宇宙実験でも微小重力環境が得られるのである．

世界最大の落下距離を誇った（自由落下距離490 m，10秒間の微小重力）北海道上砂川町の地下無重力実験センター（JAMIC）や岐阜県土岐市の日本無重量総合研究所のMGLAB（100 m，4.5秒）はすでに閉鎖されて稼働していないが，北海道赤平市の北海道宇宙科学技術創成センター（HASTIC）は30〜40 mで2.5〜3.0秒，JAXA宇宙科学研究所（ISAS）は30 m，2.4秒で今も稼働している．海外では米国のクリーブランドにあるNASAのGRCで24 m，2.2秒があるが，ドイツのブレーメンにあるブレーメン大学のZARMにおける146 m，9.3秒が有名である．

落下塔での生物実験は少ないが，石岡らが2001年に土岐市の日本無重量総合研究所のMGLABでラットを使用して行った実験があるので紹介する（図2-3）．この実験は落下塔を使用する場合の小動物に及ぼすストレス要因を評価することを目的に実施した．重力以外のストレスをできるだけ軽減して，実験

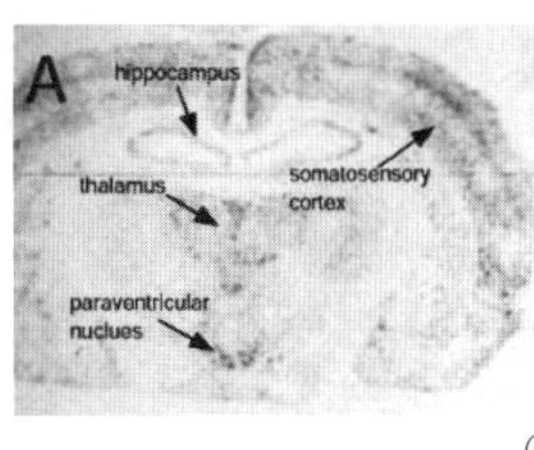

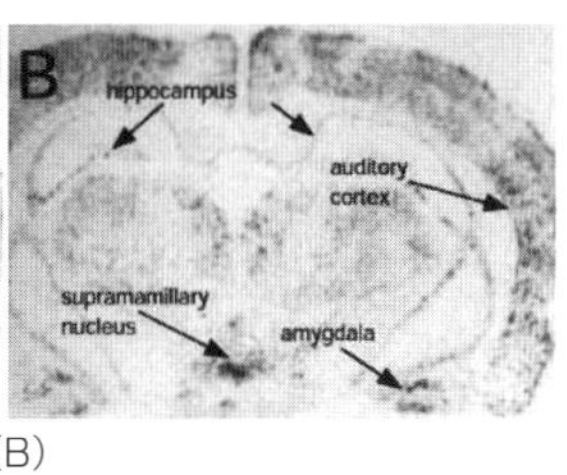

(A) (B)

図 2-3 落下塔カプセルと石岡（A）とラット脳内の *c-fos* の発現（B）

データの科学的価値を上げ，動物の状態を改善するために，1）温度，湿度，酸素および二酸化炭素濃度などの環境因子をモニターし，2）生化学，*in situ* ハイブリダイゼーション，組織化学，行動，および生理学的な面からストレスの評価を行った．この実験から，落下塔実験のストレスの度合を推定することができることを示した［2-6］．

②航空機（10^{-2}～10^{-3} G，10～25 秒／1 パラボリックフライト）

ボールを斜め上方に放り投げると，投げ出された瞬間の初速が重力の影響を受け，その合成した力の方向に自由落下するため放物線を描きながら地面に落ちる．放物線を描きながら飛ぶことをパラボリックフライトと呼び，この場合も落下塔同様に，ボールの内部は微小重力の環境になる．微小重力の状態をできるだけ長くするには，初速をより速く，より上方に投げ上げて，できるだけボールが地面に落ちるまでの時間を長くすることである．航空機を利用するパラボリックフライトでも同じ原理で，微小重力の状態をできるだけ長くするために，最大速度に加速して急激に機首を上げ，エンジンをアイドリング状態にしてパラボリックフライトに入る（図 2-4）．この間に得られる微小重力の時間は 20 秒程であるが，1 フライトで 10 回以上のパラボリックフライトの繰り返しが可能である．パラボリックフライトとパラボリックフライトの間で航空機にかかる荷重（～2 G）を考慮に入れた実験を組むことにより，全体で 200 秒以上の微小重力環境が得られることになる．微小重力のレベルは 10^{-2}～

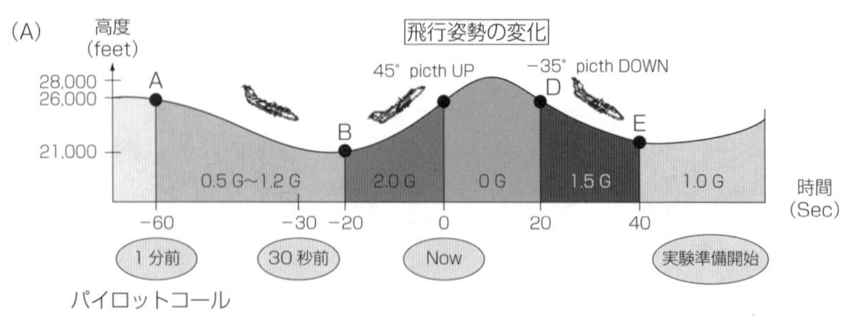

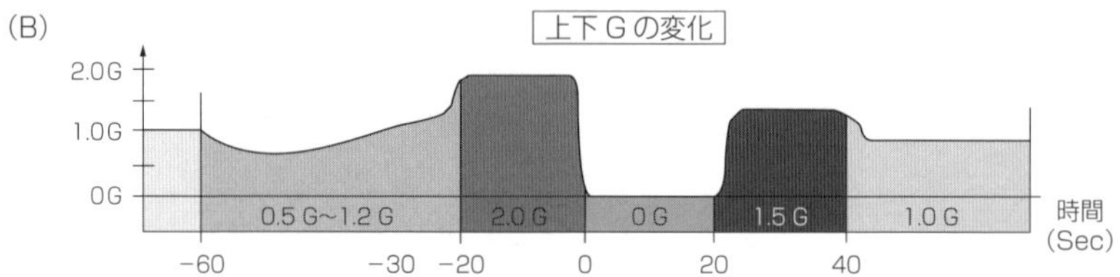

図2-4　パラボリックフライト中の飛行機（A）と飛行姿勢と重力の変化（B）
宇宙航空研究開発機構広報・情報センター宇宙ステーション・きぼうより引用
(http://iss.jaxa.jp/education/parabolic/experiment.html)

10^{-3} G とあまり良くはないが，短時間微小重力実験として，唯一研究者が乗り込んで実験することができるという最大のメリットがあるため，生物実験だけでなく様々な分野で利用されている．これまで多くの生物実験や ISS での実験を目指した検証実験や予備実験が行われてきた [2-7].

航空機による微小重力実験は，日本だけでなく米国，欧州，カナダなどで宇宙機関や民間企業により行われている．日本ではダイヤモンドエアサービス（DAS）社がガルフストリームⅡや MU-300 などの航空機を用いてパラボリックフライトのサービスを提供している（http://www.das.co.jp/service/operation/gravity/index.html).

③大気球（〜10^{-4} G，〜40秒）

科学観測用大気球の高度は約 40〜50 km で，人工衛星よりも低いが，飛行機より高い高度に長時間滞在できる唯一の飛翔体である（図2-5A)．様々な学問分野，例えば宇宙線物理学，高エネルギー宇宙物理学，超高層大気物理学，赤外線天文学，さらには微生物の捕集など宇宙生物学の分野での科学観測や実験に利用されている．ロケットや衛星は搭載する実験機器や観測機器の大

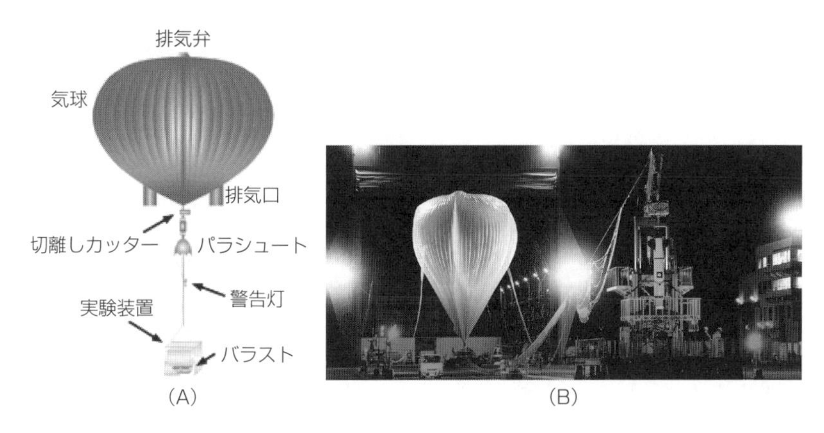

図 2-5　大気球の概要図（A）と放球準備中の気球と BOV（B）

（A）JAXA ホームページ「大気球で新しいチャレンジ」より引用
（http://www.jaxa.jp/article/interview/vol42/index_j.html）
（B）AXA-ISAS ホームページ「大気球」より引用
（http://www.isas.jaxa.jp/missions/balloons/）

きさ，重さ，打ち上げ時の振動，衝撃などに対する保護など搭載条件が厳しいが，大気球ではそれほど厳しくない．また，衛星やロケットに比べて低コストで実験ができるため，多くの飛翔機会を提供できる利点がある．さらに，実験装置を実験後に回収できるなどの利点もある．日本の大気球は JAXA 宇宙科学研究所が開発を含め実施している．微小重力実験のために，質のよい微小重力環境（$\sim10^{-6}$ G）を 30～40 秒程度提供する実験システムも開発されており，微小重力実験装置 BOV（Balloon-based Operation Vehicle）という（図 2-5B）．方法としては，大気球で実験システムを高度 40 km まで持ち上げ自由落下させて無重力環境を実現する．実験部は，BOV の機体の外殻と接触しないように，10 cm 程度のすき間を設けた二重構造の内殻に設置される．実験部と外殻がぶつからないように機体を制御し，実験部を理想的な自由落下にして，質のよい微小重力環境を実現する．2006 年に動作試験用の BOV 1 号機を飛翔させ，数秒間の流体物理実験を実施した．さらに，2007 年には BOV 2 号機で，燃焼科学実験を実施している．この実験では 30 秒にわたる質のよい微小重力環境が得られている．これまで生物を用いた大気球での微小重力実験はほとんど実施されてこなかったが，大気球を利用して成層圏において微生物を捕獲する実験が 2016 年に行われた．1971 年から 2007 年まで大気球は三陸大気球観測所から放球されてきたが，2008年度からは北海道大樹町の大樹航空宇宙実験場で放球，実験が行われている．

④観測ロケット（10^{-2}〜10^{-3} G，〜7分）

観測ロケットは，大気球の最高到達高度よりも高く，通常，高度100 kmから1500 kmへ打ち上げられる．ロケットが最高到達高度に達してから落下するまでの間が微小重力となり，時間としては最も長く数分〜7分位得られる．この間に観測や実験を行う．実験装置や観測装置は，観測ロケットの上段の頭胴部に取り付けられ，ノーズコーンというとんがり帽子のような蓋で飛翔中の加熱から保護される．観測装置や実験装置およびロケットは海上に落下する．高度約50 kmから1000 kmの間の空間は，中間圏や熱圏，電離圏と呼ばれている領域で，この領域における特異な現象を直接観測し解明するために，観測ロケットはこの空間に打ち上げられている．これまで1997年，1998年の2回にわたり宇宙実験用小型ロケット「たけさき」（TR-1A）を利用した細胞培養実験が行われたが，それ以後の生物実験はなされていない．

観測ロケット実験は，計画立案から実験実施まで比較的短期間で成果を得られることから，今後生物実験の機会が増えることが期待される．また将来の宇宙実験の検討や予備実験，自動化された新しい装置の検証や性能試験にとっての有用性も期待できる．この実験は，日本ではJAXA宇宙科学研究所が実施

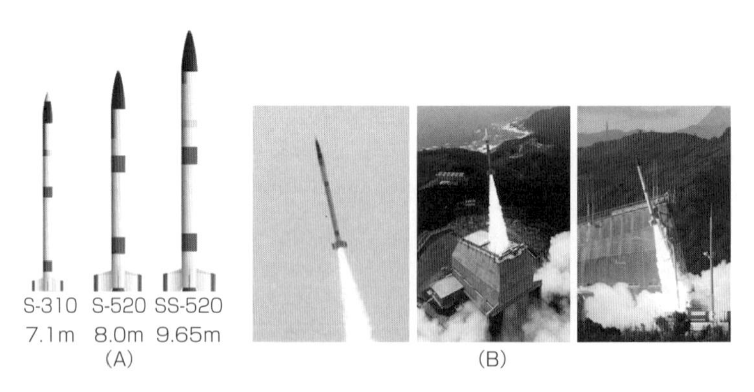

図2-6　宇宙科学研究所の運用中の観測ロケット（A）とそれぞれの打ち上げの様子（B：左からS-310，S-520，SS-520）
JAXA-ISASホームページより引用（http://www.isas.jaxa.jp/missions/sounding_rockets/）

している．現在，観測ロケットは，S-310，S-520，SS-520 の 3 機種があり（図 2-6），鹿児島県大隅半島にある JAXA 内之浦宇宙空間観測所から打ち上げられている．

3. 実験室での長時間模擬微小重力実験

上述したように落下塔やパラボリックフライト，大気球，観測ロケットを使った微小重力実験など，いずれも微小重力は短時間（数秒〜数分）しか得られず，長時間の微小重力下での生命現象に与える影響の実験は困難である．そこで実験室で長時間の模擬微小重力実験を行うために，多く試みられてきたのが生物試料を 1 軸で 2 次元的に，あるいは直交する 2 軸で 3 次元的に回転させる方法である．

①回転壁型細胞培養器（Rotating-Wall Vessel（RWV）bioreactor）

RWV は NASA によって開発されたもので，細胞を常に浮遊した状態で培養する装置である．現在は，シンセコン社が Rotary Cell Culture System（RCCS）として商品化している（図 2-7）．メンブレンフィルターを通してガス交換できる円筒形の培養チャンバーが組み込まれている．このチャンバーが垂直方向に低速で回転することによって，重力方向をランダムに変化させてやり，重力が見かけ上相殺されて微小重力様の環境が達成されるという装置である．当初，スペースシャトルでの打ち上げ時や帰還時に発生するずり応力から培養細胞を守る方法として，また帰還時に微小重力状態を維持するために考案された．RWV を用いた地上実験では組織のような形態を示す細胞の集合体が観察されたので，多彩な細胞間相互作用と組織形成の初期における増殖と分化の研究への応用等，宇宙と同様な結果を地上で得られることが期待される装置である．余談であるが，RWV を用いた興味深い実験がシャトル・ミールの宇宙実験にある [2-8]．ウシの関節の軟骨細胞[2-6]を 4 か月間ミールで RWV 培養し，帰還後に地上で RWV 培養した軟骨細胞と比較した実験である．培養によってできた軟骨組織は宇宙よりも地上の方がより関節軟骨に近い形状を示し

2-6）軟骨細胞は軟骨を構成する唯一の細胞で繊維（線維）芽細胞に由来する．主にコラーゲンからなるマトリックスを分泌して軟骨を作る．繊維（線維）芽細胞とは人体のいたるところに存在していて，皮膚や筋肉，骨になる細胞で，組織の修復にも関与している．

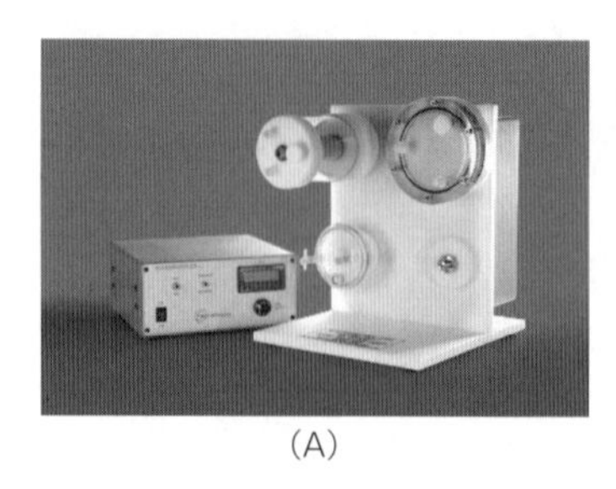

(A)

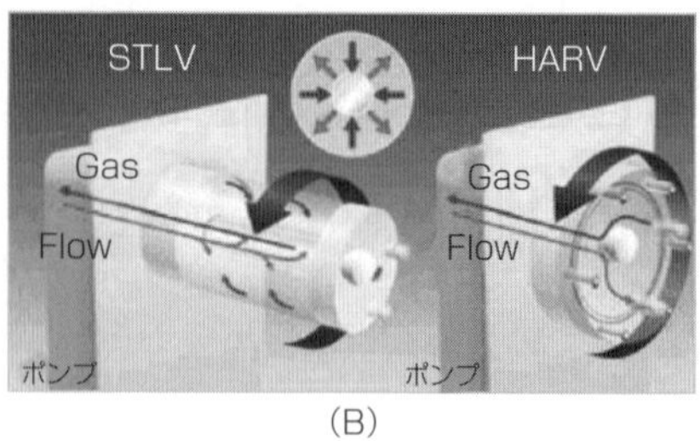

(B)

図 2-7　回転壁型細胞培養器
(A) SYNTECON Autoclavable Vessel Culture Systems RCCS-4H のウェブサイトより引用.
(http://synthecon.com/showimg.asp?id=48&type=sq)
写真は 4 個の回転子にオートクレーブ可能な 110 ml の STLV と 50 ml の HARV および使い捨ての HARV.
(B) トミーデジタルバイオロジー株式会社シンセコン 3 次元培養システムのウェブサイトより引用.
(http://www.digital-biology.co.jp/allianced/products/synthecon/)
HARV: High Aspect Ratio Vessel, STLV: Slow Turning Lateral Vessel

ていた．これは宇宙では骨量が減少し弱くなることを反映しているようで面白い．やはり，骨には重力や機械刺激が必要ということである．一方，地上でRWV 培養と通常培養をした腎臓細胞では逆に RWV 培養で得られた腎臓組織の方がより生体に近い組織であった．どうやら重力と密接な関係を持たない臓器は宇宙での培養により生体に近い組織が得られると思われる．臓器によっては再生科学の分野にも大きく貢献しそうである．

②クリノスタット

微小重力環境を模擬する装置としては RWV のように 2 次元で回転する装置とは別に，3 次元で回転するものも開発され，クリノスタットという名前で呼ばれている．前述したようにクリノスタットも微小重力の状態にするのではなく，実験する試料を入れた容器を，直交する 2 軸で 3 次元に回転させて試料に対して重力ベクトルの方向を常に変化させることにより，その試料が一方向からの重力の影響を受ける影響を少なくし時間平均の重力がゼロに近づくという，疑似的な微小重力環境を再現する装置である．クリノスタットでは，培養細胞や特に重力に対する反応が遅い植物試料などで，宇宙実験を行う前の予備実験やシミュレーションとしても有効なデータが得られている．またクリノスタットを用いて放射線影響を調べる研究も可能である．一例として，石岡らの

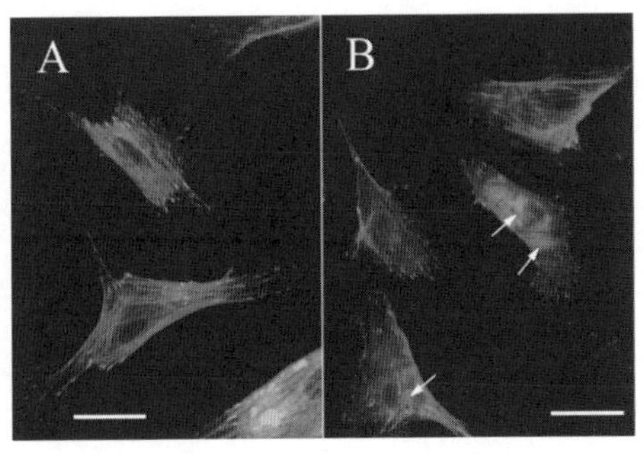

図 2-8　模擬微小重力下での細胞培養を行うための装置クリノスタット（石岡らの利用している装置）
左の写真はクリノスタットが入った状態の炭酸ガスインキュベータで，右の A はクリノスタットを使用しない通常の炭酸ガスインキュベータ内での培養で，B はクリノスタットで培養した血管内皮細胞である．なお，パネル B の中の矢印はアクチン繊維のストレスによる再構成を示している．

研究室の炭酸ガス細胞培養装置の中に入れてあるものを図 2-8 に示した．石岡らはクリノスタットで培養した血管内皮細胞の形態やアクチンの再構成，微小管形成に重力変化が影響し，それには低分子量 G タンパク質の一種である Rho[2-7]関連タンパク質群が関わることを見出した［2-9］．とくに Rho グアニンヌクレオチド変換因子（RhoGEF）[2-8]の一種である LARG[2-9]の遺伝子発現がダウンレギュレーション[2-10]されること，Rho タンパク質の発現量は増えるが活性型 Rho は減少していることを見出し，ウシ血管内皮細胞の LARG の構造を明らかにした［2-9］．さらに，筋肉系培養細胞のクリノスタット培養では転写因子の NFκB[2-11]が減少していることを見出し，模擬微小重力下では NFκB が影響を受けていることを示した［2-10］．

2-7）Rho は低分子量の GTP 結合タンパク質で，Rho ファミリィ G タンパク質を構成し，主に細胞骨格の制御に関わっている．代表的な Rho ファミリー分子には，RhoA，Rac1，Cdc42 がある．

2-8）RhoGEF は Rho guanine nucleotide exchange factor（Rho グアニンヌクレオチド交換因子）の略語で不活性型 Rho に結合した GDP を GTP に置換することで活性型へと移行させる．

2-9）LARG は leukemia-associated RhoGEF の略語で，ALGEF12 としても知られる白血病関連 RhoGEF（LARG）である．急性骨髄性白血病において最初に同定された RhoA 特異的 RhoGEF である．

2-10）ダウンレギュレーションとは下方制御とも言われ，生体内では遺伝子発現やシグナル伝達におけるシグナルあるいは受容体数を減らしたり弱めたりする調節制御のことである．

2-11）NFκB：免疫グロブリン κ 鎖に結合するタンパク質として発見されたのでこのような名前がついた．NFκB はこのような発見の経緯もあり，当初は B リンパ球細胞だけで発現していると考えられていたが，ほとんど全ての動物細胞で発現していることがわかっている．NFκB は免疫反応において中心的役割を果たす転写因子の一つであり，放射線等の刺激により活性化される．また，急性および慢性炎症反応や細胞増殖，アポトーシスなど数多くの生理現象に関与している．

4. 粒子線加速器の利用

宇宙放射線環境とは，一次宇宙線や二次宇宙線がそれぞれ多種にわたって，また，同じ種類の放射線でも異なるエネルギーのものが存在する混合放射線場と考えられる．様々な種類の放射線の中でも粒子放射線の利用に高い関心が寄せられたのは，地上では被ばくする可能性が少なくても，宇宙では高エネルギーの粒子放射線（陽子や重イオン）に被ばくするかもしれないからである．“重イオン粒子線”はX線やγ線などと比べて生物効果が大きいことも注目を集める要因となった．

宇宙放射線の生物効果を追求することを明確な目的として掲げた米国のNASAによる宇宙放射線生物研究計画（Space Radiobiology Program）を紹介する．NASAヒューマン研究計画（NASA Human Research Program）の一つの研究分野として，上記の宇宙放射線生物研究計画が始まった．この計画の中身や歴史はNASAのホームページに詳しく紹介されている．1998年頃には，NASAは宇宙探検や宇宙開発を進める上で，ヒトに対する宇宙放射線の健康影響やリスク推定についての研究も含めて，2004年くらいまでの宇宙研究の年次研究計画を立てていた．その一環として2003年に米国のブルックヘブン国立研究所（Brookhaven National Laboratory: BNL，1947年設立）の中にNASA Space Radiation Laboratory（NSRL）を設立した（図2-9）．BNLの粒子線加速器の一部のビームコースを占有して利用することを実現させ，この占有コースで2003年の夏にはすでに米国内だけでなく米国外から75人以上の実験者が参加していたとのことである．そのとき以来から2017年現在まで実験研究が続いているので，もう10年以上もの長い間にわたって粒子放射線の生物効果についての実験データが蓄積されている．宇宙放射線の生物効果についてのNASA地上研究（NASA-Ground Based Studies in Space Radiobiology）として，2012年には12の，2013年には13の研究計画の提案を採択している．健康影響に直接関わるがん，心臓や循環器の疾患，さらには白内障や脳神経疾患に関する研究だけでなく，DNAなど分子レベルでの研究にも目を向けて研究テーマが選ばれている．

米国ではLoma Lindaの陽子線加速器も利用し，ヨーロッパではGSIの高エネルギーシンクロトロンを利用したIBER Program（Investigation into Bio-

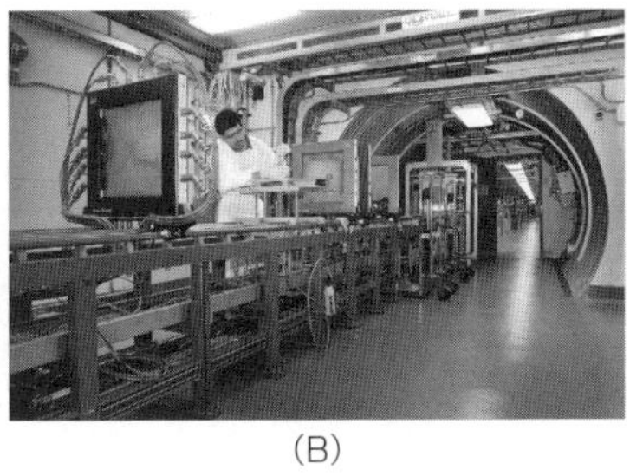

(A) (B)

図 2-9 米国 Brookhaven 国立研究所内の NASA 放射線生物研究施設（NSRL）（A）とビームラインに試料をセットしているところ（B）
NSRL イメージより引用（https://www.bnl.gov/bnlweb/pubaf/pr/2003/bnlma100903.htm）

logical Effects of Radiation: the high-energy SIS18 synchrotron at GSI）[2-11] も始まり，地上シミュレーション実験が盛んに行われるようになった．残念ながら，日本では加速器を利用して宇宙放射線の影響を調べることを主目的とした研究プログラムは立ち上げられなかった．しかしながら，日本の研究者も，重イオン放射線による生物研究をきっかけとして，軌道衛星や ISS を利用した宇宙放射線の生物影響研究に積極的に取り組んでいる．また，放射線計測技術の目覚ましい進展もあり，現在では，どのような粒子線が宇宙からどのくらいの頻度で飛んでくるかを予測できる．地上での天気予報と同じように，宇宙天気予報という言葉も使われるようになった．長い目でみると，宇宙放射線のシミュレーション実験が地上でやりやすくなっていることは間違いない．

粒子線加速器を利用することによるメリットの一つとしてマイクロビームによる実験もあげられる．加速器では，粒子線を十分に絞った細いビーム，すなわちマイクロビームをつくることができる．このようなマイクロビームを用いると，特定の細胞を狙い撃ちできるのでバイスタンダー効果（脚注 5-16 参照）などを調べることができる（図 2-10）．国内では高エネルギー物理学研究所の放射光施設，海外では米国コロンビア大学の陽子線加速器などがマイクロビームを利用しての生物実験のパイオニア的存在である．大型の加速器を利用しなくても卓上型の X 線マイクロビーム発生装置がつくられたことで，研究がますます盛んになっている．

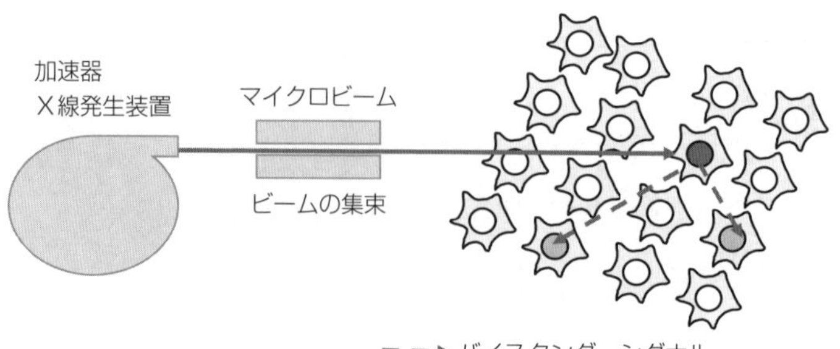

図 2-10　マイクロビームによる細胞の狙い撃ち
照射された細胞からシグナルが非照射細胞に伝達される様子，すなわちバイスタンダー効果の起こる様子を模式的に示している．

第3章 微小重力が要因と考えられる生物影響

第1章では宇宙飛行士の健康に影響を及ぼす要因として，微小重力と放射線，閉鎖空間の3つを取り上げ概説した．本章ではそれぞれの要因について，実際に実施した生物医学の宇宙実験の紹介をしながらから考察したい．

3.1 微小重力が健康に及ぼす影響

1. 宇宙で悪酔い？（宇宙酔い）

旧ソ連で2番目に宇宙飛行士となったチトフ少佐が，1961年の25時間の飛行中に胃部に不快を感じたのが，最初の宇宙酔いの報告とされている．宇宙酔いは，地上での乗り物酔いと似た症状で宇宙飛行士の3人に2人がかかると言われている．宇宙酔いの発症の仕組みについては，体液移動説，感覚混乱説，神経毒説，などいろいろある．酔いを直接起こす神経毒物質の考えは興味深いが，実証されにくいことから一般には受け入れられていない．一方，地上で頭の位置を低くして体液を頭の方に移動させても，酔いは起きないとのことから，体液移動は宇宙酔いを誘発する直接の原因ではなく，宇宙酔いを発症させやすくする潜在的要因と考えられる．現在，最も有力と考えられているのは，感覚混乱説である［3-1］．人は，目からの視覚情報，筋肉の動きや圧力などの体性感覚情報，重力の方向を感知する内耳の前庭感覚情報の三つを脳で統合することにより，自分の置かれた空間や姿勢を認識し判断し，筋肉などに指令を出すことによって姿勢制御を行っている．この機能は地球の重力環境下で正常

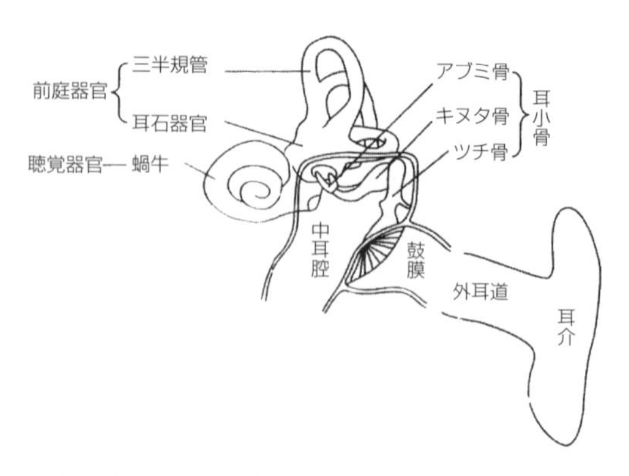

図 3-1　ヒトの内耳器官の模式図（文献［3-1］から引用）

に機能するように習得されたものである．目からの情報以外（特に前庭感覚情報）は重力の影響を受けている．内耳[3-1]にある前庭器官には，三半規管と耳石器官がある（図 3-1）．それぞれ頭部の回転（回転加速度）あるいは乗り物等に乗った場合に生じる直線的な動き（直線加速度）すなわち重力の方向を検出している．しかし，重力のない状態では，耳石[3-2]が重力方向を感知できないため，たとえ体が傾いても重力を感知したという電気的信号を送り出せないのではないか［3-1］．そこで，耳石がなければ宇宙酔いは起きないとの仮説から，耳石を破壊した鯉と正常な鯉，それぞれ一匹を用いて宇宙実験が行われた［3-2］．正常な鯉は，飛行開始 2 日目をピークとして，視覚と前庭系からの情報統合機構に著しい乱れが生じ，4 日目から回復を始めた．一方，予想に反して，耳石を摘出された鯉でも 2 日目に著しい感覚の混乱を起こしたことが報告された．どうやら，耳石に代わる機構が働くようである．耳石機能をなくした人たちもそれを他の感覚で代償することによってふつうの生活ができていることを考えると当たり前の結果なのかもしれない．宇宙酔いは数日で治るとは言え，宇宙酔いのメカニズムについてわかっていないことが多く，今後とも詳しく調べる必要がある．

3-1）　耳の奥で，側頭骨の複雑な骨壁に囲まれた部分で平衡聴覚器の中心で，平衡感覚をつかさどる前庭（ぜんてい）器官と，聴覚をつかさどる聴覚器官の蝸牛（かぎゅう）からなる．

3-2）　耳石は，無脊椎動物の平衡器官である平衡胞内にある小さい粒同様に，脊椎動物の内耳にある炭酸カルシウムの結晶からなる組織である．耳石は体の傾きに応じて重力の方向に移動し，感覚細胞の感覚毛を圧迫し，その圧迫の変化によって体の傾きを感じるようになっている．

2. 顔が膨らみ，足が細くなる（体液シフト）

地上では重力が体液の流れを下半身に引き付けるように働くが，微小重力下ではその力がほとんど働かない．そこで，それまで下半身にプールされていた体液が 1.5～2.0 L ほど上半身に移動（体液シフト）し，体液分布が地上と異なった分布となる．体液シフトによって身体の外観にどのような変化が現れるのかを簡単にまとめると表 3-1 のようになる．

体液シフトにより下肢の容積は減少し細くなる（バードレッグ）．胸は膨らみ，首の血管が腫れ，顔は丸くむくんだようになる（ムーンフェース）．その結果，首を流れる動脈（頸動脈洞）の圧受容器[3-3]が血管圧（血液量）の増加を感知し“体液過剰”と認識する．この情報は視床下部に伝達され，脳下垂体[3-4]からの抗利尿ホルモン[3-5]の分泌を抑制する．さらに，心臓からの心房性ナトリウム利尿ホルモン[3-6]の分泌を促進し，“体液過剰”を修正しようとする（圧受容器反射）．その結果，尿の排泄量が増加し，体液量はおよそ 3% 減少する．また，循環血液量の減少が心臓の機能を変化させることも知られている．すなわち微小重力下では，血液を押し出す心臓の筋肉（心筋）も強く収縮する必要がなくなるため，弱くなり心疾患に繋がる可能性が指摘されている（図 3-2）．

2014 年 3 月にワシントン D.C. で開催された第 63 回米国心臓病学会議（ACC 2014）において，米国の研究チームは宇宙飛行士の心臓が宇宙空間に滞在中に肥大し，長期間滞在していると徐々に心臓の形状が球形へと近づくと発表した [3-3]．この研究は，12 人の宇宙飛行士に対して，宇宙への出発前，国際宇宙ステーションでの滞在中，地球への帰還後の 3 点で超音波装置により心臓の状態を測定比較した結果である．微小重力状態で心臓は，9.4% 大きく球状になるとともに弱くなっていったということである．ただし心臓の形

3-3） 総頸動脈が内外の頸動脈に分岐する部位で内頸動脈側にあるのが頸動脈洞で血圧の変化を検知する圧受容器がある．その他に，皮膚の圧変化を感知したり細胞外液量を管理する圧受容器がある．

3-4） 脳下垂体（あるいは下垂体）は脳の下部にある視床下部に接する位置にある内分泌器官である．成長ホルモンや抗利尿ホルモンなどを分泌している．

3-5） 抗利尿ホルモンは，脳下垂体後葉から分泌されるホルモンで腎臓の尿細管に作用して水分の再吸収を促進させ，利尿を妨げる働きをする．

3-6） 心房性ナトリウム利尿ホルモン（心房性ナトリウム利尿ペプチド）は心房から分泌される 28 個のアミノ酸からなるペプチドで，血管拡張や利尿作用等により血圧降下の作用を持つホルモンである．

表 3-1　体液移動に伴う身体の形状変化についての概略

状況	身体の形状（特徴）
地上	重力の影響で血液が下降するので，下半身の血液を筋肉の連続的な収縮でつねに心臓に送り返している．血管外の組織液も血管内に移動し，上半身に送り込まれる．地上では，ヒトはこの状態で生活している．
宇宙到達直後	体液が過剰に上半身に移動するので，脚が細くなりバードレッグ（鳥の足）と呼ばれる状態に，また，首の血管も腫れ顔が膨らみ，ムーンフェース（月のように丸い顔）と呼ばれる状態になる．
宇宙滞在中	体液は上半身に移動したままなので，顔や胸は，ある程度膨らんだままであるが，脳が体液過剰と判断して水分を排出するため全体としては体液が少なくなる．心筋は血液輸送のため強く収縮する必要がなくなる．心筋が弱くなる可能性がある．
地上に帰還直後	一時的に上半身の体液量が不足した状態で重力を受けて体液が下半身に移動するため，脳に十分な血液を送ることができずに脳貧血のような状態になりやすい．起立耐性が低下する．

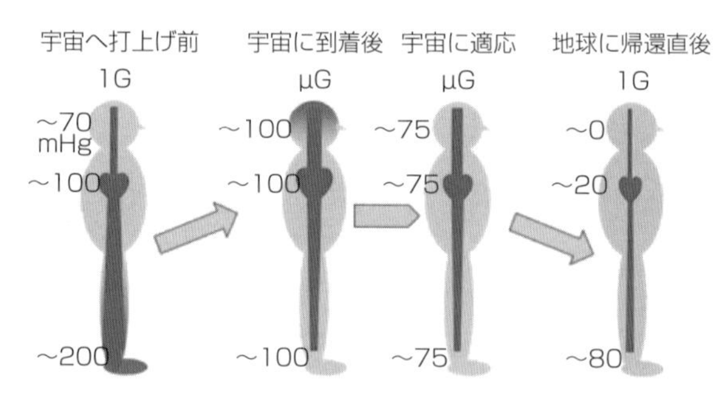

図 3-2　宇宙での体液分布（血圧）の変化のイラスト（説明は表 3-1 を参照）
http://airex..tksc.jaxa.jp/pl/dr/AA0032134087 より改変引用

状変化は一時的なものであり，地球帰還後には元の形状に戻ることが確認されたと報告されている．上述したように宇宙の微小重力環境では重力に逆らって全身に血液を循環させる必要がないため，心臓にかかる負荷が少なくて済む．その結果として心筋は徐々に衰えて弱くなっていくということであり，微小重力状態での長期滞在は心臓疾患につながる可能性を否定することができない．将来の火星探査や惑星間飛行，重力が小さい月や火星などへの惑星居住にとって大きな問題の一つとなるかもしれない．

宇宙飛行士が地球に帰還した直後は，重力によって体液が下肢方向に移動する結果，一時的に上半身の体液量が不足して，脳に十分な血液を送ることがで

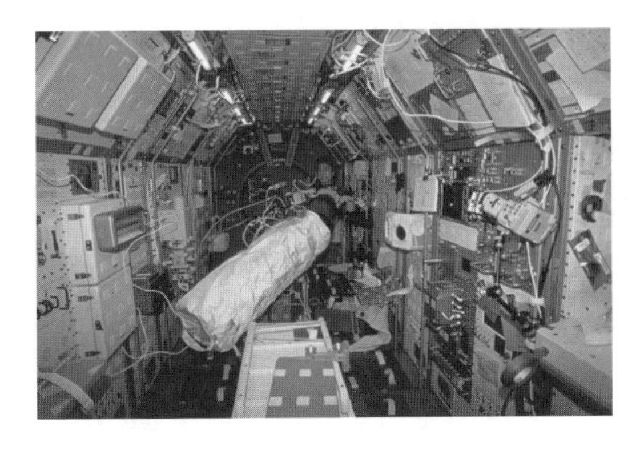

図 3-3　下半身負圧装置
直径約 51 cm，長さ 122 cm の陽極酸化アルミニウム製の円筒形チャンバーで，向井宇宙飛行士がスペースシャトル内でチャンバーに入っている様子．
（http://fanfun.jaxa.jp/faq/detail/235.html より引用）

きなくなる．すると血圧の低下を引き起こし，いわゆる脳貧血のような状態になり，起立耐性が低下して立ちくらみが起こる．そこで，宇宙飛行士は地球帰還前に大量の水分を補給する．体液シフトに対する対策（カウンターメジャー）[3-7]として宇宙船内で下半身を筒状の容器（Lower Body Negative Pressure Device：LBNP）に入れ空気を抜いて陰圧にして体液分布を地上に近い状態にする処置が試みられたこともある（図 3-3）．また，遠心機により人工重力を負荷する装置も検討されている（図 3-4）．

最近，長期滞在での循環系の変化による疾患として視神経乳頭浮腫[3-8]といわれる眼の障害が注目されている．視神経が眼球に入る部分（視神経乳頭）が腫れた状態になることで，脳内や脳周辺の圧力上昇が原因で起こる．乳頭浮腫の症状としては，数秒の間，視界がぼやける，見えなくなる，あるいは視力に変化が生じてくることがある．この他，視覚のゆがみ，頭痛，吐き気，嘔吐，などがある．頭部体液量増加による頭蓋内圧亢進と脳循環変化が原因とされている．宇宙飛行により発生した視神経乳頭浮腫 7 例が 2011 年に NASA より報告された [3-5]．発生機構はまだ不明のところが多いようであるが，眼の網膜

3-7）対抗手段あるいは対抗措置と訳されるが，宇宙医学では宇宙滞在によって身体に起こる変化（例えば筋萎縮や骨量減少など）に対抗する手段のことをいう．
3-8）脳内や脳周辺の圧力が高くなり，視神経が眼球に入る部分（神経乳頭）が腫れた状態である．症状としては視界がぼやけたり見えなくなったりする．視力にも変化が出ることもある．

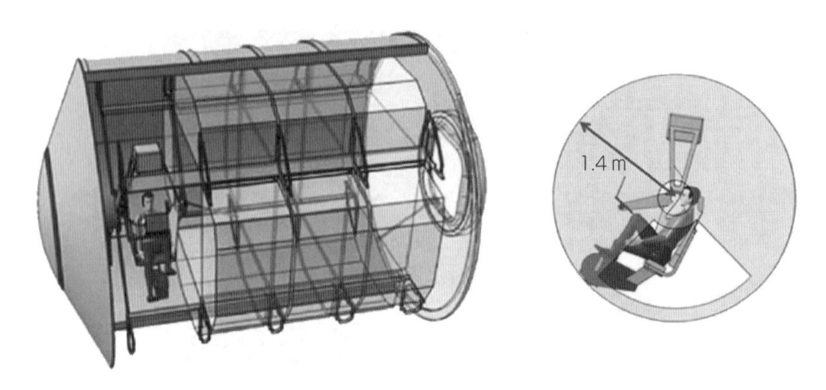

図3-4　MITのLaurence Young教授による人工重力発生装置［3-4］
ここに示すシステムは，椅子，ペダル，センサーの3つの主要要素から成っている．装置は7.9フィート（2.4メートル）の円筒内に密閉されていて，宇宙飛行士がペダルをこいで椅子をシリンダーの周りに回転させて重力を作り出す．
（文献［3-4］より改変引用および http://news.mit.edu/2015/exercise-artificial-gravity-space-0702 を参照）

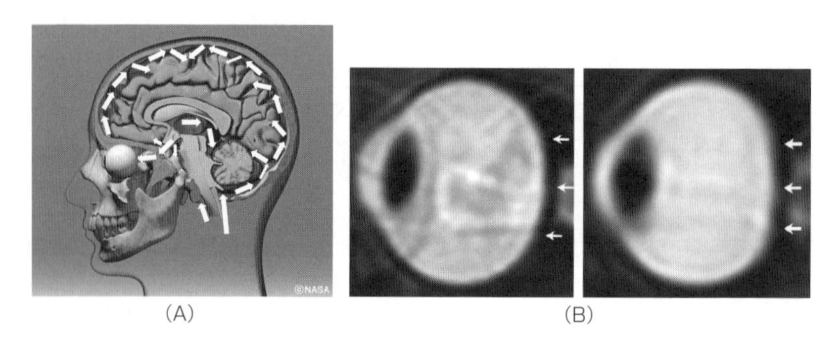

図3-5　(A) 脳脊髄液の流れ，(B) 強調MR画像（sagittal oblique t2-weighted MR images）
（A）頭と眼はつながっており体液シフトにより頭に脊髄液が集まると眼のほうにも脊髄液が集まる．（提供：NASA）．その結果，眼球内の圧力が高くなり，視神経を圧迫，視神経乳頭浮腫となる．https://www.nasa.gov/content/it-s-all-in-your-head-nasa-investigates-techniques-for-measuring-intracranial-pressure-u より改変引用．（B，左図）微小重力に長期間曝露する前の左眼の画像．眼球の後球は凸面になっている（矢印）．（B，右図）微小重力に長期間暴露した後の左眼の画像．眼球後方の強膜部（矢印）と後球の凸面が扁平になっている［3-6］．

の下に血管が豊富な「脈絡膜」という部位（図3-6B）があって，体液シフトにより眼にも脊髄液が集まり（図3-5），特に「脈絡膜」の厚みが増し，網膜が前に押されることにより焦点が遠くにあいやすく，逆に近くが見えにくくなると考えられている［3-6］．宇宙飛行士の健康に重大な危険性を及ぼす可能性があるので早急に原因を解明し対策をとる必要があると言われている．

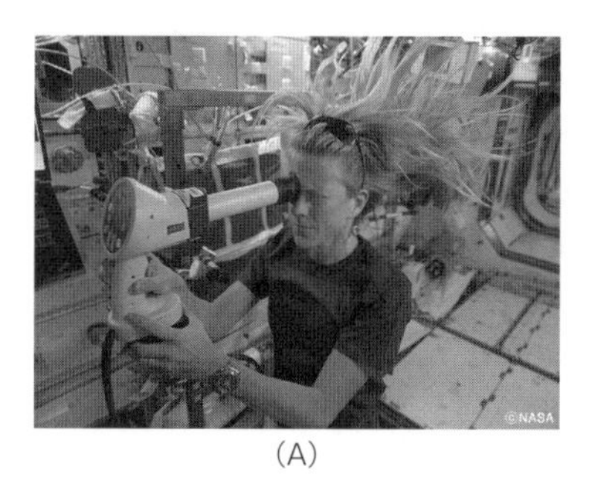

(A)

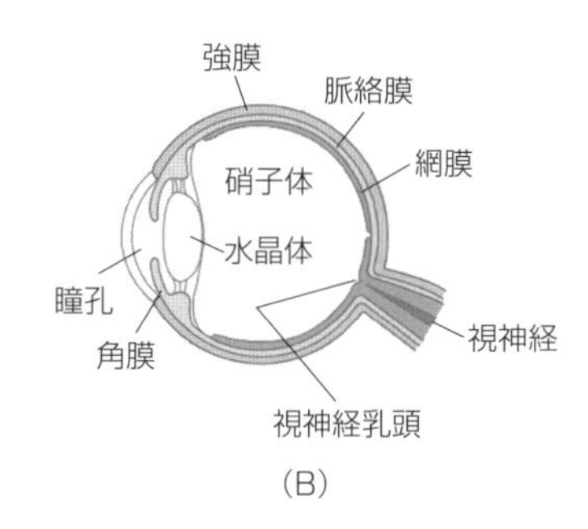

(B)

図 3-6 (A) 国際宇宙ステーションで目の検査（眼圧測定）をする NASA 宇宙飛行士，(B) 眼の構造
2011 年の論文では，5 人の宇宙飛行士に「視神経乳頭浮腫」がみられた [3-5].
(https://www.mitsubishielectric.co.jp/me/dspace/column/c1607_2.html より引用)

さらに 2014 年に，NASA と共同で調査しているヒューストン大学は，ISS に長期間（約半年程度）滞在した経験のある宇宙飛行士 21 人に視力の問題があることを明らかにした [3-6]. Optical Coherence Tomography (OCT) と呼ばれる機械を ISS 内に設置して，ISS に長期滞在する宇宙飛行士らの眼圧[3-9]を計測し（図 3-6），視神経や網膜構造の変化を調べたところ，21 人の宇宙飛行士に遠視，盲斑[3-10]および脈絡膜ひだにおける綿花状白斑[3-11]，視神経を包んでいる視神経鞘の膨張，視神経乳頭の浮腫などの問題が起きていることが認められたという．こうして集められた証拠は，微小重力が視覚や頭蓋内に与えるリスクを査定するのに役立てることができる．また宇宙環境が視力に与えるダメージへの対抗策を講じる研究を先導することが期待できる．

地上では，重力によって背骨が曲がっており，脊椎板も押しつぶされているが，微小重力になるとこれらが元に戻るため，背骨もまっすぐになり，身長も伸びる．宇宙飛行士は平均で身長が 3 cm 伸びると言われている．我々も夜寝る前の身長と朝起きた時の身長を比較すると朝の身長が伸びていることに気づかされるが，これと同じである．宇宙に長期滞在している間，脊椎板が伸びきった状態でいることが宇宙飛行士の背痛の原因にもなっている．

3-9) 眼球内の圧力で眼球の形を一定に保っている．眼圧が高くなると緑内障になることがある．
3-10) 眼球内面の網膜に視神経が入る部分，視神経円板（乳頭）には，視細胞がないので光覚を欠く．この部分およびこれに対応する視野の一定部位の欠損を盲点という．
3-11) 主に網膜に現れる病変で白くて境界がぼやけて，綿花のように柔らかい感じの白斑ができるため綿花状白斑と呼ぶ．網膜の血管が詰まることによりできる．

3. 筋肉が弱くなる

筋肉は骨と同様に常に形成と破壊が行われており，構成するタンパク質の半分は7～14日で新しいタンパク質と入れ替わる．つまり，タンパク質の合成と分解が動的平衡状態にある．宇宙環境では，筋肉の萎縮は骨質の減少より先に起こる．骨格筋の中でも，姿勢を保ち体重を維持する抗重力筋（例えばヒラメ筋：Soleus，第6章の脚注6-6参照）は微小重力下では使用する必要がなくなるので他の筋肉に比べて萎縮の度合いが大きい．関節の周りには，常に屈筋と伸筋が付いていてセットで働く．たとえば腕を曲げる時は屈筋が収縮し，腕を伸ばすときは伸筋が収縮して腕が伸びる．力こぶは屈筋でほとんどが体の表面にあり，ご存知のように鍛えれば鍛えるほど隆々となる筋肉である．それに対して伸筋は骨に近い部分にあり，収縮してもあまり目立たないため動かしているという実感がなく鍛えても肥大しない．宇宙では屈筋よりも伸筋が先に萎縮し筋力も低下する．分子のレベルでは，筋タンパク質の合成の低下と分解の促進の両方が起こっているが，後者の方が筋繊維萎縮の主要因とされている．

スペースシャトルSTS-90（1998年）に16日間搭載されたラットでは，筋肉の収縮を制御している構造タンパク質であるミオシン重鎖（MHC）の分解産物が筋肉中に蓄積しており，また，タンパク質分解酵素であるカテプシンのmRNAの発現が優位に上昇していることが池本と二川らによって報告された[3-7]．タンパク質にユビキチン[3-12]を付加する酵素（タンパク質）Cbl-bの発現量が増加したことによって筋肉を構成している収縮性タンパク質の分解に繋がったものと推論された．さらに，2010年，二川らはISS「きぼう」モジュールを利用した宇宙実験で，ラットの筋細胞を用いて筋萎縮のメカニズムについて詳しく調べた[3-8]．図3-7に示したように，Cbl-b遺伝子をもつプラスミド[3-13]を細胞に注入する技術と筋肉を染色する技術を併用して，筋の断面積を測定した．その結果，微小重力下では，筋萎縮を抑える経路で働くタンパク質がユビキチン化によって分解されてしまうことが筋萎縮を促進させるとい

3-12)　ユビキチンは76個のアミノ酸からなるタンパク質で，タンパク質にユビキチンが付加されるとそのタンパク質は分解される．分解されることで，DNA修復，翻訳調節，シグナル伝達など種々の基本的生命現象に関わる．

3-13)　染色体プラスミドDNAとも呼ばれ，DNAとは別に細胞内に存在して，細胞が分裂する際には複製され，娘細胞に染色体DNAとともに分配される分子量の小さなDNA分子の総称である．環状になっているものが多い．

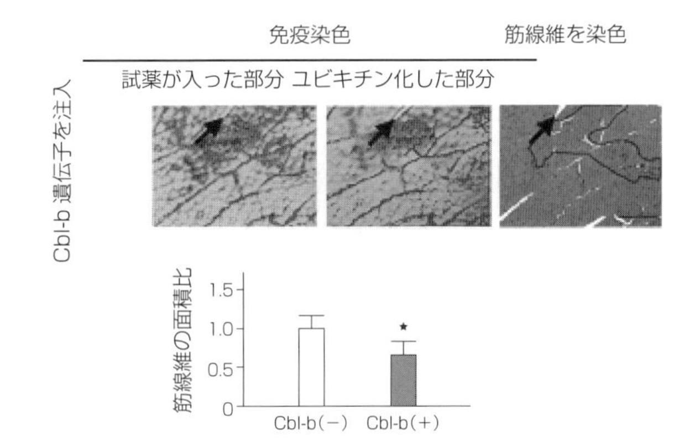

図 3-7 筋線維の断面（顕微鏡観察画像）（文献［3-8］より引用）
ラットのスネの前側にある筋肉に，Cbl-b 遺伝子を含む試薬を注入し（矢印部分），2 週間後に筋肉を取り出し免疫染色した．試薬が入った部分（写真左）と Cbl-b 遺伝子が働きユビキチン化した部分（写真中央）が染色されている．写真右は筋繊維を染色した結果で下図は，Cbl-b 遺伝子の存在の有無による筋断面積比（萎縮の度合）を表している．

う，新しいメカニズムを提案するに至った．また，ミトコンドリアの挙動から，細胞に対する酸化ストレスが微小重力環境下では増大することも明らかになった（図 3-8）．この酸化ストレスが Cbl-b の発現量を増加させ，ユビキチン化を促進させると考えると，酸化ストレスが筋肉の萎縮を促進させる話と辻褄が合う．さらに，彼らは Cbl-b の働きを抑える薬剤や栄養剤の特許を取得し，宇宙飛行士だけでなく寝たきりの患者の治療にも役立てることにも挑戦している．

宇宙実験だけでなく地上の模擬微小重力実験の結果からも，酸化ストレスの蓄積とミトコンドリアのエネルギー代謝異常が示唆されている［3-9］．

微小重力下における筋肉の適応的変化には，ミトコンドリアの形状変化によって活性酸素が発生し，アポニターゼ活性（TCA サイクル[3-14]の中間体）が低下することがエネルギー代謝異常に絡み，さらに，血中のコーチゾール，甲状腺ホルモン，成長ホルモンなどの内分泌要因も関与しているものと考えられている．実際に，宇宙飛行士の血中のコルチゾール値が上昇していることが指摘

3-14） クエン酸回路ともいわれ酸素呼吸を行う生物にとって最も重要な生化学反応回路の一つである．ATP（アデノシン 3 リン酸））や電子伝達系で働く酵素 NADH（ニコチンアミドアデニンジヌクレオチド NAD の還元型）などがつくられ，効率の良いエネルギー生産を可能にしている．

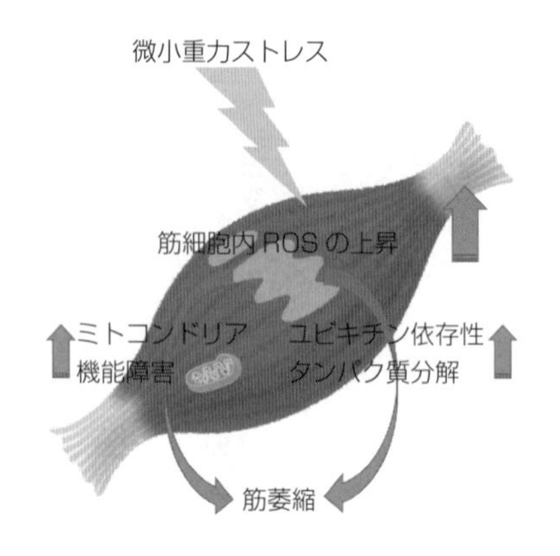

図3-8　微小重力と筋萎縮
宇宙での微小重力によるストレスが活性酸素種（ROS）を増加させる．その結果ユビキチン依存性タンパク質分解酵素の活性が上がり，一方，ミトコンドリアの機能障害を起こさせることにより筋萎縮が進むと考えられる．

され，ストレスによって副腎皮質ホルモンの分泌が亢進した結果，筋肉のタンパク質が分解されたと考えられる [3-1]．

4. 骨が弱くなる

人体にとって骨は身体を支えるために重要で，カルシウム代謝と深く関わっている．骨形成と骨吸収のバランスは，カルシウム代謝調節ホルモンの作用により維持されている．石灰化（骨形成）は骨へのカルシウムの取り込みで，骨吸収は骨からのカルシウムの流出である．成長中の骨のモデルとして，マウス胎児（16～17.5日）の長骨の培養実験が宇宙の微小重力下で行われた（図3-9）[3-10, 3-11]．微小重力下で培養した群は対照の軌道上1G群（遠心機による模擬1G）に比べて，カルシウムの取り込み量が減り，流出量が増加した．この結果から，骨芽細胞の活動低下と破骨細胞の活動の増強という細胞レベルでの微小重力応答の存在が示唆された．ラットの骨の成長速度を蛍光標識で調べたスペースシャトル実験でも，微小重力下での骨新生が抑制され，石灰化が不良となったという報告 [3-12] があり，骨量の減少傾向を支持している．84日間スカイラブに滞在した宇宙飛行士の踵骨のカルシウム値が飛行前に比べて4% 減少したという報告 [3-13] もある．また，カルシウムの腸吸収が低下しカルシウムの尿中排泄が増加して，カルシウム量が減少することも骨

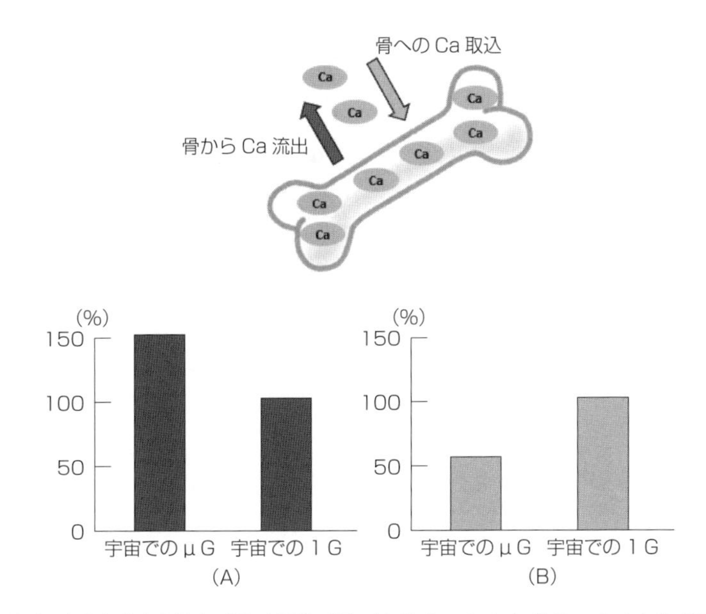

図3-9　カルシウムの流出（A）と取込（B）（文献［3-10］および［3-11］より改変引用）
縦軸は宇宙での1Gを100％とした時の流出，取込の相対値を表している．

量減少の原因の一つと考えられている．

1977年に旧ソ連は，生物衛星であるバイオン4号に30匹のラット（うち10匹は軌道上1G対照群）を載せて打ち上げた．宇宙飛行群（微小重力群）では荷重骨（脛骨と上腕骨）の強度は軌道上1G対照群に比べて低下したが，地上と軌道上の1G群では差がなかった．この実験の時，宇宙飛行群の荷重骨の骨膜性骨化（軟骨を経ずに直接骨になること）は約40％低下したが，骨の長さに異常がなかったとの報告がある［3-14］．また，骨の重量グラム当たりのミネラル量は宇宙飛行群と地上対象群では差がなく，骨の主要タンパク質であるコラーゲンの総量も変わらなかった．しかしながら，宇宙飛行群の骨芽細胞の細胞骨格は破壊されていた．これら宇宙実験の結果は，宇宙で形成される骨の強度が弱いことを示唆している．

宇宙飛行の骨量減少を予防することを目的に，2009年にJAXAとNASAが共同研究を行った．骨粗鬆症治療薬として地上の医療で使用されている薬剤（ビスホスホネート剤：図3-10A）を宇宙飛行士が毎週服用し，骨量減少と尿路結石の予防効果を検証したのである．ビスホスホネートは，破骨細胞の活動

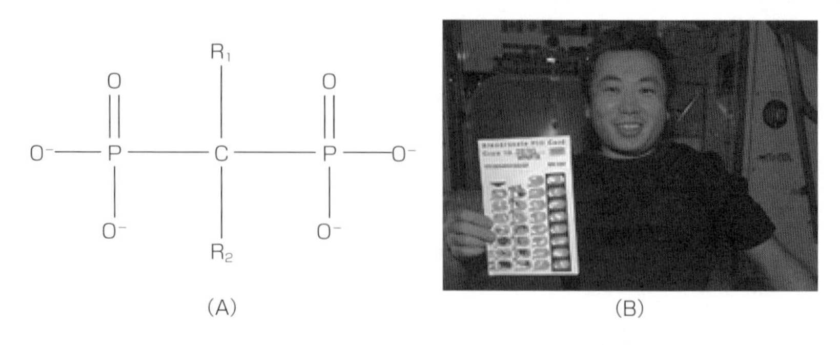

図3-10　(A) ビスホスホネートの基本骨格，(B) ビスホスホネート剤を手に持つ若田宇宙飛行士
(A) ビスホスホネートはP-C-P構造を基本骨格として，2個のホスホン酸アニオン基（ホスホネート）が炭素と共有結合している（ビスホスホネートの名称由来）．長いほうの側鎖（R_2）はビスホスホネートの薬としての強さを決定し，短いほうの側鎖（R_1）はおもに化学的性質と薬物動態に影響している．(B) 宇宙での薬効の検証および骨吸収を防ぐために，週一回ビスホスホネートを服用した．JAXAホームページより引用（http://www.jaxa.jp/article/special/expedition/matsumoto01_j.html）

を阻害し，骨の吸収を防ぐ医薬品である．宇宙での検証により，宇宙飛行における骨量減少や尿路結石のリスクがビスホスホネートにより軽減できる可能性が示唆された．

余談であるが，ビスホスホネートには重篤な副作用があるため十分な注意が必要である．ビスホスホネート系薬剤関連顎骨壊死（Bisphosphonate-related osteonecrosis of the jaw; BRONJ）と呼ばれるもので，ビスホスホネート系薬剤を内服している患者に発生する特徴的な顎骨壊死症状である．抜歯や歯内治療，歯周治療など口腔外科手術や歯周外科手術などの治療後の傷の治癒がうまくいかないことが発端となり重篤化する歯科治療に関連する合併症である．症状は進行性で，一旦発症すると極めて難治であるため，現在のところ，同薬剤投与を避ける以外の有効な予防法はない．

茶谷，工藤らによるメダカ骨系細胞の短期蛍光観察による実験では，2週間のフライトでも骨密度が低下し，破骨細胞のミトコンドリアの形状がいびつになることを観察している．微小重力下で2か月間の長期飼育実験で破骨細胞を蛍光観察すると咽頭歯骨の骨量が減少していて，破骨細胞の体積が増大していた．それに伴って破骨の活性化マーカーであるTRAP（酒石酸耐性酸性ホスファターゼ）[3-15]の活性も上昇していた［3-15］．このように微小重力の破骨細胞に及ぼす影響は金魚でもメダカでも明らかにされている（次節参照）．

5. 免疫力が弱くなる

T 細胞[3-16]と ConA[3-17]の性質を利用して，宇宙飛行による免疫応答への影響を調べるために宇宙実験がなされている．1983 年のスペースラブ 1 による宇宙実験では，宇宙飛行士から採取した T 細胞の ConA に対する反応が低下することを Cogoli らが報告した［3-16］．宇宙飛行士から採取した T 細胞を培養し，ConA を投与して誘起される芽球化[3-18]を放射性同位元素 ^{3}H の取り込みで調べたところ，その取り込み量は宇宙飛行をしなかった（地上 1 G）場合の取り込み量の 10% 以下に低下した．つまり，これは宇宙飛行により T 細胞の分裂促進能が低下したことを意味している．宇宙空間でも遠心器によって擬似的 1 G を作る実験（後述）も行い，やはり，この免疫応答の低下が確認された［3-17］．なお，ConA の T 細胞への結合や IL-1 の情報伝達系には微小重力による影響がないことも彼らによる総説論文［3-18］で報告された．図 3-11 に示したように，IL-2 のレセプター IL-2R の発現が微小重力下で著しく抑制されたので，この抑制が分裂促進能の低下の原因と推察している．

さらに，彼らは上記の総説論文［3-18］で，T 細胞の活性化には G タンパク質[3-20]とプロテインキナーゼ C（PKC）[3-21]を介する 2 つの情報伝達経路が必要であるということから，G タンパク質に結合する分子量の小さなタンパク質と細胞骨格との相互作用が微小重力下で阻害され，細胞骨格に変化が起こると

3-15） TRAP（酒石酸耐性酸性ホスファターゼ）は，破骨細胞のマーカーで，一方，骨芽細胞のマーカーはアルカリ性ホスファターゼである．

3-16） T 細胞は，リンパ芽球が活性化されウイルス感染細胞を殺傷する細胞（T 細胞）に分化したもので，抗体を産生する細胞に分化したものは B 細胞という．

3-17） ConA とはコンカナバリン A（Concanavalin A）の略で，ナタマメの種子に含まれているタンパク質で D-マンノースや D-グルコースの糖と特異的に結合する．一定の糖構造に対して特異的に結合するタンパク質群をレクチンと呼ぶが，ConA はそれらの代表例である．

3-18） 芽球化とはリンパ球の形態の変化を表す言葉である．小リンパ球がリンパ組織で特異的抗原を認識すると一連の形態変化が起こり，巨大化して新たな RNA およびタンパク質の誘導が観察されるようになる．このような形態になるとリンパ芽球と呼ばれる．リンパ芽球は活性化され，抗体を産生する細胞（B 細胞）やウイルス感染細胞を殺傷する細胞（T 細胞）などに分化する．

3-19） IL-1 とは，インターロイキン（IL: Interleukin）と呼ばれる一群のサイトカイン（細胞が分泌する多様な活性を持つタンパク質）でリンパ球（白血球）が産生する．すでに 30 種類以上が知られ，IL-1，IL-2 のように番号で呼ばれる．

3-20） G タンパク質は 3 個のサブユニットからなるシグナル伝達タンパク質であり，GDP と GTP を結合することが特徴である．

3-21） プロテインキナーゼ C（PKC: Protein kinase C），タンパク質をリン酸化（リン酸基を付加）する酵素の一種である．電荷をもつリン酸基の付加によりタンパク質の立体構造に変化が起こり，活性部位や他のタンパク質との結合部位が露出するなどして酵素としての機能が変化する．

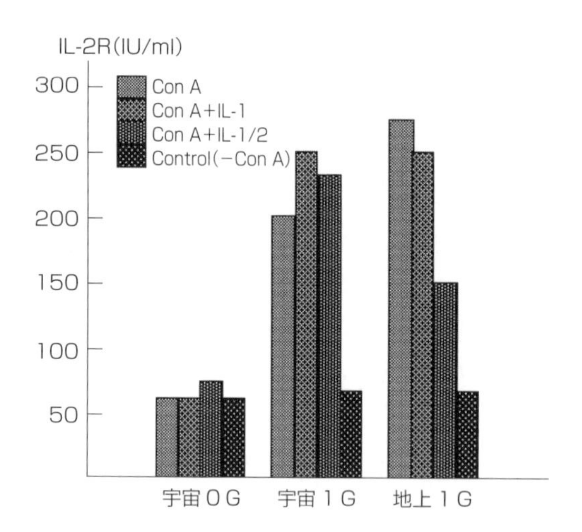

図 3-11　スペースラブ IML-2 実験に供したリンパ球の地上回収後の生化学的解析 [3-18]
T 細胞を培養した培養液（上清）に回収された IL-2R レセプターの濃度を種々の条件下（図中で培養液に ConA を加えたない場合を Control，加えた場合を ConA，それに外来性の IL-1[3-19] を加えた場合を ConA + IL-1，外来性の IL-1 と IL-2 の両方を加えた場合を ConA + IL-1/2）で測定した結果を示している．なお，原著の図 2 では IL-1 の産生についても測定し，その濃度が宇宙 0 G 環境下ではこの図の IL-2R のように低下しなかったことを示している．

ともに PKC の機能も微小重力によって変動するのではと推測している．1990 年代には，T 細胞以外にも種々の細胞を利用して微小重力の影響を調べる実験が数多くなされた．驚くことに，1989 年から 1996 年までに細胞情報伝達に対する重力影響について 15 を超す実験が行われている [3-18]．その後も，この免疫システムにおける細胞情報伝達に及ぼす微小重力の影響についての研究は盛んに行われている．

Ullrich らは，2008 年の総説論文 [3-19] で，細胞表面では VCAM-1（血管内細胞接着分子 1），ICAM-1（免疫系の細胞間接着分子 1），selectin（細胞接着に関わる細胞表面の分子），IL-2R 受容体などの膜タンパク質が，細胞質では PKC や MAPK（Mitogen-Activated Protein Kinases）[3-22] が，核の中ではがん遺伝子 *c-fos*，*c-myc*，*c-jun*，アポトーシスの誘導や抑制に関わる *bax* や *bcl-2* などの遺伝子が重力応答を示すとともに，それらは細胞骨格の微小重力

3-22）さまざまな刺激で活性化されてタンパク質をリン酸化するセリン／スレオニンキナーゼである．細胞増殖と分裂，分化に関与する．MAPK は MAPKK により活性化され，MAPKK は MAPKKK により活性化される．この一連の活性化経路を MAPK カスケードと呼ぶ．

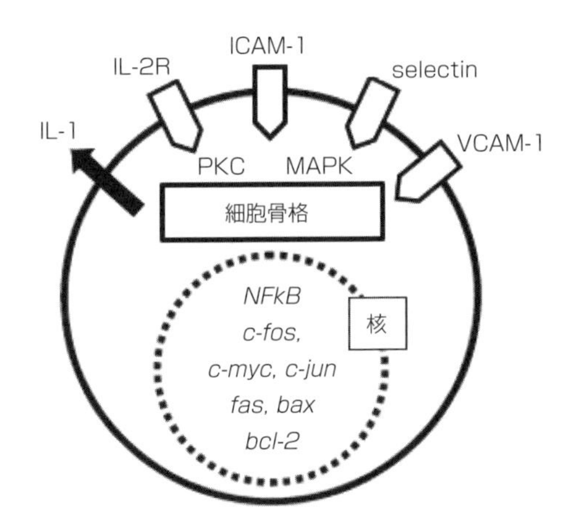

図 3-12 哺乳類細胞において重力応答を示す情報伝達要素（文献［3-19］より改変引用）
宇宙実験や模擬微小重力実験などによって，重力変動によって細胞内で応答すると考えられる細胞内の遺伝子，酵素，構成要素を示してある．

感知を介しているのではと推測している（図 3-12）．

がん遺伝子 *c-fos*，*c-myc*，*c-jun* の発現が宇宙フライト中は抑制されるといったデータもこの総説論文で紹介されている．重力感知に関わるとされる細胞骨格について，模擬無負荷（weightless）条件下では，未成熟な顆粒球（組織内に移動するとマクロファージになる）の細胞骨格の全体量が変化することや［3-20］，また ISS での宇宙実験では単球の細胞骨格繊維の分布に影響して F-アクチン繊維が減少し，細胞の運動性が低下するという Meloni らの実験結果［3-21］を紹介している．この論文では微小重力によって細胞骨格を形作るアクチンファイバーや微小管が上述のような変化をもたらす可能性もいくつかの研究で示唆されていること，さらに，地上でのクリノスタット（第 2 章参照）による数分の模擬微小重力下でもリンパ球，中枢神経，神経細胞，グリア細胞の細胞骨格に影響を与え，微小管の構成を変化させフィラメントと中間系フィラメントとの連結も変えることが紹介されている．

コラム　微小重力の生物影響を調べた宇宙実験の流れ

1992年米国のSouzaらは，スペースシャトル（STS-47）の軌道上でアフリカツメガエルに生殖刺激腺ホルモンを注射し，排卵させた卵に冷蔵して運んできた精子液を添加して人工受精させることに成功した［3-22］．受精率は70から90%と高く，受精後も正常に発生を続け，孵化してオタマジャクシになったとのことである．アフリカツメガエルの卵の表層には，メラニン色素顆粒を多く含む半球（動物極）とメラニン色素顆粒が少なく比重の大きい卵黄顆粒が多く含まれる半球（植物極）がある．受精卵では卵表面の外側に受精膜が形成され卵との間に隙間ができ，受精卵は隙間を利用して自由に回転できる．地上の1G下では，受精卵は重い植物極側が下（重力方向）になり，動物極側が上（反重力方向）になって発生が進行する．微小重力下では，回転が起こらないので，受精卵の方向が一定にならないことが予想された．実際に，微小重力下で受精卵の向きがランダムになった写真が，Morey-Holtonら（Souzaも著者の一人）によって2007年に発表されている［3-23］．1990年代には，ニワトリ，メダカ，イモリなどを用いて，それぞれ，日本人のグループによっても発生への微小重力影響を調べる宇宙実験が行われた．1992年，発生段階の異なるニワトリの有精卵（0，7，10日齢）を，上記と同じスペースシャトル（毛利宇宙飛行士が搭乗した日本の宇宙実験計画FMPT：First Material Processing Test）に搭載し，宇宙での発生・発育を須田らが調べた［3-24］．0日齢卵では1個を除いて宇宙滞在中にすべて死亡していたが，7，10日齢卵ではほぼすべてが正常に発生・発育し地上に帰還後に孵化した．1994年にはメダカがスペースシャトルSTS-65（IML2計画）で15日間の宇宙飛行をした．この飛行は，向井宇宙飛行士が日本人の女性として初めて搭乗したことでも有名である．水槽内で飼育された雌雄4匹のメダカ（3匹の雄と1匹の雌）は脊椎動物として世界で初めて宇宙で生殖行動（産卵行動）を行い産卵した．産卵された卵は宇宙飛行中に孵化し稚魚となったことが井尻らによって報告された［3-25］．このIML2計画では，メスのアカハライモリに性腺刺激ホルモンを注射してから搭載し，軌道上で産卵したときに貯蔵していた精子と受精させるという実験も浅島，山下らによって行われた［1-4］．受精卵の初期発生は正常に進行した．一般的に，両生類，魚類，無脊椎動物では，初期発生に対して微小重力は大きな影響を与えないと考えられる．無脊椎動物では，宇宙実験に限ったことではないが，様々な条件が揃っていて便利であることや人の遺伝子と同じあるいは似た遺伝子を持っていることから，線虫（*C.elegans*）がよく用いられる（後述）．人を含む哺乳類の発生への影響はまさにこれからの実験研究課題の一つと言える．最近（2016年現在）では，ES細胞[3-23]などヒトの幹細胞やラット，マウスなどの小動物を用いるなどして研究が進められている．

ラットを用いた三宅らの宇宙実験（STS-90ニューロラボ）によれば，生後8日では，肺，心臓，腎臓，副腎皮質，などの器官で重量が増え，脾臓，胸腺などの器官では重量が減るという影響が報告されている［3-26］．器官の分化への影響として注目されるのは，やはり，重力感知に関わる前庭器官（耳石），そして骨や筋肉である．前庭器官の重要性は，この章の冒頭でも述べた通りである．

人の平衡機能を検査する方法に眼球の運動検査がある．その一つが温度眼振検査（カロリックテスト）である．耳の外耳道に体温より高い温水や体温より低い冷水を注入，刺激してめまいを起こさせると眼振が起こる．これは三半規管内のリンパ液との温度差からリンパ液の温度対流が起こるためで，温水ならその方向に（右なら右に），また冷水なら逆方向に（右なら左に）眼振が起きる．前庭系の機能が低下すると眼振が起きない．微小重力環境下ではこの温度対流が起こらないと思われたが，軌道上の宇宙飛行士の耳付近に暖かい水を付けたところ，温度眼振は起こったという報告がある［3-27］．そこで，三半規管ではなく耳石が重要と考えて，2匹の鯉を使って8日間の宇宙実験が行われた．この実験結果については前節の「宇宙酔い」のところで述べた通りで，証明実験は成功していない．どうやら，動物などを用いた宇宙実験で特定の器官の機能を抑制しても，代償システムが働くことがあるようである．

骨や筋肉についての微小重力影響は様々な実験系で調べられており，この章でもすでに述べてきた．また，上述のニワトリの卵を用いて発生を調べた実験では，地上帰還後に卵が孵化してヒヨコになった後の骨の形成についても調べられ，軽度の骨形成不全がみられたとのことである．微小重力下の継続的な影響だけでなく，地上に戻ったあとの影響についても詳しく調べることが重要かもしれない．1995年にNelsonらはショウジョウバエや

3-23） ES細胞（Embryonic Stem cell）は胚性幹細胞のことで万能細胞であり，体の中のすべての組織の細胞に分化する能力を備えている．

C.elegans を用いた宇宙実験で，宇宙環境が加齢には影響を与えないことを報告している [3-28]．この報告は，寿命短縮の原因となるテロメアの短縮が重粒子線照射で起こらないという報告 [3-29] とも矛盾していない．2003 年に本田，石岡らによる宇宙実験では *C.elegans* の寿命が延び，それに関わる遺伝子を特定している（本節の「線虫における筋委縮と老化」を参照）．

微小重力環境が植物の生育にどのような影響を及ぼすか，その影響が宇宙における植物生産にどのように波及するか，科学研究だけでなく人類が宇宙に居住空間を構築する際にも重要な課題の一つである．植物の生活環に対する微小重力の直接的影響（重力屈性など）だけでなく微小重力の間接的影響も考慮しなくてはならない [1-4]．微小重力環境下では重力による熱対流がないために分子の移動は拡散によって行われる．一方，実験系においては，気相内のガス交換や熱排気が十分に行われないため，炭酸ガスの供給が不十分になったり，葉の表面温度が上昇し代謝が抑制されたりする．エチレンガスなども蓄積し生育を抑制するなど間接的な影響は無視できない．

発芽への影響を調べる実験は，トウモロコシ，エンドウ，アズキ，イネ，キュウリなどの多くの種子を利用して行われてきた．一例として，1998 年のスペースシャトル STS-95 での高橋らによる「キュウリの芽生え実験」では，ペグ形成に関して従来の地上実験では想像できなかったような新しい知見も得られている．キュウリの種子を発芽させると，幼根は重力方向に屈折する（重力屈性）．幼根と下胚軸の境界線の下部にペグと呼ばれる掛け釘のような構造物が 1 個生じる．ペグは種子の皮を剥ぐのに必須で，その形成は地上では必ず上ではなく下にできるため重力依存であることがわかる．ところが，微小重力環境下では大部分の種子でペグを 2 個形成するという結果が得られたのだ [3-30]．つまり，1 つのペグの形成を重力は抑制していることが宇宙実験で示唆されたことになる．さらに根が水分の多い方に伸びていく様子が高橋らによって観察された [3-31]．なお，植物の生育で重要と考えられる根の重力屈性や水分屈性については，次節の「植物の根の重力屈性と水分屈性」を参照されたい．その他にも神坂らや保尊らを始めとして多くの日本人研究者によって調べられてきた．

保尊らは，同じくスペースシャトル STS-95 で打ち上げられたイネとシロイナズナの種子を軌道上で発芽させ，地上で発育させた場合と比較した（コラム図 2）．イネ幼葉鞘およびシロインナズナ胚軸の細胞壁の成分について地

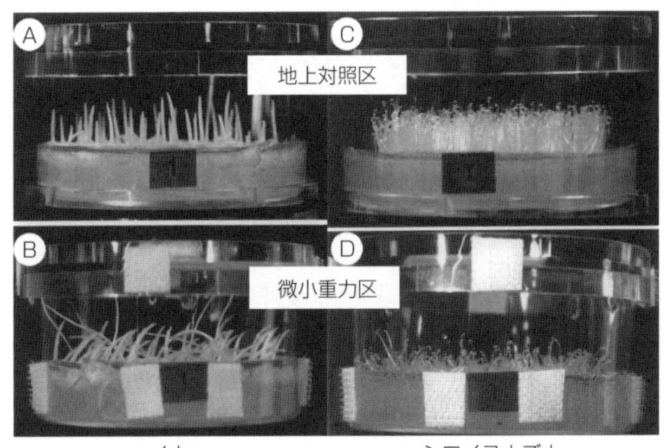

コラム図２　イネとシロイヌナズナの生育の地上と宇宙環境での比較
大阪市立大学　保尊隆享教授提供

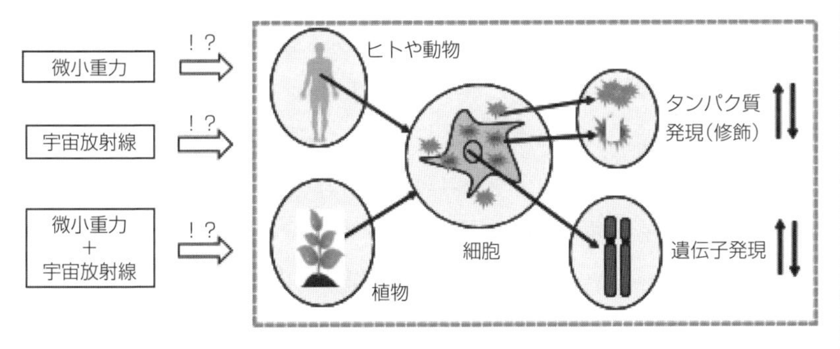

コラム図３　重力応答と放射線応答の類似と相違を考えるためのイラスト
微小重力や宇宙放射線あるいはその相乗効果としてヒトや動物，植物の細胞に影響し，遺伝子発現やタンパク質に影響する．

上対照サンプルと比較した結果，それぞれの種子の細胞壁の基質の主成分であるβ-グルカンとキシログルカンが減少していることを示した．これら２つの多糖類が微小重力下で減少していたことから，地上でこれらの多糖類は抗重力機能をもっていることがわかった．細胞壁は，細胞膜や微小管とともに重力感知ために重要な役割を果たしていて，細胞骨格の形成にも関わる．最近では，これらの細胞内構成成分の情報伝達ネットワークや遺伝子発現などへの関わりを調べて，分子レベルでの重力感知機構を解明する試みがなされている．

重力感知に関して，動物細胞では中心体が重要な役割をするという説も提唱されているが，植物細胞と比較して重力感知の仕組みがどのように違うのかなど，解決すべき多くの問題が多く残っている．遺伝子発現やプロテオミクス[3-24]といった視点からの重力応答機構の解明が期待され，放射線による細胞応答の機構とも密接に関わっているようである（コラム図 3）．

3. 2　生物影響の解明に向けて　—これまでの宇宙実験の紹介—

微小重力による生物影響の解明を目指して，これまでに多くの重要な宇宙実験が実施されている．ここでは，多くの実験の中でも，植物の根，金魚のウロコ，線虫を対象にした宇宙実験に的を絞って紹介する．植物には，根は重力方向へ，茎は反重力方向へ伸びるという重力屈性といわれる性質がある．さらに根には水の方向に向かうという特徴的な性質がある（根の水分屈性）．この水分屈性が微小重力下でも起こるかどうかを検証した実験について，微小重力影響の典型的な実験として取り上げる．さらに，骨代謝を宇宙で研究するための優れた実験モデル系として金魚のウロコを利用した実験，また，細胞系譜や全ゲノムが明らかでシグナル伝達系の研究も進んでいる *C.elegans* を対象にした実験を紹介する．*C.elegans* は，微小重力研究のための優れたモデル生物であるだけでなく，後で述べる放射線に対する応答を調べる上でも格好の生物材料である．

1.　植物の根の重力屈性と水分屈性

植物は，約 4 億 5 千万年前に水中から陸地に上がり陸上植物になったが，その時以降，様々な環境ストレスを克服してきた．植物は光，水，重力といった環境を感受し，それを利用して自分の姿勢を制御するという仕組みを獲得してきた．ここでは，重力屈性や水分屈性に及ぼす微小重力の影響についての宇宙実験の結果を紹介する．

3-24)　生体内の細胞や組織における，タンパク質の構造・機能を総合的に研究する学問分野．狭義にはプロテオーム解析とよばれるタンパク質の分離と同定技術を指し，広義にはタンパク質の構造を中心に，その機能や相互作用を解析し，広く臨床医学や創薬などに応用する研究領域を含む．

コラムで述べたように，保尊らはSTS-95による宇宙実験でイネとシロイヌナズナを地上と宇宙で発育させ比較した（コラム図2）．地上では，一律に地上部（茎）は重力に抗して立ち上がり，根は重力方向（下方）に伸長するが，宇宙の微小重力環境下では，茎や根の伸長方向が制御されず，あちこちに伸びた．中には，根と茎が同じ方向に飛び出して伸びているものも見られた．根の重力屈性は，根の先端にある「根冠細胞」で重力を感受することで起こると考えられている．根冠にあるコルメラ細胞には，デンプン粒を含んだアミロプラストがあり，これが重力によって沈むことにより，植物ホルモンの一種である「オーキシン」の流れが変化する．地上部の芽や若い葉から根の方へ流れてきたオーキシンは，根の中心部から先端まで移動し，そこからはUターンするように根の周辺を通って均一に戻って行く．そこで根を傾けて横置くと，Uターンするオーキシンは重力により均一に移動できなくなり，横にした根の上側には行かず，下側だけに行こうとする．その結果，横にした根の下側でオーキシンの濃度が高くなるため下側の成長が上側に比べて相対的に遅くなり，根は重力方向，つまり下方向に伸びる．地上の植物の重力屈性にはオーキシンの特有な分布（偏差的な分布）が欠かせないということである．宇宙の微小重力下では，コルメラ細胞中のアミロプラストが沈降しないために重力感受の過程が進まず，オーキシンの偏差的な分布も起こらない．そのため伸長方向の制御ができなくなりあちこちに伸びると考えられた．

高橋らは，STS-95での「キュウリの芽生え実験」でペグ形成に重力が影響するという重要な発見をしたことをすでに述べたが，根が水分の多い方に伸びてゆく様子も観察している．そこで彼らは2010年のISSきぼう利用実験で，重力の影響を完全に排除できる条件下（微小重力下）で根と水分の関係を明確にすることに挑戦した．微小重力下で，根が水分のある方向に曲がって伸びていくことを確認し，重力屈性同様に水分屈性にもオーキシンが関わることを証明した（図3-13）．

実際の宇宙実験は約2日間であった．乾燥したキュウリの種を，スポンジにさした状態で容器に入れ，打ち上げた．宇宙飛行士がISS内でこのスポンジに水を注ぎ，実験を開始した．最初は人工重力区内の1G環境下で成長させて根の伸びる方向をそろえた．そして，18時間後に，飽和食塩水を含んだろ紙

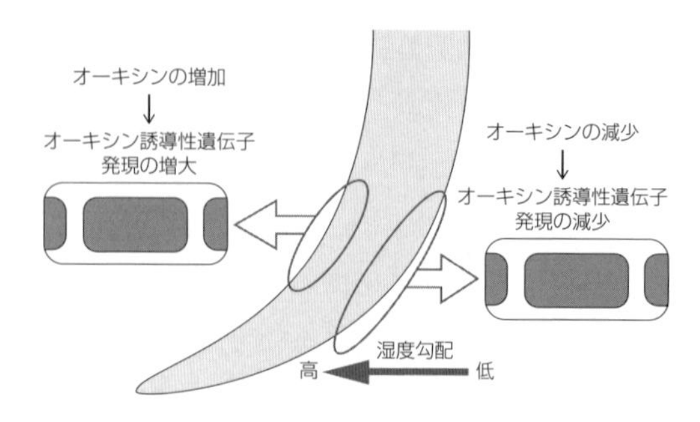

図 3-13　オーキシンの働きと根の曲がり方

根の両側でオーキシンの働く量が異なり，伸び方に違いが生じることで根が曲がる．
（きぼう利用成果 2012［3-31］より引用）

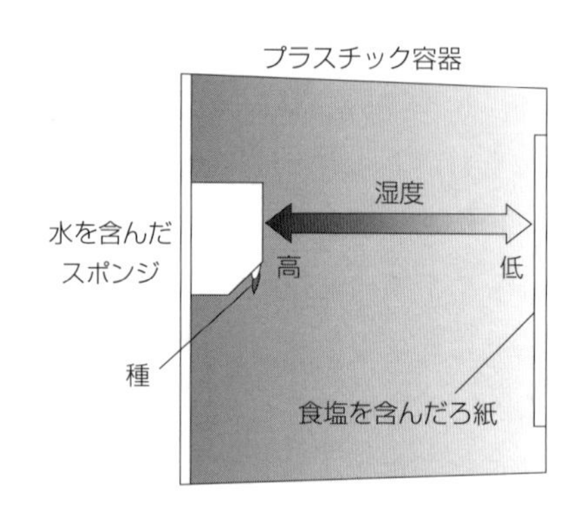

図 3-14　実験容器の概略図

キュウリの種をスポンジにさし，水を与えて発芽させる．容器の反対側のろ紙に食塩水を含ませ，スポンジと食塩水との間に湿度の勾配を作成する［3-31］．

を容器中の種と反対側に貼り付けた．食塩水は周りの水分をどんどん吸い込んでいき，水を含んだスポンジとろ紙の食塩水との間に湿度勾配をつくった（図3-14）．根は，湿度勾配を感じて水の多い方向に伸びるため，湿度勾配のないところでは水分と根の伸び方の関係を調べることができないからである．水分屈性の様子を人工重力区と微小重力区で比較したところ，根は微小重力下でも，つまり，重力の在る無しに関わらず水分屈性を示すことを明らかにした．また，地上に回収されたサンプルを用いて，オーキシン誘導性遺伝子の働きを解析し，オーキシンの働きと根の曲がり方は，実験前から考えていた通りに，根の両側でオーキシンの働く量が異なるため，伸び方に差がでて根が曲がることを確認した.

地上の植物は重力に依存して生きており，それには，重力感受によって制御されるオーキシンの流れが深くかかわっている．宇宙の微小重力下では，そのオーキシンの動態制御が機能せず，植物の姿勢や形態形成を変化させると考えられる．重力がオーキシンの動態を制御するメカニズムはまだはっきりわかっていないが，地球における植物の生産力を高めるために，また宇宙での植物栽培に応用するためにも重要なメカニズムと考えられる．その解明を含め今後とも植物の機能を宇宙実験で明らかにしていくことは，とても重要なことといえる.

2. キンギョのウロコによる骨の重力応答

ヒトの骨には，カルシウムを貯めて骨を作る働きをする骨芽細胞と，逆にカルシウムを奪って骨を破壊する働きをする破骨細胞の2種類がある（図3-15）．この2つの細胞がバランスよく働き，古い骨が新しい骨に置き換わって骨はいつでも十分な強度としなやかさが保たれている．ところが，宇宙の微小重力環境では，この二つの細胞の協調性が失われ，一方的に骨量の減少が起こる．それは骨粗鬆症のような症状としてあらわれる．なぜ微小重力環境で骨量減少が起こるのか，それについては，まだよくわかっていないことが多い.

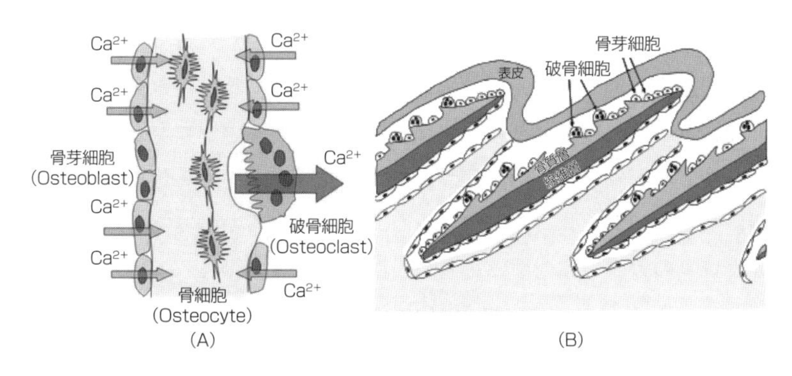

図3-15　(A) 骨芽細胞と破骨細胞の働き，(B) 魚のウロコの模式図

(A) 骨には骨芽細胞と破骨細胞がある．骨芽細胞はCaを取り込んで骨を形成し，一方破骨細胞は骨を溶かしてCaを流出させる．これら2種類の細胞の働きによって骨は生まれ変わっている [3-32].
(B) 魚のウロコは，石灰化した骨基質の上に骨芽細胞と破骨細胞が共存していて，ヒトの骨と同じ様に骨代謝を行っている.

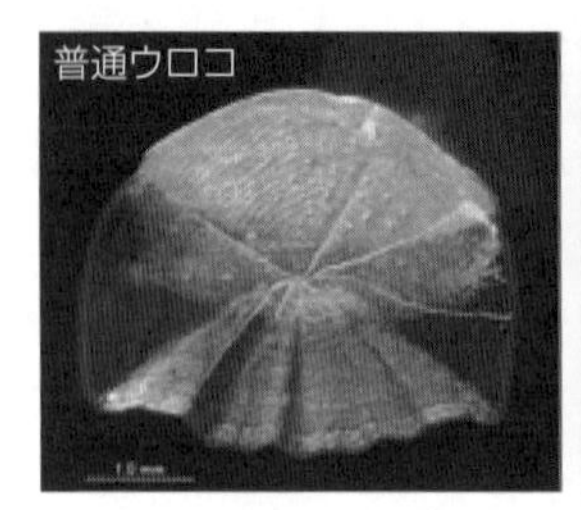

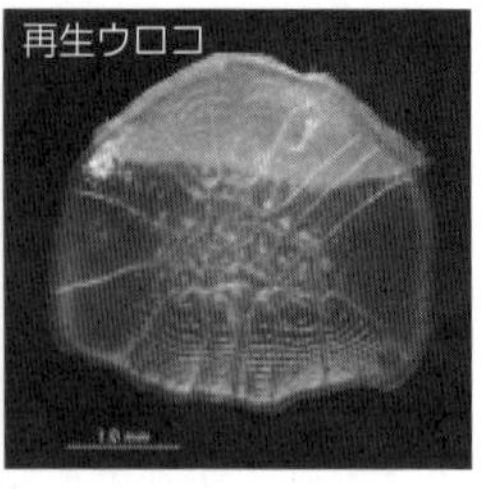

図3-16　キンギョ（ワキン）の普通ウロコと再生ウロコ［3-32］

しかしこの問題は宇宙飛行士の健康のことを考えると待ったなしの最優先に研究すべき課題といえる．そこで，骨芽細胞と破骨細胞の微小重力下での挙動や薬に対する効果などを調べるために，ヒトや哺乳動物の培養系を用いた骨芽細胞の培養宇宙実験が実施されてきた．ところが，これまでに破骨細胞が含まれる培養系での宇宙実験は行なわれてこなかった．というのは，前にも述べたように，破骨細胞は多核の活性型に誘導しないと骨を溶かすことができない．この多核の活性型への誘導は，宇宙環境では非常に難しいため，これまで実験モデルとして適切な系が切望されていた．そこで鈴木らは，キンギョのウロコ（図3-16）の培養系で宇宙における骨量減少のしくみを探ることに挑戦した．骨の研究に「ウロコ」とはちょっと意外と思われるかもしれないが，魚類のウロコはハイドロキシアパタイトとコラーゲンを主成分とする骨質層をもち，さらに骨芽細胞と破骨細胞に相当する細胞群がある．また，ウロコは体表の保護としての機能に加え，カルシウム調節の働きもある．特に淡水魚ではこの働きが顕著である．例えば，産卵のため川を遡上するサケのウロコがどんどん薄く小さくなることが知られているが，これは卵にカルシウムを供給するために，遡上時に破骨細胞がウロコからカルシウムを吸収するからである．

培養ウロコの過重力に対する応答は，哺乳類の骨で得られている結果と極めてよく似ていることや，ウロコの調達が容易で培地を交換することなく10日程度の培養が可能であることなどの理由から，骨代謝を宇宙で研究するための優れた実験モデルと考えられた．彼らは，また，薬による骨の治療効果の解析も計画していた．この薬は，ウロコの骨芽細胞の活性を上昇させ，逆に破骨細胞の活性を低下させる作用だけでなく，卵巣を摘出したネズミやカルシウムを

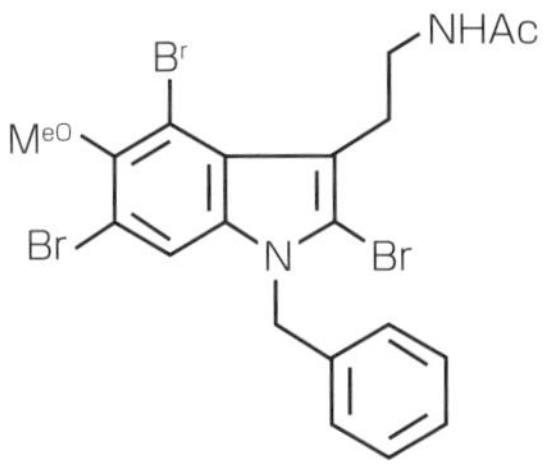

図 3-17　1-ベンジル-2, 4, 6-トリブロモメラトニン［3-32］

図 3-18　「きぼう」で撮影したキンギョのウロコ入りの容器［3-32］

減らした餌により骨を折れやすくしたネズミの骨を強くする作用もある新規インドール化合物（1-ベンジル-2, 4, 6-トリブロモメラトニン）（図 3-17）で，骨疾患の特効薬として注目されている．この宇宙実験では，ウロコの骨代謝が微小重力下では異常になると予想され，ウロコに対するこの薬の効果を調べることも宇宙実験の目的とされた．

ウロコは再生力が強く，再生ウロコの細胞活性は普通のウロコよりも高いことから，彼らの宇宙実験では再生ウロコが用いられた．キンギョに麻酔をかけてウロコを採取して，水槽にもどし，飼育するとウロコが再生してくる．飼育 14 日後に再び同じ部位からウロコを採取する，これが再生ウロコである．複数のキンギョから全体で約 1700～1800 枚の再生ウロコを準備，滅菌後に宇宙培養容器（図 3-18）に入れて，アメリカまで冷蔵運搬し，スペースシャトル／アトランティスで打ち上げられた．その後 ISS「きぼう」棟の中にある細胞培養装置（CBEF：第 5 章参照）にセットし 22℃ で約 3 日間培養した．この培養再生ウロコを，微小重力実験群（μG 群）とした．

また，打ち上げ時にかかる振動や重力の影響を知るために，打ち上げ対照群として同じ条件の再生ウロコを打ち上げ後すぐに軌道上で固定する実験群も準備した．さらに，CBEF内の遠心機による人工1G下での培養も実施して軌道上1G対照群とした．培養後のウロコは冷凍および化学固定後の冷蔵状態で地上に帰還させた．帰還後に，細胞活性，遺伝子発現，骨代謝に関与するホルモンや形態学的解析等を行い，破骨細胞と骨芽細胞の相互作用や新規インドール化合物の骨吸収抑制効果を解析した．宇宙実験の結果，微小重力下では，ウロコの骨芽細胞と破骨細胞の活性に変化が生じ，バランスが崩れることが確かめられた．また，新規インドール化合物は，宇宙でも破骨細胞の活動量を下げ，骨芽細胞の活動量を上げることを明らかにした．これはこの化合物が宇宙での骨芽細胞と破骨細胞のバランスを正常に戻して，骨量減少を防ぐ可能性を示唆するものであった．キンギョの再生ウロコは，一匹から約100枚も採れ，さらに低温で1週間程度なら活性を保ったまま保存もできるため，輸送条件が厳しい宇宙実験にも適した優れた骨の実験モデルであることがこの宇宙実験により証明された．また，この実験で用いられた新規インドール化合物である1-ベンジル-2，4，6-トリブロモメラトニンは，宇宙飛行士の骨量減少を防ぐだけでなく，骨粗鬆症[3-25]の「特効薬」としても期待されている．

3. 線虫における筋萎縮と老化

私たちは生まれると直ぐに加齢が始まり，加齢に伴い老化が始まる．そして事故や病気ではなく老化により死んだ時が寿命ということになる．微小重力環境への適応時に宇宙飛行士に急速に現れる異常な骨量減少や筋の萎縮など様々な生体の機能変化は，老化による骨量減少や筋力低下などの諸症状に非常に似ているだけでなく，人の老化の全ての特徴を備えているとも言われる．ただし，地上での加齢に伴う老化の過程が，宇宙ではより速く進行する．筋肉は寝たきりの人の2倍の速さで弱くなり，骨は骨粗鬆症患者の10倍の速さで弱くなるといわれている．さらに，ISSなどの宇宙空間では，地上で自然放射線に被ばくする線量の半年から1年分を1日で宇宙放射線に被ばくする．また，長

3-25)　骨の量（骨量）が減って骨が弱くなり，骨折しやすくなる病気で，高齢化に伴ってその数は増加傾向にある．

期間，狭い宇宙船や宇宙ステーション内で生活する環境が精神や心理にもたらす影響なども，老化現象を加速させるストレスの要因と思われる．

なぜ，線虫（*C.elegans*）が選ばれたのであろうか？　*C.elegans* は長さ約 1 mm，約 1,000 個の細胞から構成され，筋肉系，神経系，生殖系，消化系を持っている．寿命は 2〜3 週間，卵から成虫になり，また，卵を産むまでのライフサイクルは温度に依存するが，およそ 2〜4 日である．約 20,000 個の遺伝子が 9,700 万塩基対のゲノムに含まれている．生物共通のプロセスであるプログラム細胞死（アポトーシス）[3-26]が *C.elegans* の発生研究過程で最初に発見され，2002 年にノーベル医学生理学賞をシドニー・ブレナー博士らが受賞した．*C.elegans* は，飼育が簡便で特別な装置も広い飼育スペースも必要としない．しかも受精卵から成体になるまでどの細胞がどの組織になるのか（細胞系譜）が完全に解明されているだけでなく，遺伝子背景や全ゲノムが明らかになっているなど地上での実験成果が十分ある．姿や形はヒトとは似ても似つかないが，全体の 4 割の遺伝子がヒトと似ており，現在様々な医学的病理モデル系としても使用されている．これらのことから，*C.elegans* は宇宙実験に最適なモデル生物として選ばれたのである．以下，ISS で実施された 3 つの宇宙実験を紹介する．

①国際宇宙ステーション（ISS）での最初の実験（ICE-1（First））

ISS での最初の実験は，日本（JAXA），アメリカ（NASA），ヨーロッパ（ESA），フランス（CNES），カナダ（CSA）およびオランダ（SRON）の 6 つの宇宙機関の国際共同宇宙実験として実施された．2004 年 4 月にロシアのバイコヌールの基地からソユーズ宇宙船で打ち上げられ，ISS 内で約 10 日間飼育された．2006 年から 2007 年の実施を目指した第 5 回 ISS ライフサイエンス国際公募で *C.elegans* を対象とする宇宙実験を募集したことから，この実験を国際協力下での最初の *C.elegans* 宇宙実験として ICE-1（International Ceonorhabditis elegans Experiment First）と命名され

3-26）　ギリシャ語由来のことばで，遺伝的にプログラムされた細胞死をもたらす一連のできごとを指す．

た．さらに，この実験はDELTAミッションの一部として実施された．DELTAは，オランダ政府が，宇宙環境利用に関する広報活動，教育活動の発展を期待してこのミッションを企画実施したthe Dutch Expedition for Life science Technology and Atmospheric researchの略称で，オランダによる，生命科学系，地球科学系宇宙実験の総称である．実験は以下のスケジュールで行われた．

・打上げ：バイコヌール，カザフスタン：2004年4月19日　03:19
・ISSへのドッキング：2004年4月21日　05:03
・ISSからの離脱：2004年4月29日　20:52
・地上への帰還（着陸）：Kazak Steppe，Arkalyk町の近く：2004年4月30日　00:11

ICE-1実験は，各宇宙機関がそれぞれ研究チームを編成し，日本はJAXAの石岡が代表研究者として研究チームをまとめた．日本チームは，宇宙滞在が人に与える影響を幅広く調べることを目標として，*C.elegans*の卵の成熟過程におけるアポトーシスや遺伝子発現，タンパク質の網羅的動態に及ぼす微小重力の影響，老化速度や筋肉タンパク質の動態を調べた．

特筆すべき結果の一つとして，“宇宙では線虫の寿命が延びた！”ことである．生体中で時間経過に伴ってどんどん凝集し大きな固まりになっていくことが知られているポリグルタミンという化合物がある．これはアミノ酸の一種であるグルタミンが35個連なったポリペプチドで，このポリグルタミンに緑色蛍光タンパク質（GFP）[3-27]を結合させた人為タンパク質を持つ*C.elegans*を飼育しながら時間を追って蛍光観察すると，加齢に伴ってポリグルタミンの凝集体の数が増えていくことから，*C.elegans*の加齢の指標となっている．チームの本田らは，この加齢指標をもとに宇宙環境の加齢に対する影響を調べた．宇宙環境で飼育した*C.elegans*では，凝集体の数が地上で飼育された*C.elegans*に比べて少なくなっていることがわかった（図3-19）．

さらに，宇宙環境下で不活発になる遺伝子の中で，地上において“人為的に

3-27）緑色蛍光タンパク質（GFP）は，Green Fluorescent Proteinの略でオワンクラゲがもつ分子量約27 kDaの蛍光タンパク質で緑色の蛍光を発する．1960年代に下村脩，イクオリンらによって発見・分離精製され，その後30年くらい経ってからGFP遺伝子が同定され，クローニングされている．なお，下村はこの発見で2008年にノーベル化学賞を受賞している．

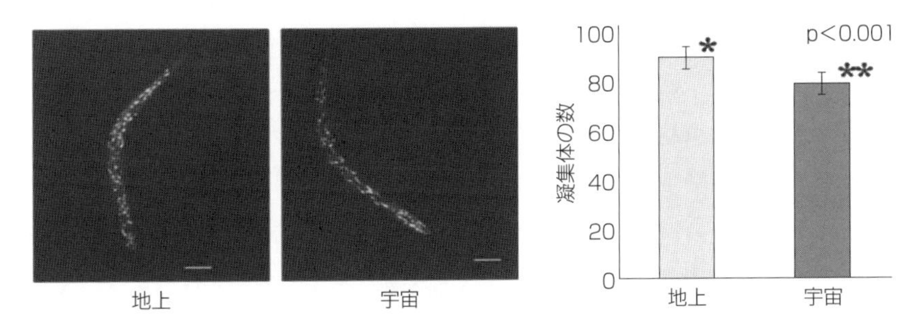

図 3-19 宇宙環境下での線虫におけるポリグルタミン酸凝集体の様子とその数 [3-33]

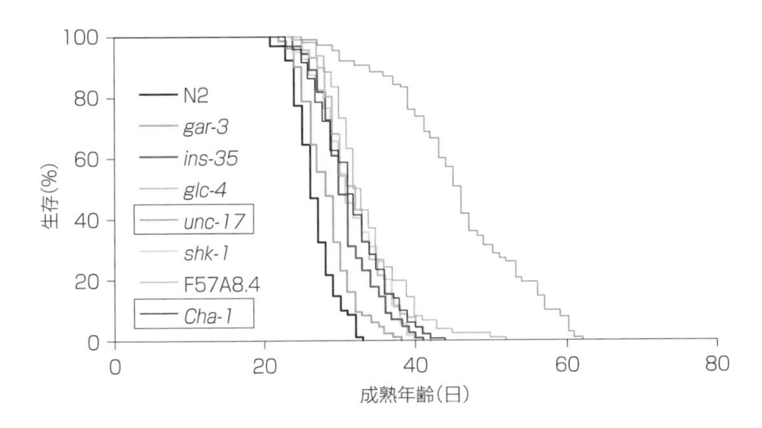

図 3-20 線虫の寿命に関わる遺伝子の特定（地上実験）[3-33]

働かなくさせると寿命が通常の *C.elegans* の寿命よりも長くなる”遺伝子を7つ特定できた（図3-20）．それらは，それぞれアセチルコリン受容体，アセチルコリントランスポーター，コリンアセチルトランスフェラーゼ，ロドプシン様受容体，グルタミン酸依存性クロライドチャネル，カリウムチャネルのシェーカーファミリ，およびインスリン様ペプチドで神経系や内分泌系に関わる遺伝子であった．特定された7つの遺伝子は *C.elegans* の老化をコントロールする遺伝子であり，宇宙環境で不活発になることで寿命が延びたことを示唆している．宇宙の微小重力環境により重力を感じる神経系の働きが衰えるとともに，内分泌系の変化が，カロリー制限や飢餓の栄養応答，過酷な条件下での生命維持応答を含め，長寿調節の鍵となる転写因子 DAF-16 および／または SKN-1 を活性化した結果，老化をコントロールすることで寿命に変化が生じた可能性がある．

一方，宇宙飛行中に起こる筋萎縮の分子メカニズムについてもよく理解されていない．そこで東端らは，*C.elegans* の筋肉の発達に対する10日間の宇宙飛行の影響を，地上で生育していた時と比べて，筋肉に関連する遺伝子の発現が増大したのかあるいは減少したのか，またその遺伝子発現をコントロールしている転写因子の発現の変化を指標にして調べた．DNA マイクロアレイ[3-28]，リアルタイム PCR[3-29]，およびウエスタンブロット法[3-30]を用いて調べた結果をそれぞれ，図3-21，3-22，3-23に示した [3-34]．

図3-21から，筋肉に関連する遺伝子群の中で地上と比較して発現量に変化のなかった遺伝子（図中の実線上）もあるが，宇宙飛行したことによって発現量が減少した遺伝子が多いことがわかる（図中の実線より下側）．以下に説明するリアルタイム PCR やウエスタンブロット法による解析結果も併せて検討したところ，宇宙飛行により，体側と咽頭筋の両方の筋肉においてミオシン重鎖（MHC）の量が減少することや，体壁筋原性転写因子の bHLH-1（Ce-MyoD）と三つの咽頭筋原性転写因子 PEB-1，CEH-22 および PHA-4 もまた減少することが明らかになった．

図3-22では，宇宙フライトした *C.elegans* のミオシン重鎖の遺伝子の発現は mRNA レベルで判断すると減少している．なお，アクチンの mRNA レベルは変化していないこともわかった．これらの結果は，宇宙環境下での *C.elegans* の筋肉の発達は，遺伝子転写のレベル（特にミオシン関連）で影響されることを示している．さらに，カルシウム依存性のアクチン-ミオシン相互作用に必須であるトロポニンやトロポミオシンも減少傾向を示した．特にトロポニン T に関してはプロテオミクス解析からもその減少が確認された．一方，

3-28）　DNA チップとも呼ばれ，一枚のスライド基盤上に，数万から数十万に区切られた領域に，プローブ DNA といわれる特定遺伝子の部分配列（相補性をもつ鋳型 DNA）を高密度に配置し固定したものである．したがって，多くの遺伝子発現を一度に解析できる．

3-29）　ポリメラーゼ連鎖反応（Polymerase Chain Reaction: PCR）を利用して，試験管内で DNA を複製できるので，特定の DNA 配列を多重複製できる．PCR による増幅を経時的（リアルタイム）に測定することで，増幅率に基づいて鋳型となる DNA の定量を行なう．定量が行えることから定量的 PCR とも呼ばれる．mRNA の発現量を定量する手法として RT-PCR 法（脚注5-3参照）がある．

3-30）　ウエスタンブロッティングは，電気泳動の優れた分離能と抗原抗体反応の高い特異性を組み合せて，タンパク質混合物から特定のタンパク質を検出する手法である．タンパク質の存在を検出するだけでなくタンパク質の状態確認（リン酸化などの修飾）もできる．

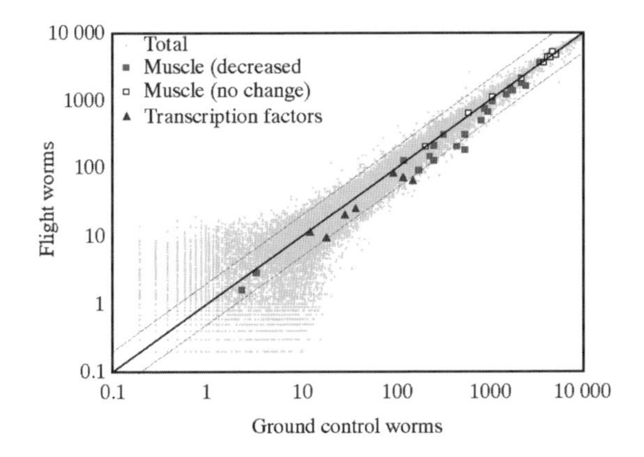

図 3-21 DNA マイクロアレイによる筋肉遺伝子発現解析 [3-34]
全遺伝子の発現はグレイのスポットで，四角と三角のプロットは，それぞれ，筋肉関連遺伝子とその転写因子（Transcription factor）に関わるものを示している．■印は宇宙フライトで遺伝子発現が低下した遺伝子群でミオシン重鎖に関わるものが含まれる．なお，□印はアクチンや非ミオシン系の筋肉関連遺伝子である．

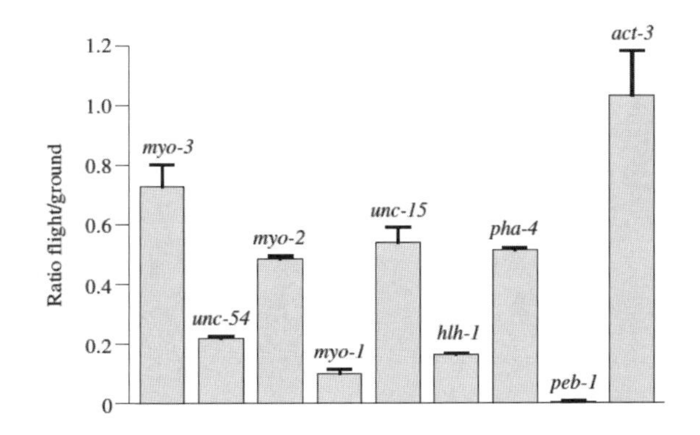

図 3-22 PCR による筋肉に関連する遺伝子の発現の定量的リアルタイム解析 [3-34]
ミオシン重量鎖関連（*myo-1, -2, -3* and *unc-54*），パラミオシン（*unc-15*），転写因子（*hlh-1, pha-4, peb-1, ceh-22*）とアクチン（*act-3*）に関する遺伝子について調べた結果が示されている．GAPDH（*gpd-2*）の mRNA レベルを基準にした相対値で表示してある．

タンパク質分解に関わる遺伝子群の発現には大きな変化がないことから，宇宙長期滞在による宇宙飛行士の筋組織の萎縮等の原因の一つとして転写レベルでの筋タンパク質群の発現低下が示唆された [3-34]．図 3-23 からは，宇宙フライトした *C.elegans* の MHC B&C 遺伝子の定常的発現ならびにタンパク質発現量のレベルは，地上の場合に比べて 10% ほど低下したことがわかる．

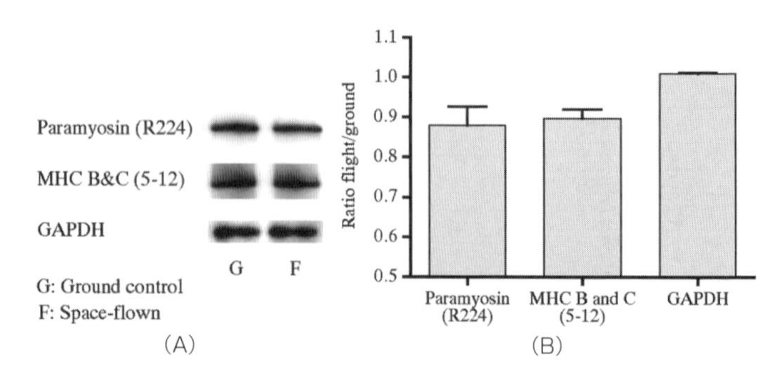

図3-23　筋肉関連遺伝子のタンパク質発現（ウエスタンブロット）解析［3-34］
（A）ミオシン重鎖遺伝子 MHC B&C とパラミオシン R224 の発現は，それぞれ．は抗 MHC B&C マウスモノクローナル抗体（5-12），抗パラミオシンウサギポリクローナル抗体（R224）．によって検出した．なお，*gpd-2* 遺伝子の産物 GAPDH は遺伝子発現の内部基準に用いた．G は地上コントロールで F はフライトサンプル．（B）（A）のバンドの濃さを定量し，それぞれの遺伝子産物の発現量を数値化し，グラフ化したものである．

②線虫を利用した老化に関する最近の実験（Space Aging）

宇宙での老化研究（Space Aging）について最近の動向を簡単に説明する［3-35］．JAXA と本田らとのチームは，前述したように ICE-First に参加して，宇宙ステーションに滞在した線虫で不活性になった 7 遺伝子を見出し，これらの遺伝子をそれぞれ働かなくさせた *C.elegans* の寿命が通常の *C.elegans* をより長くなることを世界に先駆けて示した．ここで説明する「Space Aging」研究は，これまでの研究を発展させた本田らの実験で 2015 年に実施され，地上に回収した宇宙飛行試料は現在解析中である．老化の速度や寿命は遺伝的な要因とともに環境との関係も重要な要因と考えられている．生物の老化過程における微小重力環境の影響を明らかにするため，宇宙環境における *C.elegans* の寿命を計測することと遺伝子発現の変化をより詳細に解析することを目的として実験が行われた．この実験の概要は以下の通りである．ISS「きぼう」モジュールで，2 種類の *C.elegans* を飼育し，CCD カメラ付きの装置で *C.elegans* の動きを観察する．*C.elegans* を最大 70 日，ほぼ動かなくなるまで観察して老化の速度を計測する．さらに，飼育した *C.elegans* は凍結保存して，地上に持ち帰ってから遺伝子の発現やタンパク質の動態を調べて，寿命の変化の原因を明らかにしていく．この実験で期待される成果とし

ては次のようなことが考えられる.

宇宙環境に長期間滞在することにより，*C.elegans* の老化速度と寿命がどのような影響を受けるかが明らかとなるだけでなく，ICE-1 実験で同定した7つの遺伝子以外にも新しい老化制御遺伝子が見つかれば，それらの系統的機能解析によって将来的に老化の進行を制御することや，老化に伴って起こる病気を予防するゲノム創薬のヒントが得られる可能性がある．宇宙環境を利用する研究からアンチエイジング医学への貢献が期待される.

③線虫を利用した筋萎縮に関する最近の実験（Epigenetics）

JAXA と東谷チームは，これまでに ICE-1 実験で，「宇宙環境下でも地上と同様にアポトーシスが起こること」[3-36] や「体側筋や咽頭筋に関連するタンパク質や転写制御因子の遺伝子群の減少すること」（上述）を世界に先駆けて検証した.

また 2009 年に CERISE 実験[3-31]を実施し，宇宙の微小重力環境でも RNAi（RNA　interference：遺伝子の働きを抑える手法の１つ）が有効に機能すること（図 3-24），ならびに微小重力下で L1 幼虫期から成体まで成長した *C.elegans* では，筋肉の太いフィラメントや細胞骨格，ミトコンドリア代謝酵素の遺伝子およびタンパク質の発現レベルの両方が，軌道上１G 培養に比べて減少していることや，「線虫の筋タンパク質の遺伝子発現量やタンパク質発現量」が宇宙の微小重力環境で育てることにより低下するという現象を，再現性をもって確認した [3-38]（図 3-25）．さらに，動きが変化し，体長および脂肪蓄積の減少が，微小重力で培養した *C.elegans* で観察された [3-37].

次の段階として，「微小重力が一つ一つの細胞レベルで影響を及ぼし，個々の筋細胞において，筋肉タンパク質の発現が抑制され，最終的に萎縮に至る」という仮説を検証するために，2015 年に Epigenetics 実験を実施した．この実験では蛍光タンパク質で可視化した９種類の *C.elegans* を宇宙で育て，化学固定して持ち帰り可視化したタンパク質の変化を詳細に観察する．具体的には，

3-31)　表 2-5 にも載せてある宇宙実験.「線虫 *C.elegans* を用いた宇宙環境における RNAi とタンパク質リン酸化」というテーマの宇宙実験である.

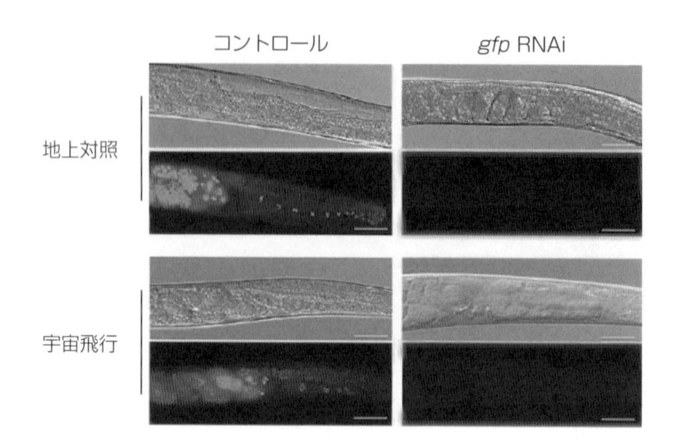

図3-24　遺伝子 *gfp* に対する RNAi を実施［3-37］
地上対照と宇宙飛行した線虫ともに GFP 蛍光タンパク質の発現が喪失した．

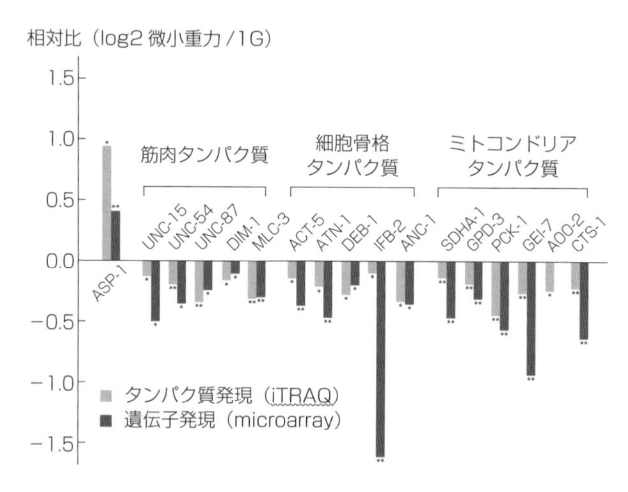

図3-25　宇宙飛行した線虫のタンパク質の定量分析（iTRAQ）と遺伝子発現（マイクロアレイ）の定量分析［3-38］．
特定の筋肉，骨格，およびミトコンドリアタンパク質およびアスパラギン酸プロテアーゼのレベルは（ASP-1）は，微小重力条件下で培養した線虫では十分な変化を示した．*P≦0.05，**P≦0.01．

ISS「きぼう」で，*C.elegans* を4日間培養後，ホルマリンで化学固定して帰還，地上で蛍光顕微鏡を用いて詳細に解析する．なお，この実験は前述の Space　Aging と同時に実施された．本書執筆時点では解析中であるが，この *C.elegans* を用いた実験で得られた結果は，ヒトのロコモティブ症候群[3-32]の研究に役立つものと期待される．また，この実験の着目点は長期臥床や，カロリー制限による長寿命化などの問題とも深く関連することから，現在の高齢化社会が抱えている問題に対しても貢献できるものと期待される．

ここまでISSを利用した線虫実験を紹介してきたが，まとめると以下のようになる．*C.elegans*を用いた宇宙実験の結果から，宇宙では寿命が延びることが明らかになった．宇宙では生体機能が著しく低下して老化様の現象が起きる一方で，基礎代謝の低下などにより逆に寿命が延びることを示しているのかもしれない．“老化”とは加齢に伴って生体機能，例えば筋力，神経伝導速度，肺活量，病気に対する抵抗力などが低下することである．宇宙環境下での宇宙飛行士の急速な生体機能変化が地上における緩慢な老化現象と細胞や分子レベルでのメカニズムと全て同じであるという明確な証拠は無いが，*C.elegans*の寿命に関する遺伝子群を宇宙実験で特定できたように，哺乳動物を利用して人間の加齢に伴う生体機能変化のメカニズムに関する重要な知見が得られる可能性は大きく，今後，老化や寿命に関する基礎科学からアンチエイジング医学研究への有用な実験場として宇宙環境が機能するものと期待される．

3.3　模擬微小重力などによる地上での実験

宇宙での微小重力状態の生体への影響を調べる手段として，多くのシミュレーション法が用いられている．ここでは，どのような地上実験が行われてきたか，その流れを駆け足で述べる．

1. 動物を用いた骨カルシウム代謝への影響

1980年代から，動物の四肢を固定した拘束法，宙吊り法，尾部を懸垂した尾部懸垂法などを用いて，骨量，カルシウムの蓄積などがよく調べられてきた．Landryらは，49日間四肢を拘束した動物に抗生物質テトラサイクリンを注射して骨の形成と吸収への影響を調べたところ，驚くことに，拘束は形成，吸収の両方を変化させ，これらの変化は拘束時間に依存することを50年以上

3-32)　運動器の障害により歩行や立位の保持などの移動機能が低下し，進行すると要介護や寝たきりになるリスクが高まる状態をいう．

も前の1964年に報告している［3-39］．ラットの宙吊りモデルでは，2〜5日目に骨へのカルシウム蓄積の低下，血中カルシウムの軽度の上昇，1.25（OH）$_2$D[3-33]レベルの低下があった（この低下は原因というより結果であると解釈された）．また，このことが，骨形成抑制の機序に関心が集まるきっかけともなった．実験的に足に負荷がかからないようにした動物では，骨膜側の骨形成率が減少し，若いラットの脛骨近位端では55％も骨梁が減少したとの報告がある．また，脛骨内膜での骨吸収率は変化しておらず，骨の長軸方向への成長が抑制されていたとのことである．このあたりの骨カルシウム代謝についての動物実験の結果は，関口らによる「宇宙生理学・医学」に記載されている．

2.　ヒトの代謝系や筋骨格系への影響（ベッドレスト法）

ベッドレストによる模擬微小重力実験では以下のような利点があると言われている［3-40］．①骨格の長軸方向への重力をほぼなくすことができる，②宇宙飛行実験に比べて簡単で多くの被験者が得られる，③被験者をより詳細に観察できる，④発汗や嘔吐によるミネラルの喪失を最小限にできる．LeBlancらは，17週間6人の男性被験者を臥床（ベッドレスト）させ，その後6ヶ月間の骨量変化を全身および各部位について観察した［3-41］．その結果は，最大の骨量喪失は踵骨であり，腰椎，大腿骨転子と続いている（表3-2）．

3.　細胞の重力応答（クリノスタットや観測ロケット）

1990年代の後半になると，免疫に関わる細胞だけでなく他の細胞でも重力応答への関心が高まり，宇宙実験の結果からだけではなく模擬微小重力を利用した実験の結果も含めて活発な議論が展開されるようになった．この頃の研究状況を説明するため，Cogoliらによる総説論文［3-42］を紹介する．論文の内容を以下に箇条書きにしてまとめた．

①　細胞の重力応答では，浮遊細胞と付着細胞の違いが気になる．前の節で，宇宙飛行士から採取したTリンパ球では分裂促進剤ConA投与で誘起さ

3-33）　1.25（OH）2ビタミンDは，体液中のカルシウムやリンの代謝を調節する重要なホルモンである．治療薬として用いられている活性型ビタミンD3製剤の血中濃度観察においても1.25（OH）2ビタミンDの測定は重要である．

表 3-2　17 週間ベッドレスト実験後の骨量変化

部位	骨量変化（%）*	
	実験後 1 日	実験後 180 日
頭	+3.2	+4.2
腕	−2.4	−6.7
肋骨	−1.4	+0.4
胸椎	−1.2	−0.5
腰椎	−5.8	−2.4
脊柱	−3.1	−1.6
大腿骨頸部	−3.6	−3.6
大腿骨回転子	−4.6	−3.4
踵骨	−10.4	−1.8
全身骨	−1.4	−1.4

*ベッドレスト実験前に比べての変化の相対値

れる芽球化（活性化）は地上 1 G に比べて 10% 以下に低下（90% の抑制）したと述べた．この浮遊細胞でみられた活性化の低下は，遠心器によるフライト 1 G（模擬 1 G）との比較からも確かめられている．一方，付着している細胞では，分裂促進剤による活性化は地上 1 G やフライト 1 G に比べて 100% 増加するということで，浮遊細胞と付着細胞で重力応答に大きな違いがある．

② HeLa 細胞（第 2 章の脚注 2-2 参照）では，過重力の下では G1 期（第 6 章の脚注 6-3 参照）が長くなり増殖スピードが高くなるが，フレンド細胞（赤血球に分化するはずだった赤芽球系細胞にフレンドウイルスを感染させることで癌化させた細胞）や W138 ヒト初期胚肺細胞などではこのような変化は観察されないとのことである．細胞によって重力応答に感受性のものと非感受性のものがあることが強く示唆される．

③ Epidermoid　A341 細胞（脳腫瘍頻度のうち，その発生は 1% と低く，良性腫瘍で，類表皮のう胞由来のがん細胞）を利用して，クリノスタットや観測ロケットで作り出した模擬微小重力下でがん遺伝子 *c-fos* や *c-jun* の発現の重力応答による変動を見つけている．また，上皮成長因子（Epidermal growth factor）による *c-fos* や *c-jun* の発現は微小重力下 50% 抑制されるとのことである [3-43, 3-44].

④ 1997 年頃は，細胞膜の情報伝達などに関わる機能は重力によって大きな

変動はないものと考えられていたようである．しかしながら，その後，上述したように細胞膜に関わる要素（図3-12）が重力応答することがわかってきた．当時はリンパ球のような浮遊細胞は微小重力下でも移動することが可能で，移動によって凝縮した細胞同士が細胞間で情報を伝達するといった機構が考えられていた．

⑤　1997年頃の切実な問題として，微小重力下での細胞培養を宇宙環境で行っても，その比較コントロールのための1G条件やそれに付随した細胞培養を宇宙環境下でつくることが難しかったことがこの論文からもわかる．このことは後で述べる放射線の生物影響とも共通した問題である．

4．最近の細胞シグナル伝達研究
（パラボリックフライトとクリノスタット実験）

ここでは，最近発表されたTauberらの実験結果［3-45］について説明する．興味深いことに，活性化されていないヒトT細胞ではたった20秒のパラボリックフライトでCD3とIL-2Rの抗原提示能（cell surface expression）が低下するとのことである．一方，2次元のクリノスタットによる模擬微小重力にTリンパ球をさらすと，IL-2Rの抗原提示能はバラつきがあっても大きく変わらないのに対して，CD3の抗原提示能は数十分のうちにかなりの減少を

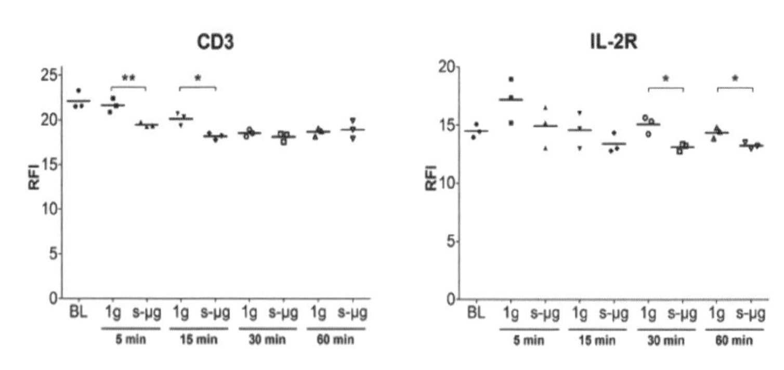

図3-26　2次元クリノスタットによる擬似微小重力下での活性化されたTリンパ球の細胞表面の抗原提示（文献［3-45］より改変引用）

サンプルは蛍光染色しフローサイトメトリーで測定後，それぞれの蛍光の相対強度からRFI（Relative Fluorescence Intensity）を導き出している．S-μGは2Dクリノスタットによる模擬微小重力環境を示している．

示した（図 3-26）．前にも述べたように，細胞のシグナル伝達は微小重力応答の解明には欠かせないことが強く示唆される．

第4章 宇宙放射線が要因と考えられる生物影響

宇宙飛行士が宇宙放射線の被ばくによって急性放射線障害[4-1]を起こしたという報告はないが，慢性的な障害が起こる可能性がある．この章では宇宙放射線が原因と考えられる“ヒトへの健康影響”について解説する．健康影響の原因究明だけでなく，宇宙放射線が関わる生命現象を解明する上でも生物実験が必要なことは言うまでもない．そこで，宇宙実験を中心にその歩みを紹介し，筆者らによる宇宙実験についてもふれたい．

4.1 宇宙放射線が健康に及ぼす影響

1. 血液検査によるチェック

①染色体異常

染色体異常の検出方法にはギムザ染色（血液系疾患を診断する染色法の一つ）の他にも，FISH法[4-2]やPCC法[4-3]がある．これらの手法による宇宙飛士の血液検査結果は，Maaloufらによる総説論文［1-5］にまとめられている．ここでは，染色体異常の検出された実験で線量測定も行われたものを抜粋して

4-1） 短時間に高線量の透過性の高い放射線を浴びたときに起こる障害で急性放射線症ともいう．

4-2） FISH（Fluorescent *in situ* hybridization）法とは蛍光色素で標識した抗体やオリゴヌクレオチド（ヌクレオチドが数個重合した分子の総称）などをプローブ（ある物質の存在を確認するために用いる物質で対象となる物質と相互作用するような物質）に用い，組織切片や染色体の構造が保たれた状態のままでハイブリッド形成させてプローブ結合部位を蛍光で検出し，目的とするタンパクやmRNA, DNAの存在部位を特定する実験法．*in situ*とは「その場」という意味で用いられる．

4-3） 分裂期まで進行していない細胞に対しても染色体異常を検出するために，分裂中期にある細胞と対象の細胞をいっしょにして凝縮させてから顕微鏡で観察する，放射線照射した細胞が分裂する前に染色体異常を観察できる手法として利用される．

表 4-1　宇宙飛行ミッションによって得られた染色体異常に関するデータのまとめ
（Maalouf らによる報告［1-5］より引用）

発表者／発表年	ミッション／継続日数	検出技術	指標	生物試料	推定線量（mGy）	結果
Yan ら／1997	NASA-Mir-18／115	FISH ギムザ染色	二動原体切断，SCE	血液（2 宇宙飛行士）	52	SCE 頻度は飛行前後で変化がなかったが，全染色体異常の誘発率は増加
Obe ら／1997	Mir92, EuroMir 94 & 95／120-198	ギムザ染色	二動原体切断，SCE	血液（7 宇宙飛行士）	Low-LET 57-94 mGy High-LET 4-6.7 mGy	SCE 頻度は増加しなかったが，染色体異常の誘発率は増加
Fedo-renko ら／2000-1	Mir／120-180	ギムザ染色	染色体異常（切断）	血液（7 宇宙飛行士）	20-280	飛行後染色体異常の誘発率は増加，しかしフライト間では 1.5-2 倍減少
George ら／2001	NASA-Mir／90-120 and "taxi" STS／10	FISH	切断，転座，交換	血液（8 宇宙飛行士）	31-44	長期間の宇宙飛行で染色体異常の誘発率は増加したが，短期間では変わらなかった．また，長期間で Complete タイプの染色体異常誘発
Wu ら 2001	STS-103／8	FISH	切断，転座，交換	宇宙飛行後の血液を γ 線照射	16	飛行前後で誘発率に差が認められなかった（放射線と微小重力の相乗効果がないことを示唆）
Durante ら／2003	Mir, ISS & STS／8-199（積算：8-748）	ギムザ染色 FISH	二動原体（Giem-sa）転座（FISH）	血液（33 宇宙飛行士）	1.4-118（積算：2-289）	二動原体の誘発率は長期飛行のあとで増加したが短期では増加せず．なお，飛行後 1000 日くらいで誘発率の減少する傾向を観察．
George ら／2010	ISS／95-215	PCC FISH	交換	血液（37 宇宙飛行士）		染色体交換の誘発頻度は飛行後の 220 日間で減少するが個人差が大．

表 4-1 に載せた．なお，表 4-1 では，転座の誘発がみられた，George らによる 2003 年，2004 年の結果［4-1，4-2］は省略してある．

Maalouf らの論文では，検査結果を次のように要約している［1-5］．a）宇宙ステーションミールや ISS に 180 日以上滞在する長期フライトでは，染色体異常の誘発頻度が高くなる．b）複数の染色体異常をもつ細胞が飛行期間の長さに比例して増える．c）宇宙飛行から数年経過すると，染色体異常の頻度が飛行直後に比べて低いレベルになるが飛行前のレベルにまではもどらない．

表4-2　宇宙飛行士の血液検査による染色体異常の調査（文献［4-4］より改変引用）

被試験者	モスクワ住民	フライト前	短期飛行後	長期飛行後
人数	114	51	17	20
平均線量（mGy）	-	-	2［ISS］，6［MIR］	29［ISS］，71［MIR］
誘発率／100 細胞	～0.67	1.20 ± 0.05	1.41 ± 0.09	1.92 ± 0.10

d）2回目の宇宙飛行をすると，染色体異常の誘発率は1回目に加算されるのではなく，2回目の被ばく線量から推定される誘発率よりも低いレベルになる．b）の結論に地上加速器実験の結果も考慮すると，宇宙放射線に含まれる高LET重イオン[4-4]成分が原因となって染色体異常が生じる可能性が示唆される．また，c），d）の結論からは遅延的変異誘発（遺伝的不安定性）や適応応答（後述）の可能性も考えられる．表4-1のHongluらの実験結果［4-3］について捕足説明する．飛行10日前と8日間のシャトルミッションを終えて帰還後の宇宙飛行士の血液からリンパ球を採取し，γ線を0から3 Gy照射してPHA（後述）で刺激した後にFISH法で全染色体交換が調べられた．このとき飛行前後で差がなかったと報告された．すなわち宇宙飛行中に宇宙飛行士が受けた微小重力の影響は染色体異常の誘発に影響を与えなかった，つまり，放射線と微小重力の相乗効果は認められなかったと結論された．

次に，ロシアの宇宙機関による最近2012年の論文［4-4］について紹介する．なお，この論文の著者の一人であるFedorenkoらは，2000-2001年と2008年にも同様の調査を行っている（表4-1には2000-2001年の発表だけ掲載）．宇宙飛行前に地上で訓練を受けた51人の宇宙飛行士の血液を検査したところ，染色体異常の頻度は，比較の対象とした一般のモスクワ住民114人の場合よりも2倍近くも高くなった（表4-2）．論文の中で，このように染色体異常の頻度が高くなった主な原因は，飛行前訓練中に受けた，放射線による健康診断（Diagnosis）ではないかと記述されている．邪推かもしれないが，染色体異常の誘発は放射線だけでなく様々な要因で起こることから，地上訓練中の

4-4）LET（Linear Energy Transfer）とは，放射線が物質中を進むとき，その飛跡に沿って放射線が物質に与えるエネルギーのことで，線エネルギー付与と日本語に訳されている．単位としては，keV/μmがよく用いられる．放射線の生物影響を考えるときは，X線，γ線などは低LET放射線として，原子番号の大きい重粒子線などは高LET放射線として分類される．しかしながら，α線も生物影響が相対的に大きいことから，生物分野では高LET放射線に分類される．なお，中性子線も高LET放射線として分類される．

ハードなトレーニングも要因になっているのではという疑いもある．もちろん，この表4-2から，宇宙飛行士たちは，短期のフライトでも帰還後には染色体異常の頻度がフライト前よりも20%くらい，長期間フライトの帰還後にはフライト前よりもその頻度が50%くらい，高くなったことがわかる．

②遺伝子の突然変異

宇宙飛行士の血液サンプルを利用して，特定遺伝子に生じた突然変異をDNA塩基配列レベルで解析した実験例を一つ紹介する．カナダのヴィクトリア大学の研究グループがロシアのサリュートとミールで1969年から1990年にかけて宇宙滞在をした5人の宇宙飛行士の血液を利用して，HPRT（ヒポキサンチンリボシル転移酵素）[4-5]遺伝子座に生じた突然変異の変異部位のDNA塩基配列を詳細解析した［4-5］．今日では，次世代DNAシーケンサーも開発され，ゲノム全体の塩基配列が容易に決定できるが，1980年代は，放射性標識ヌクレオチドを利用してポリアクリルアミドゲル電気泳動法で塩基配列を決定する研究が頻繁に行われた．このような研究のパイオニアの一人がこの論文の責任著者であるBarry Glickmanである．調査の対象とした宇宙飛行士は7日から365日の宇宙飛行を行い，積算で4～127 mGy被ばくしている．健常人で宇宙飛行をしていないヨーロッパに住むヒトの場合と比べると，宇宙飛行士の方がHPRT突然変異の誘発率は2.4～5.0倍高くなった．また，ロシアに住む宇宙放射線に被ばくしていない健常人に比べても2～3倍高かった．彼らは，HPRT突然変異細胞のゲノムDNAおよびそのゲノムDNAの転写産物であるmRNAからつくったcDNA[4-6]の両方のDNA塩基配列を調べて，突然変異を同定しその変異のタイプの分布（スペクトル）を決定した（表4-3）．

この表4-3からはわからないが，宇宙飛行士に対して調べたHPRT突然変異の頻度が自然突然変異よりも数倍高くなっている．この点を考慮すると，スプライシング異常，フレームシフト，そして“複雑な型の突然変異”の誘発率

4-5）ヒポキサンチン-グアニンホスホリボシルトランスフェラーゼ（Hypoxanthine-guanine phosphoribosyl transferase）遺伝子のことで，HGPRT，またはHPRTと略される．X染色体上に存在する遺伝子で対立する遺伝子がないため，放射線や薬剤による突然変異の誘導を調べるためのマーカー遺伝子としてよく利用される．

4-6）細胞から抽出したmRNAを鋳型にして，逆転写酵素（Riverse Transcriptase: RT）を用いて作成されたDNAでcDNAと呼ばれる．

表 4-3　宇宙飛行士の血液を使って調べたHPRT遺伝子の突然変異スペクトル[4-5]

突然変異のタイプ	宇宙飛行士		自然突然変異	
	N	%	*N*	%
塩基置換	26	30.2	215	46.3
スプライシング異常	37	43.0	149	32.1
タンデム型変異	2	2.3	4	0.9
フレームシフト				
（+）	2	2.3	8	1.7
（−）	7	8.1	24	5.2
欠失	5	5.9	41	8.8
挿入	0	0	4	0.9
複雑な型の突然変異	7	8.1	19	4.1
合計	86	100	464	100

は宇宙飛行士の血液の方が健常人の血液よりも明らかに高い値を示していることがわかる．彼らは，突然変異のスペクトルを比較する際に，生活習慣や宇宙飛行士のトレーニングなどによる影響もより詳細に検討すべきとの結論を出している．将来を見据えた研究で先駆け的研究といえる．

③免疫機能の低下

第3章の微小重力による健康影響のところでも述べたように，宇宙飛行士から採取したTリンパ球で分裂促進剤のConA[4-7]に対する反応の低下やTリンパ球の活性化に関わるインターロイキンIL-2の受容体の発現の抑制がみられた．当初，宇宙放射線による影響と考えられていたが，宇宙飛行士の被ばく線量などを考えると，微小重力による影響が主な要因で上記のような抗体反応の低下や抑制がみられたという解釈が妥当といえる．マウスにγ線照射し，体重負荷を少なくする実験では，末梢血のTリンパ球の活性化には体重負荷の軽減が大きく寄与し，放射線の照射はほとんど寄与しないといった報告（後述）とも辻褄が合う．しかしながら，動物実験では放射線被ばくだけでも免疫機能に異常が起こるので，長期の宇宙飛行による持続的な低線量もしくは高い累積線量の被ばくが原因となって免疫系に異常が起こりうる可能性を否定することはできない．

4-7）　脚注3-17を参照のこと

2. ライトフラッシュ，白内障

アポロ11号に搭乗した宇宙飛行士が最初に経験したといわれる，ライトフラッシュと呼ばれる目に閃光が見える現象がある．スカイラブの3度のミッションを実施中にフランスが太平洋で核実験を行い，少なくとも肉眼での爆発の観察は障害の危険性がある放射線量であることが1977年にNASAによって報告されている [4-6]．そして，このスカイラブによるミッションとApollo-Soyuz Test Project（ASTP: 1975）の結果，粒子放射線のLETが5 keV/μmよりも高くなると，ライトフラッシュ現象と粒子放射線のフラックス（空間中のある断面を単位時間内に通過する量）の間に相関があることが指摘された [4-7]．ライトフラッシュは目の網膜を高エネルギー荷電粒子が通過したときに網膜が興奮（励起）状態になることが原因とされている．また，宇宙飛行士に放射線検出器付きのヘルメットを付けて調べると，通過イオン数とライトフラッシュの数が一致するという．さらに，低高度の地球周回軌道の飛行においては，陽子が多く存在するヴァン・アレン帯の南大西洋異常帯（South Atlantic Anomaly: SAA）を通過するときにライトフラッシュの頻度が高くなることも報告されている．図4-1からも示唆されるように，重粒子と陽子では異なった機序でライトフラッシュが起こるのかもしれない [4-8]．

眼の水晶体（レンズ）は放射線によって傷つきやすい．放射線に被ばくして時間が経ってから，水晶体の混濁，すなわち白内障を起こすことが知られている．水晶体の混濁は放射線の種類や線量に大きく依存することも知られている．実際に，NASA's Longitudinal Study of Astronaut Health（LSAH）で，295人の宇宙飛行士について調べたところ，48人で水晶体の混濁が見つかっている．そのうちの一人は先天性の白内障を患っていた．宇宙飛行士たちが実際に被ばくした放射線の種類についてはわからなかったが，彼らを8 mSvに達しないグループ（平均すると3.6 mSv）と8 mSv以上のグループ（平均すると45 mSv）の二つに分けて解析を進めた．その結果，8 mSv以上の放射線被ばくを受けたグループの宇宙飛行士は，それ以下の線量を浴びたグループの宇宙飛行士に比べて白内障を早期にしかも高頻度に発症することが明らかになった [4-9]．

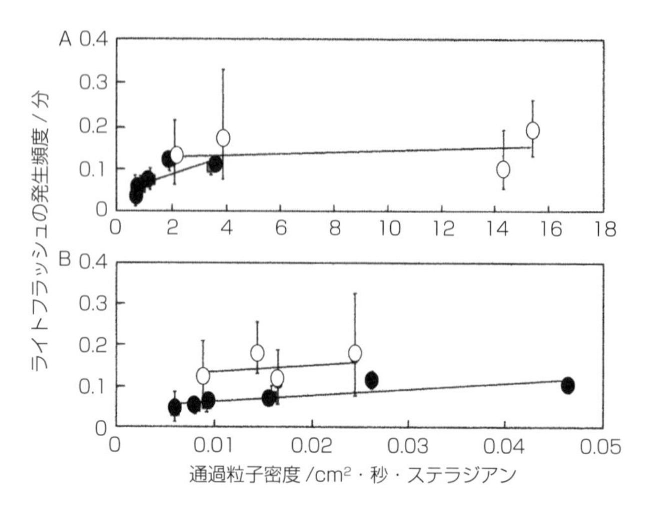

図 4-1　ミール宇宙船で観測したライトフラッシュの発生頻度
○印はSAA（本文参照）の内側で●印はSAAの外側で観測した結果で，通過粒子密度を横軸に，ライトフラッシュの頻度を縦軸に示している．Aは陽子の通過だけを，BはLETが20 keV/um以上のすべての粒子（重粒子）の密度を横軸にとった場合である．なお，これはMIRに搭乗している宇宙飛行士が検出器つきのヘルメットをかぶって測定した結果である．

3. 発がんリスク

宇宙環境による生物影響についての研究は，がん関連（Cancer Research）と非がん関連（Non Cancer Research）に分けられることが多い．発がんリスク（Cancer Risk）と毒性リスク（Toxic Risk）と置き換えてもよいかもしれない．いずれにしても，発がんリスクに大きな焦点が当てられていることには間違いなく，火星探査の計画が発表されてからより高い関心を集めている．2001年04月07日に打ち上げられた火星探査機，2001マーズ・オデッセイ（2001 Mars Odyssey）には，地球から火星への途上，ならびに火星軌道での放射線環境を明らかにするため，火星放射環境試験装置（the Mars Radiation Environment Experiment; MARIE）が搭載された．実際に，そのミッションの成功により，火星軌道では，地球近傍のISS環境と比べて約2～3倍高い線量率が計測されている（図4-2）．

火星軌道では銀河宇宙放射線による被ばくが発がんリスクを高めるという指摘が以前からなされており，この問題はCucinottaとDuranteによっても検討された[4-10]．月探査で180日，火星軌道で600日，火星探査で1000日費

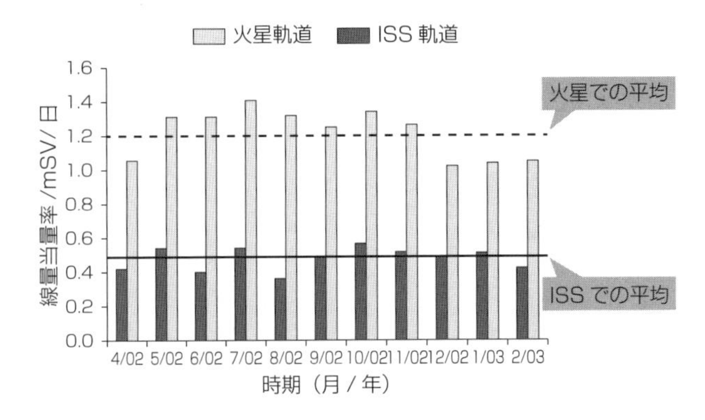

図 4-2　ISS と火星軌道での放射線環境の比較（NASA 提供資料を改変引用）
線量当量とは放射線の種類も考慮に入れた線量のことで，ISS 軌道と，火星軌道の両方において測定した値が示されている．縦軸は一日あたりの線量当量，線量当量率を表している．

表 4-4　月および火星探査による放射線リスク（文献［4-10］より改変引用）

	吸引線量（Gy）	等価線量（Sv）	死亡リスク，%（95% Cl）	
			男性（40 歳）	女性（40 歳）
月探査ミッション（180 日間）	0.06	0.17	0.68（0.20-2.4）	0.82（0.24-3.0）
火星探査軌道（600 日間）	0.37	1.03	4.0（1.0-13.5）	4.9（1.4-16.2）
火星探査（1000 日間）	0.42	1.07	4.2（1.3-13.6）	5.1（1.6-16.4）

やした時の死亡リスクについて試算された．太陽の黒点活動の低い，いわゆる Solar Minimum を仮定して，銀河宇宙線の線量は 5 g/cm^2 のアルミニウムの遮へいを通過した後の値として見積もられ，発がんリスクの対象組織は肺，大腸，胃，血液，骨髄，乳房（女性），子宮（女性）が選ばれた．放射線場の線量率だけでなく，宇宙放射線の中の高エネルギー成分に対する宇宙線の遮へい能力とがんによる死亡リスクを考慮に入れた試算結果が表 4-4 である．火星探査では NASA が設定している許容限度の死亡リスク 3% を超えている．なお，この結果は様々な要因による不確定要素を含むという注釈がついている．

また，銀河宇宙放射線による発がんのメカニズムを解明するためには二つのモデルに分けることが提唱されている（図 4-3）．二つのモデルとは，銀河宇宙線がどのような DNA 損傷（障害）を与えるかに基づく標的モデルとバイス

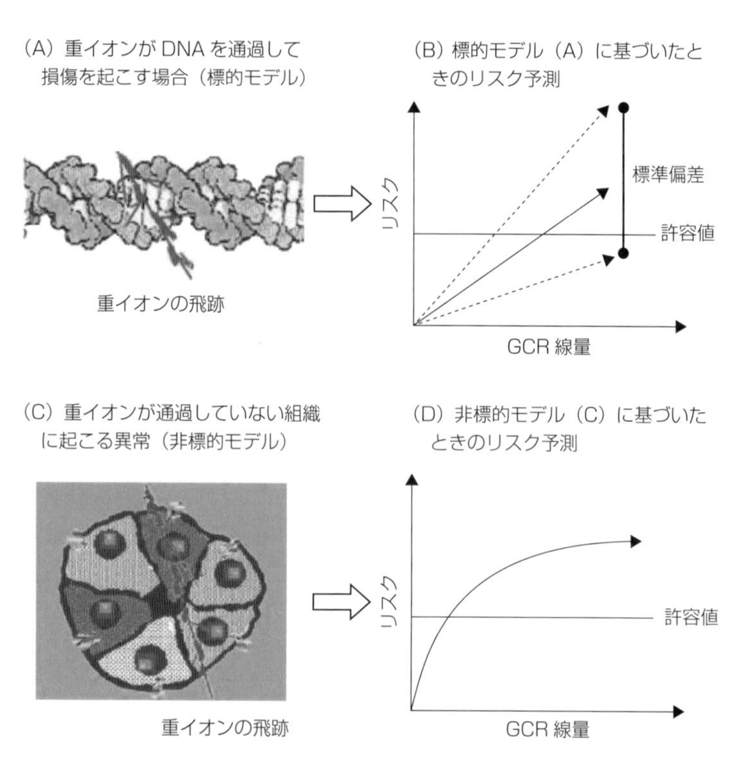

図 4-3　銀河宇宙放射線による発がんのメカニズムを解明する研究の重要性
GCR とは Galactic Cosmic Ray の略で銀河宇宙線のこと．（文献［4-10］より改変引用）

タンダー効果など放射線の間接的影響に基づく非標的モデルである．標的モデルでは，DNA に傷がついたことを最初に認識する過程で重要な役割を果たす ATM タンパク質[4-8]，この傷ついたという情報を伝達していく役割を果たす“がん抑制遺伝子” *p53*，そして傷の修復過程で働く遺伝子などが重要になる．また，非標的モデルでは，放射線による間接的影響で重要な活性分子と考えられる活性酸素種やバイスタンダー効果の担い手である TGF-β[4-9] などの働きも鍵を握る．バイスタンダー効果とは照射されていない細胞にまで影響の及ぶ効果である．

4-8)　血管拡張性失調症（Ataxia Telangiectasia: AT）の原因遺伝子が ATM である．細胞内に起きた DNA 損傷などを認識するタンパク質と知られていて，その損傷が起きたという情報を細胞内で伝達する機能をもっている．

放射線による発がんのしきい線量を 100 mSv，宇宙飛行士の被ばく線量を 0.4 mSv/日とすると，250 日以上の宇宙飛行で発がんリスクが生じる．長期の宇宙滞在としては，ミールによる宇宙飛行で，Valery Polyakob が 437.7 日，Sergei Krikalev が合計 6 回のフライトで 2.2 年という記録が残っている．このような例も含めて実際に，250～500 日のフライトをした，あるいは継続中の宇宙飛行士が 500 名程度いるとのことだが，コホート集団（同一の性質を持つ集団）として統計的発がんリスクを調べるにはまだ数が少なく，リスク評価はできないとう論文が Maalouf, Durante のグループによって発表された [1-5]．一方，NASA による調査結果では，フライト経験のある宇宙飛行士は一般人よりもがんの発症率が低いという報告が 2005 年頃の Durante による論文に掲載されている [4-11]．Cucinotta は，ISS のミッションに参加した宇宙飛行士について年齢や性別だけでなく 1 年間に何回飛行したのかなどといったより詳細な条件下での発がんリスクを見積り，生涯で特定の病気によって寿命がどのくらい短縮されるのか，宇宙飛行がその特定の病気の原因となっている確率などを予測した [4-12]．しかしながら，このリスク予測モデルでも高 LET 放射線と低 LET 放射線の量的な違いでしか考慮できていないとのことである．月，火星いずれの探査を行うにあたっても，より精度の高いリスク推定が望まれる．

4. 中枢神経障害（脳障害）

米国ブルックヘヴン国立研究所の加速器を利用して，中枢神経の重イオン放射線による障害についての研究が 2000 年代前半から積極的になされてきた．まず，600 MeV まで加速した鉄イオンをラットの全身に 4 Gy 照射した．照射してから 1, 6, 12 か月後に安楽死させ，脳の切片を作成して中枢神経障害が調べられた [4-13]．免疫組織学的に調べたところ，星状神経膠症[4-10]が認められ，また，この症状は 12 か月後の作成した切片の方が 1 か月後のものに比べてより顕著であったと報告されている．

4-9) TGF は Transforming growth factor（TGF）の略で自然に存在する多くの特色ある増殖因子の 1 つである．ベータ型変異増殖因子 TGF-β は腎臓，骨髄，血小板などほぼすべての細胞で産生される．例えば，骨基質中には β1～β3 サブタイプが不活性型として蓄積され，骨吸収の際に破骨細胞が放出する酸によって活性化される．

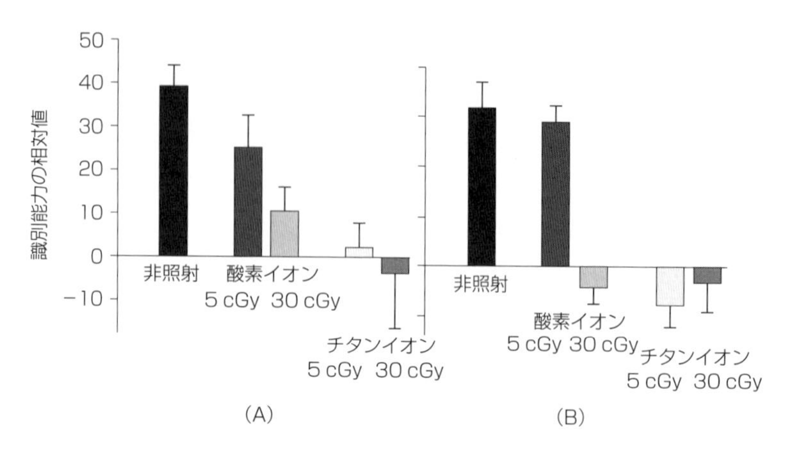

図 4-4　荷電粒子線に被ばくして6週間後にみられるマウスの行動障害（文献［4-14］より改変引用）
（A）新しい仕事を識別する能力（B）物が置き換わったことを識別する能力

放射線被ばくが深刻な問題になるとされる火星探査では，いったい，脳にどのような障害が起こるのか誰でもが知りたくなる．このような興味が深まる中，推測される“放射線被ばくによる障害”について新たな知見が論文発表された［4-14］．この論文では，荷電粒子線に被ばくしたマウスの行動障害が調べられた．荷電粒子線の線量の増加に伴って，“新しい仕事”あるいは“物が置き換わったこと”を識別する能力の低下，すなわち，行動障害がひどくなった（図 4-4）．また，放射線による行動障害の原因となりうる，神経伝達系で重要な役割をするタンパク質（Postsynaptic density protein 95: PSD-95）の増加を認めたとのことである．宇宙放射線被ばくでもこのような中枢神経系の障害が宇宙飛行士に起こりやすくなる可能性を示唆している．

4.2　宇宙実験の歩み

1.　細胞致死や突然変異誘発を指標にした実験の開始

宇宙実験が始まった初期の頃の 1960，1970 年代は，飛行前に地上で生物試

4-10）　神経膠は，neuroglia のことで，グリア（細胞）ともいう．中枢神経系だけにある結合組織．発生の起源が外胚葉であることが，他の結合組織と大きく異なる．神経細胞（ニューロン）の支持および栄養補給の働きをする．膠細胞と膠線維とから成り，膠細胞は星状膠細胞，稀突起膠細胞，小膠細胞の区別がある．

表 4-5 宇宙環境因子による“放射線の生物効果”の修飾

発表年度	生物試料	生物効果の指標	放射線照射の方法と線量	飛行期間	付随要因*による変動	文献
1967	血液細胞	染色体異常誘発	飛行中 ^{32}P β線 1.8 Gy	3.5 時間	誘発率の増加	Bender［4-15］
1968	血液細胞	染色体異常誘発	飛行中 ^{32}P β線 2.8 Gy	11.7 時間	誘発率に変化無し	Bender［4-16］
1974	ショウジョウバエ	幼虫の死亡率	飛行中 ^{85}Sr** γ線 8 Gy	45 時間	相乗効果有り	Shank［4-17］
1974	ショウジョウバエ	精子の遺伝的影響	飛行中 ^{85}Sr** γ線 1.4 Gy	45 時間	付随要因*との相乗効果	Shank［4-17］
1974	赤パンカビ	不活性化突然変異誘発	飛行中 ^{85}Sr** γ線 90 Gy	45 時間	付随要因*による緩和効果	Shank［4-17］

＊宇宙飛行に付随した様々な要因
＊＊ ^{85}Sr からはγ線だけでなく X 線も放出されるので出典によっては X 線と記載されていることもある.

表 4-6 血液サンプルをβ線照射後に測定した染色体異常の頻度（β線の線量は本文参照）

Flight	実験試料	欠失型染色体異常［X10^4/cell/rad］	環状・二動原体型染色体異常［X10^4/cell/rad］
Gemini 3 号	地上コントロール	4.79 +/− 0.72	3.23 +/− 0.59
	フライト試料	9.11 +/− 1.02	3.48 +/− 0.53
Gemini 11 号	地上コントロール	10.22 +/− 0.87	3.84 +/− 0.70
	フライト試料	9.01 +/− 1.02	3.64 +/− 0.26

料を放射線照射しておいてから宇宙空間に持っていく，あるいは飛行中に放射性標識化合物から放出される放射線で生物試料を照射するといった実験が盛んに行われた．宇宙放射線の線量率が地上での自然放射線と比べて 100 倍近く高くても，宇宙飛行期間が短いと累積の被ばく線量が高くならず，照射効果を検出できなかったからである．検出技術が進歩して，1 分子の損傷でも追跡できる技術が開発されつつある今日とは全く異なる時代の話である．

表 4-5 に挙げた宇宙実験では，打ち上げや回収に伴う試料への加速度の負荷などの付随因子が，実験結果に大きな影響を及ぼしたものと解釈された．飛行中のヒトの血液細胞サンプルに，^{32}P から発生するβ線を照射する宇宙実験は 2 度行われた（表 4-6）．日本における放射線生物研究の草分け的存在である近藤宗平先生も実験に加わっている．最初はジェミニ 3 号によるもので，飛行中にβ線を 0.5 から 1.8 Gy 照射して，地上回収後に染色体異常の誘発頻度がギム

ザ染色によって調べられた（表 4-5）[4-15]．地上のコントロールサンプルにも，フライトサンプルと同時期に β 線を照射して誘発頻度を比較した．染色体の多重切断によって起こる染色体異常（環状や二動原体）の比較では，地上コントロールとフライトの両サンプル間で有意な差はなかった．一方，欠失型の染色体異常は，フライトサンプルの方が地上コントロールよりもおよそ 2 倍高い値を示した．この欠失型染色体異常の上昇は，染色体の多重切断ではなく単一切断が増加したためと解釈された．放射線の照射効果を宇宙飛行に付随する要因が染色体異常の頻度を増加させたとし，相乗効果（Synergism）が見られたと報告された．宇宙飛行に付随する要因としては，試料の吸収線量，温度，酸素などの環境要因を挙げている．注目すべきことは，これらの要因に微小重力環境は含まれていない．3.5 時間という短い飛行時間では被ばく線量が 1 mGy にも達しないことから考えても当然の結果といえる．

翌年，彼らはジェミニ 11 号で飛行時間を 11.7 時間まで延ばし，最大線量を前回の 1.8 Gy から 2.8 Gy まで増やして再実験が行われた [4-16]．染色体の多重切断によると考えられる染色体異常はジェミニ 3 号での実験結果と同様であったが，染色体の単一切断によると考えられる染色体異常で見られた差がなくなった（表 4-5）．前回の結果は，サンプリング数が少ないことによるデータの偏りのためであり，再実験の結果，相乗効果はみられないという最終的な結論が出された．

その後，バイオサテライト 2 号を利用して，45 時間の飛行時間中に軌道上で ^{85}Sr の γ 線源（X 線も放出）を用いて生物試料の照射実験が行われた（表 4-5）．宇宙船に積み込んだ γ 線源の蓋は打ち上げ 1 時間後には開けられて生物試料への照射が開始され，帰還の 2 時間前に蓋が閉じられたので，小線量から大線量に至る種々の線量による照射実験がこのフライトにおいて可能となった．打ち上げられた 10 種類の生物試料のうち 6 種類で放射線の生物影響が調べられたが，そのうちのショウジョウバエと赤パンカビを用いた実験について紹介する．

ショウジョウバエは，幼虫，蛹（さなぎ），成虫の 3 つのステージのものが打ち上げられた．地上実験で幼虫の生存率を調べると，非照射時には 94% だったのが 8 Gy の照射によって 67.5% へと低下した．ところが，軌道上で ^{85}Sr

線源によって8 Gy照射すると，生存率は95％から56.5％に低下し，地上実験の場合よりも大きく減少した．そのため，幼虫の放射線による致死効果に相乗効果がみられたと報告された．同じ実験系でショウジョウバエの成熟した精子に対する遺伝的影響も調べられ，性決定因子の致死突然変異を指標にした場合，地上に比べて軌道上での放射線照射は，やはり，相乗効果をもたらす（有意差としてはぎりぎり）ことが報告された．

赤パンカビに対しては100 Gy近くまで線量を上げて軌道上照射が行われた．その結果，地上での照射に比べて生存率は穏やかな減少を示し，突然変異の誘発率はフライトサンプルの方が地上コントロールサンプルよりも低い値を示した．つまり，宇宙飛行によって放射線の照射効果は増強ではなくて軽減を示した．なお，興味深いことに，赤パンカビでこのような軽減効果がみられたのは，試料を浮遊状態に準備した時だけで，ろ紙上に準備した試料に対してはみられていない．いずれの実験でも，宇宙飛行に付随した要因によって放射線の照射効果が影響を受けた可能性はあるが，微小重力による影響を受けたことを示す直接的証拠は得られていない．

Shankによる1974年の総説論文「サテライト（宇宙船）における放射線生物実験」[4-17]では，バイオサテライト2号による宇宙実験に供した生物試料の一覧表が載っている．その表では，実験が“Weightlessness experiments”と“Radiation-space flight interaction experiments”の2つに分類されている．そして，後者の実験では，細胞の生死を判定したり，突然変異の誘発効果を調べるといったことから放射線の影響を推定することが試みられたと記載されている．今から振り返ると，宇宙放射線自体の影響を調べることはできなかったが，放射線の生物影響が微小重力環境で変動する可能性を調べ始めた時代といえる．

2. 微小重力による影響も視野に入れた実験の進展

宇宙フライトサンプルには“宇宙放射線の照射効果”と“微小重力による効果”の両方の効果が反映されているはずである．宇宙実験が始まった頃は，宇宙フライトサンプルに現れた効果が地上で非照射試料に同じ線量を照射した効果と同程度であれば，微小重力による効果がなかったと判断された．同程度と

表 4-7　微小重力により“放射線の照射効果”が変動する可能性を示唆した宇宙実験

発表年度	生物試料	生物効果の指標	放射線照射の方法と線量	飛行期間	微小重力による変動	文献
1986	昆虫（ナナフシ）	胚の孵化率異常幼虫の発生	宇宙放射線のみ（飛跡による判定）	7日間	相乗効果	Bucker［4-18］
1994	酵母	DSB* の修復	飛行前 X 線 140 Gy	9日間	相乗効果（修復能の低下）	Pross［4-19］
1996	放射線抵抗性菌	DNA 損傷の修復	飛行前 γ 線 2〜12 kGy	14日間	修減衰効果（修復能の増強）	小林［4-20］
1996	ショウジョウバエ	突然変異誘発率	宇宙放射線のみ *1.6 mSv	8日間	誘発率の増加	池永［4-21］

＊ DSB：DNA2 本鎖切断（DNA Double-strand Break）

みなすことができなかった場合，微小重力とは限定できなくても宇宙飛行に付随する要因によって照射効果が変動したものと解釈された（上述）．そこで，細胞の準備から打ち上げ，回収，解析までの一連の過程の中で宇宙での細胞培養条件だけを変えることや，微小重力環境と模擬 1 G 環境の両方で培養することが考えられた．実際に，軌道上で試料を遠心器で回転させて模擬 1 G 条件下にする手法が開発され，実験が行われた．1983 年にスペースシャトル計画が始まると，間もなくして，スペースシャトルのミッドデッキの他に与圧されたスペースラブとスペースハブが設けられた（第 2 章参照）．1985 年には，このスペースラブを利用した 7 日間のミッション，ドイツの D1（第 2 章参照）が行われ，昆虫であるナナフシの孵化率や異常幼虫の発生について調べられた（表 4-7）［4-18］．

ナナフシの実験での胚試料の準備や孵化率の測定結果を図 4-5 に示した．胚発生の初期段階をステージ I，II，III（図 4-5A）の 3 つに分け，それぞれのステージにある胚試料が微小重力にさらされた場合の孵化率が測定された．胚は宇宙フライト中に生物効果の大きいとされる重粒子線にヒットされる可能性がある．ヒットされたか否かの判定には，胚試料を挟んでセットされた重イオンの飛跡検出器を利用している．胚を並べた試料板をサンドイッチの中身に例えると，外側のパンが飛跡検出器の役割をしており，パンに穴が開いたところを調べると胚に放射線があたったかどうかわかる仕組みになっている（図 4-5B）．重粒子線にヒットされた胚とされなかった胚に分けて，孵化率を測定

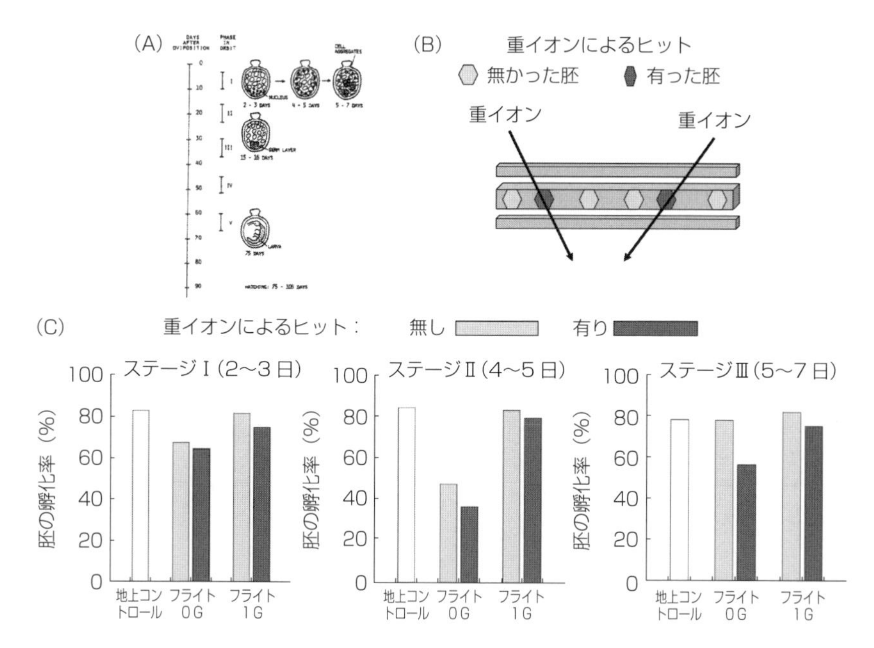

図 4-5　宇宙飛行したナナフシの胚の孵化率の測定

(A) 胚の発生段階（ステージ）を模式的に示したイラスト．(B) 宇宙放射線の成分である重イオン粒子線によるヒットを判定する原理 (C) ステージ毎に，3つの条件（地上コントロール，微小重力試料：フライト0G，模擬1G試料：フライト0G）に晒した場合の孵化率の測定結果（文献［4-18］より改変引用）

した点がこの実験のキーポイントである．

ステージⅡで飛行中微小重力（フライト0G）にさらされた場合の孵化率は50% 程度にまで低下し，この状況で重粒子線にヒットされた胚の場合の孵化率はさらに低下して30数% になった（図4-5C）．この実験でもう一つの重要な点は，遠心器を利用して，軌道上で模擬1G条件にさらされた試料（フライト1G）に対しても同様の測定がなされたことである．ステージⅡで飛行中模擬1Gにさらされた場合（フライト1G），重粒子線にヒットされてもされなくても地上コントロールとほぼ同じレベルの高い孵化率（80% くらい）を示している．なお，発生段階の他のステージⅠ，Ⅲで飛行中微小重力にさらされた場合（フライト0G）の孵化率を見ると，重粒子線ヒットの有無に関わらず，地上コントロールと比較して孵化率の低下はほとんど観測されていない．ステージⅡで観察された“孵化率の低下”は，まさに，放射線と微小重力によ

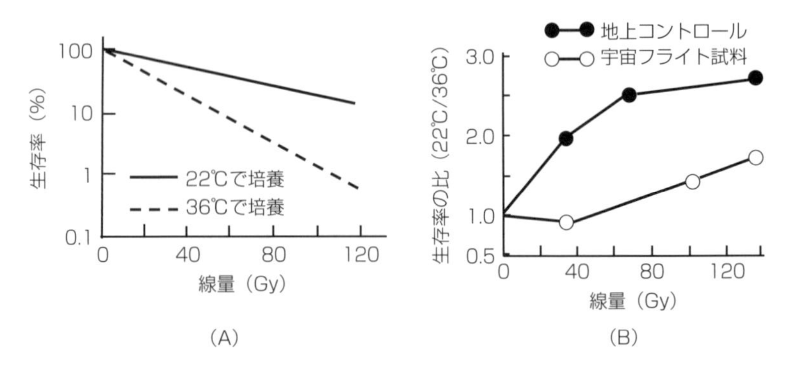

図 4-6　微小重力による影響を調べるための酵母温度感受性株の利用（文献［4-19］より改変引用）
(A) ここで示した突然変異株は 36℃ で培養すると DNA 二重鎖切断の修復が行えなくなり，放射線に対して感受性を示す（敏感になる）．(B) 放射線照射された酵母温度感受性株を 36℃ で培養した場合に対する 22℃ で培養した場合の生存率の比について，宇宙空間での培養と地上での通常培養との間で比較している．

る典型的な相乗効果といえる．そして，この相乗効果は，“異常な幼虫”の発生を指標にするとより顕著になったことも報告された．まさに，相乗効果の有無についての検討に火をつけた宇宙実験である．

1990 年代になると，DNA 損傷が原因となって誘発される突然変異や染色体異常を調べるだけではなく，DNA 損傷の修復についても高い関心が寄せられるようになってきた．この時代の流れは宇宙実験研究にも反映され，大腸菌や酵母などの DNA 損傷修復欠損株を利用して宇宙実験が頻繁に行われるようになった．実際に，Pross と Kiefer らによる 9 日間の IML-1 ミッション実験では，培養温度によって DNA 二本鎖切断（DNA Double-strand Break: DSB）の修復ができなくなる酵母の突然変異株が利用された［4-19］．結論から先に述べると，細胞を放射線照射後に微小重力下で培養すると 1 G 下での培養に比べて，DSB の修復効率が変動する可能性が示唆された．図 4-6（A）に示したように，この突然変異株を X 線照射後許容温度 22℃ で培養すると，DSB の修復機能は正常に働き，実線で示したような生存曲線を示す．ところが，この変異株を X 線照射してから非許容温度 36℃ 培養すると，細胞内のもっている DSB 修復機能が阻害され，生存率（生き残る細胞の割合）が 22℃ 培養の場合よりも低下し破線で示したような生存曲線を示す．つまり，被ばく後に，22℃，36℃ それぞれの温度で培養したときの生存率の比（22℃ 培養での生存率

／36℃培養での生存率）を求めると，その比はDSBの修復効率を反映する（図4-6B）．

彼らの実験では，地上で細胞にX線を最大140 Gy照射し，4℃に冷やして宇宙に持っていき，8日間のフライト中に許容温度22℃と非許容温度36℃で培養を行った．その後，地上に持ち帰るまで4℃に維持しておき，地上回収後に酵母の生存率を測定した．なお，放射線を照射した酵母を，宇宙に持って行かずに地上に保存し，宇宙フライト細胞と全て同じように処理して生存率（地上コントロール）を測定している．宇宙飛行した酵母のDSB修復効率は地上コントロールに比べて2倍くらい低下した（図4-6B）．このことから微小重力と放射線との相乗効果がみられたと報告された[4-19]．

1990年代の中頃にかけては，スペースラブを利用し，日本によるFMPTやドイツによるD2，さらには，日本も参加したIML-1（1992年）やIML-2（1994年）など国際協力の宇宙実験が盛んに行われた（第2章参照）．日本の研究者もFMPT，IML-1，IML-2などを利用して宇宙実験を行う機会に恵まれ，照射効果の微小重力による変動の可能性を示唆する実験結果がいくつか発表された．その一つは，14日間のミッションとしてIML-2を利用した，小林らの実験である[4-20]．放射線抵抗性細菌*D.radiodurans*は放射線に最も抵抗性を示す細菌の一種で，溶液状態でγ線照射しても2 kGyといった高線量まで生存率はほとんど低下しない細菌である（図4-7A）．この特徴を利用すると，調べる対象となるDNA損傷の数を大腸菌などの場合よりも100倍くらい増やして，DNA損傷の修復メカニズムを調べることができる．今日のように，DNA損傷やその修復を検出する高感度の手法が確立されていない時代では，*D.radiodurans*はまさにDNA修復を調べる格好の材料の一つであったことは間違いない．

*D.radiodurans*を凍結乾燥してからγ線を2～14 kGy照射し，宇宙に打ち上げて宇宙飛行の終了前に液体培地と混ぜて細胞を24℃で11時間培養した．凍結乾燥しても細菌は死なずに培地に戻せば増殖できるところがこの実験のポイントである．培養後に4℃に冷やした状態で地上に回収して，フライトサンプルと地上コントロールサンプルの生存率が比較された（図4-7B）．線量（飛行前の照射）が10 kGyあるいは12 kGyと高いところでは，フライトサンプル

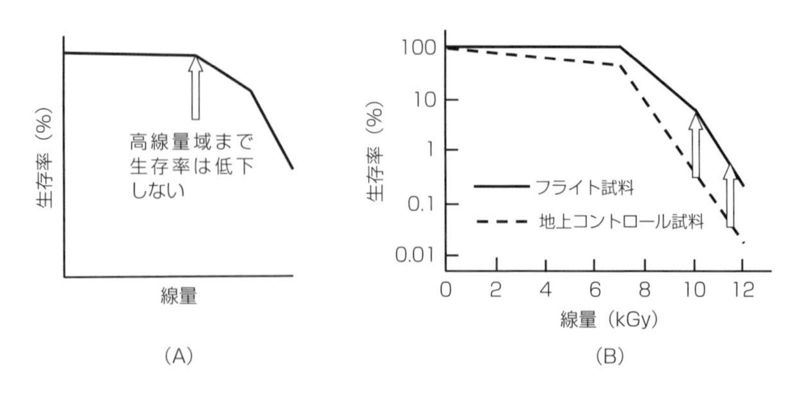

図 4-7　放射線抵抗性細菌を利用した微小重力影響の解明実験（文献［4-20］より改変引用）
（A）*D.radiodurans* の放射線照射による生存率の変化を模式的に表示.（B）放射線照射後の培養条件の違い（宇宙フライトをしたか否か）による生存率の差を模式的に表示.

は地上コントロールに比べて10倍ほど高い生存率，つまり，10倍放射線抵抗性を示している．なお，地上コントロール試料は，日本の実験室に保存しておいたものと打ち上げ地点のケネディ宇宙センターに保存しておいたものを準備したが両者での生存率にほとんど差がなかったので，図4-7（B）では，一つにして模式的に示した．宇宙空間において放射線照射後の培養を行うと地上で行う場合よりも放射線によるDNA損傷を効率よく修復することが示唆される．この修復能の増強が微小重力の効果，あるいは放射線と微小重力との相乗効果であるという証拠はないが，大変興味深い実験結果である．

池永らは，米国のスペースシャトル「エンデバー」を利用して，ショウジョウバエの野生株と放射線感受性株の2株について突然変異の誘発を調べた（表4-8）［4-21］．この頃には，放射線被ばくしたショウジョウバエの精子についての遺伝解析技術がすでに確立されていた．劣性遺伝子をホモにもつ雌と交配し，次世代で突然変異を検出する手法で，特定遺伝子座法とも呼ばれ，劣性突然変異を検出することができる．この宇宙実験では，性決定に関わるX染色体上の遺伝子が突然変異を起こして劣性致死となる場合について調べられた．

劣性致死突然変異の誘発頻度（突然変異をもつX染色体数／調べたX染色体数）は，野生株では宇宙飛行群が地上コントロール群の2倍くらいに，放射線感受性株では3倍くらい高くなった（表4-8A）．また，ショウジョウバエの外見上に現れる突然変異，ここでは羽に変異スポットの現れる異常を指標に

表 4-8 ショウジョウバエの突然変異誘発頻度に対する宇宙飛行の影響

(A) X 染色体上の劣性致死突然変異

株	処理群	調べた X 染色体数	変異をもつ X 染色体数	劣性致死突然変異誘発頻度（%＋/－SE）
野生株	宇宙飛行群	9,176	22	0.24 ＋/－ 0.051
	地上コントロール	9,117	11	0.12 ＋/－ 0.036
放射線	宇宙飛行群	9,355	37	0.40 ＋/－ 0.065
感受性株	地上コントロール	8,975	12	0.13 ＋/－ 0.037

野生株：Canton-S，放射線感受性株：*mei-41*，SE: Standard Error の略で標準誤差

(B) 羽に現れる突然変異スポットの観測

株	処理群	調べた羽の数	変異スポットの数	変異スポットの誘発頻度（%＋/－SE）
野生株	宇宙飛行群	2,398	124	5.17 ＋/－ 0.46
	地上コントロール	2,384	132	5.54 ＋/－ 0.48
放射線	宇宙飛行群	1,188	69	5.81 ＋/－ 0.70
感受性株	地上コントロール	1,170	111	9.49 ＋/－ 0.90

野生株：Canton-S，放射線感受性株：*mei-41*，SE: Standard Error の略で標準誤差

した場合についても調べられた．こちらの突然変異の誘発頻度は，野生株では宇宙飛行群と地上コントロール群とでは差がみられなかったが，放射線感受性株では宇宙飛行群の方が地上コントロール群よりも低い値を示した（表 4-8B）．こちらの羽の変異スポットの実験では標準誤差（Standard Error: SE）が大きくなっており，信頼性は劣性致死変異を調べた場合よりも低い．池永らは，雄の生殖細胞などでは，宇宙環境因子によって突然変異が増加する可能性があるのではと指摘している．なお，この実験でも，宇宙飛行が 8 日間と短期間であることなどから，実験結果に影響を及ぼした環境要因が微小重力であるという決定的な証拠にはなっていない．

3. 微小重力との相乗効果に否定的な見解を導き出した実験

1990 年代に後半には，“微小重力との相乗効果”についての検証実験がドイツのグループなどによって盛んに行われたので（表 4-9），その代表的な実験の結果について述べる．

最初に，IML-2 ミッションを利用した Horneck らの仕事［4-22］を紹介する．大腸菌 B/r，ヒト繊維芽細胞それぞれに X 線を，120 Gy あるいは 10 Gy

表 4-9　微小重力による“放射線の照射効果”の変動を調べた実験

発表年度	生物試料	生物効果の指標	放射線照射の方法と線量	飛行期間	微小重力による変動	文献
1996	大腸菌	DSB の修復	飛行前 X 線 120 Gy	14 日間	変化無し	Horneck［4-22］
1996	ヒト繊維芽細胞	SSB の修復	飛行前 X 線 10 Gy	14 日間	変化無し	Horneck［4-22］
1998	酵母	DSB の修復**	飛行前 X 線 140 Gy	10 日間	変化無し	Kiefer［4-23］

を照射してから凍結して宇宙にもっていき，軌道上で最大4時間30分間，微小重力あるいは模擬1G（フライト1G）の条件下で培養し，地上に回収してから“DNA 鎖切断の修復効率”を測定した（図 4-8）．大腸菌 B/r での DNA 鎖切断の頻度は，パルスフィールド電気泳動で環状の鎖が切断されて直鎖上になる割合から見積もられた．一方，ヒト繊維芽細胞での DNA 鎖切断の頻度は，フローサイトメトリーで測定した DNA のねじれの解消（Unwinding）を指標にして求められた．測定手法の違いから，大腸菌 B/r では DNA 2 本鎖切断（DSB），繊維芽細胞では DNA 1 本鎖切断（SSB）が主な測定対象と推測される．図 4-8 のグラフの縦軸は，無傷の状態の DNA が全体の DNA 中で占める割合を表している．照射後の培養時間の経過に伴って無傷の DNA の割合が増えることは，DNA 鎖切断が修復されることを意味する．

宇宙に持っていった大腸菌 B/r の細胞培養時間に伴う“DNA 鎖切断修復の進み具合”は，微小重力とフライト1G で，ほとんど変わらないことがわかった（図 4-8A）．地上に保持したコントロール群の細胞では，回転させた場合（1.4 G）に少し修復が遅れるが，DNA 鎖切断の修復過程は進行して最終的に同じようになる．つまり，DNA 鎖切断の修復への回転の有無による大きな影響は無いようにみえる．また，繊維芽細胞での DNA 鎖切断の修復についても同様の結論が導かれているが，データのばらつきも大きく信頼度は高くないように思われる（図 4-8B）．これらの実験結果から，彼らは，DNA 損傷の修復を指標にした放射線照射効果が微小重力によって変動する可能性に対して否定的な見解を示した．

Kiefer らのグループも，酵母を用いて DSB 修復の微小重力による変動の可

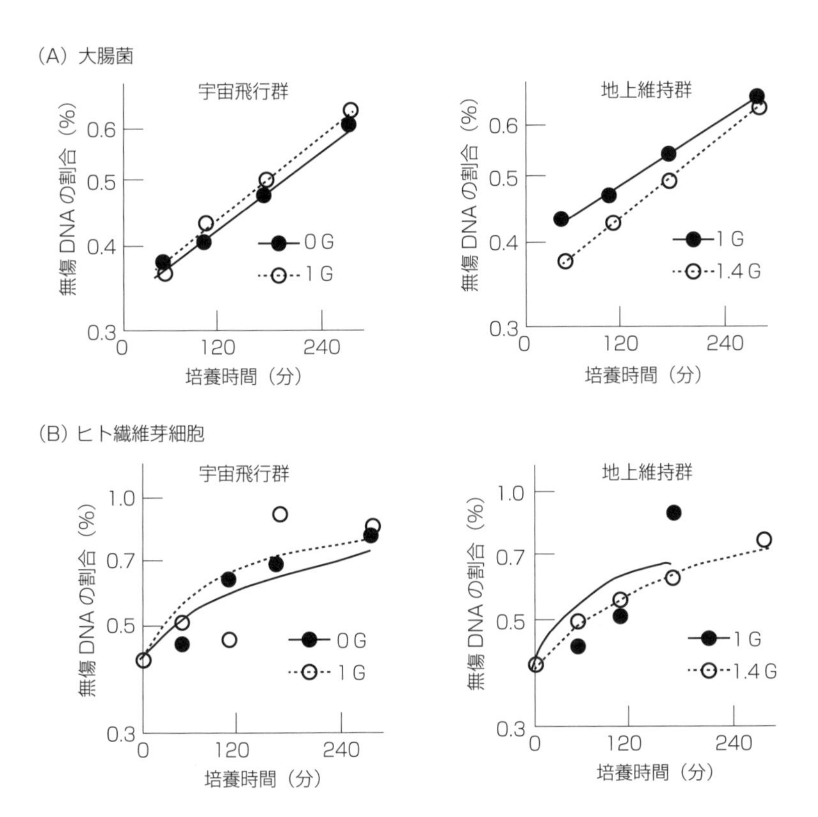

図 4-8　微小重力環境下での DNA 鎖切断の修復（文献［4-22］より改変引用）
細胞試料を遠心器で回転することによる影響を調べるために，地上でも試料を静置した場合でも軌道上と同じ条件で回転させた場合も測定している．

能性，放射線と微小重力の相乗効果の可能性について再実験を行った［4-23］．以前の IML-1 ミッションと同様に，今回の STS-76（SMM-03）ミッションでも，酵母の同じ変異細胞を用いている．繰り返しの説明になるが，許容温度（低温 22℃）での細胞培養で DSB の修復が正常に進めば，非許容温度 37℃（以前は 36℃）での培養で DSB 修復を阻害した場合に比べて生存率が高くなるという実験系を利用している．今回の再実験でも，フライト前の X 線照射の線量やフライト中の細胞培養時間などは，前回の実験と全く同じにしている．前回と違うのはサンプル数だけで，前回が 4 サンプルであったのに対し今回が 64 サンプルと 16 倍も増えている．今回の実験では遠心器で回転させるサンプルとさせないサンプルがあることを考慮しても，前回の 10 倍近くの数で

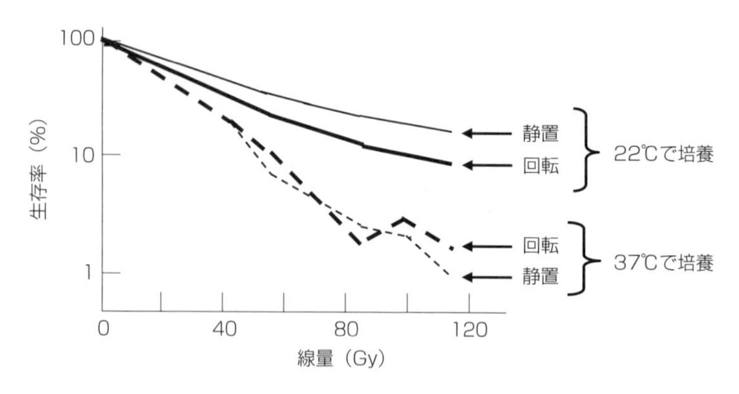

図4-9　酵母変異株の宇宙空間での細胞培養によるDNA二重鎖切断の修復に及ぼす微小重力の影響
（文献［4-23］より改変引用）

ある．地上コントロールに至っては，前回の8サンプルから今回は256サンプルとさらに増えている．フライト実験でも22℃で培養した細胞は37℃で培養した場合よりも生存率が高く（120 Gyでは10倍以上）なることから，宇宙環境下でもDSB修復が行われることが再確認された．（図4-9）．しかしながら，今回の実験では，静置したもの（微小重力下培養）と回転したもの（模擬1G下培養）の間で生存率の線量依存性に大きな差が出なかった．データをよくみると，最大の120 Gy照射の場合でも22℃培養後の生存率は，静置（微小重力）の方が回転（模擬1G）よりも2倍程度高く，むしろ修復効率が高くなる傾向さえ示している．そこで，前回のIML-1ミッションでの結論を覆し，微小重力によってDSB修復に違いは出にくいと結論付けた．Horneckらの実験［4-22］と同じ結論になった．

表4-8には載せてないが，日本人研究者による米国のスペースシャトルを利用した2つの宇宙実験の結果でも，微小重力と宇宙放射線による相乗的な効果については否定的な結論を出している．

ショウジョウバエで宇宙実験（上述）を行った池永らは，ヒトやマウスの哺乳類培養細胞でもナナフシのように相乗効果がみられるかどうかについてSTS-95ミッション（1998年10月）で調べた［4-24］．放射線などの刺激によって誘導される染色体不安定性の指標としては微小核[4-11)]の出現を，また，これら刺激に対して敏感に応答するタンパク質の発現の指標としては，がん抑制

遺伝子 *p53* や MAPK[4-12] などの転写産物を用いた．地上コントロール試料と宇宙飛行試料を比較したところ，これらの指標について両者間で優位な差がみられなかったことから，微小重力，宇宙放射線そして両者の複合によるいずれの効果も検出できなかったと結論付けた．利用したミッションが8日間と短かったことや宇宙飛行中の細胞の状態などを考慮すると妥当な結論のようにも思える．

大西，高橋らによって行われた宇宙実験（STS-91 ミッション）では，DNA 損傷の修復酵素の微小重力下での働きについて調べられた [4-25]．DNA 鎖の切断は，放射線照射によってだけでなく DNA 損傷を修復する過程でも起こる．したがって，切れた DNA 鎖と DNA 鎖を連結させる酵素は，細胞の中での DNA 損傷の修復において極めて重要となる．また，試験管内反応でも制限酵素で切断したプラスミド DNA にこの連結酵素を加えると DNA 鎖の再結合が起きる．この再結合反応が微小重力下でも地上の 1G 下と同じくらいの効率で起きることを彼らは宇宙実験で証明した．もし，放射線と微小重力とで相乗効果があるとするならば，DNA 鎖の切断末端を再結合する以外の修復過程で働くのだろうと彼らは推測した．やはり，この実験結果も，微小重力下でも DSB などの DNA 損傷の修復が 1G 下と同様に行われる可能性を示唆するものであった．そこで，Horneck は他の研究者たちの実験結果も考慮に入れて，次のような総説論文を発表した [4-26]．放射線などによる DNA 損傷の修復を微小重力が阻害することが，"放射線と微小重力の相乗効果" の原因になっているとは考えにくい．恐らく細胞内の情報伝達，代謝・生理条件，クロマチン構造などに，また細胞間の情報伝達に，組織・臓器では分化などに対して微小重力が影響を及ぼす可能性があり，こちらの可能性が相乗効果の原因になっているのではと推測した．

DNA 損傷の生成頻度やその種類によって，細胞の放射線に対する感受性（死にやすさ）が変わる．ここで，損傷の修復の方に注目してみると．修復されにくくて致死に繋がりやすいとされる DSB でも大変効率よく修復されるこ

4-11） 細胞中の細胞核とは別のもので小型の細胞核様構造体を微小核という．細胞に対する放射線などの刺激によって微小核が形成されることから，放射線照射効果を見積もる目安になる．

4-12） 脚注 3-22 を参照のこと．

とがわかった．細胞を生存率37%に低下させる線量で照射すると，数十個のDSBが生成されるが，そのほとんどが修復される．つまり，細胞の放射線感受性に大きな影響を与える要因としては，DNA損傷の生成効率よりも，むしろ，その修復能力と考えられる．この考え方に基づくと，DNA損傷の修復に微小重力が大きな影響を与えないとしたら，放射線と微小重力の複合影響を重視する必要がないということになる．この複合影響はあとで改めて考察する．

4. 相乗効果についての地上検証実験（模擬微小重力の利用）

微小重力と放射線との相乗効果に否定的な結論が出された後，2005年くらいになると，地上での模擬微小重力実験によってこの結論を検証する実験が行われた．検証実験のうち代表的なものを上記結論に対して肯定的，中間型，否定的なものに分類して説明する．

①効果が無いことを示唆した実験

Mantiらは，細胞同期のG0期にあるヒト末梢血リンパ球に60 MeVの陽子線あるいは250 keVのX線を1～5 Gy照射してから，通常の1G下あるいはNASAが設計したRWV（第2章参照）による模擬微小重力下で24時間培養した．その後に，PHA（phytohaemagglutinin）[4-13]添加により細胞分裂を促進する刺激を与えて，さらに通常の1G下で48時間培養した後に，染色体異常の誘発をPCC法で調べた［4-27］．染色体色体異常を起こした細胞の占める割合“全染色体異常頻度”及び染色体1と染色体2の間の“染色体交換頻度”を測定し，実験値に最適な理論曲線のパラメータの値（表4-10）を求めたところ，1G下と模擬微小重力下とで統計的に優位差は出なかった．そこで，照射直後の模擬微小重力下での培養は染色体異常の誘発には影響しないという結論に至った．理論曲線のパラメータ値の決定方法を補足説明する．染色体異常の誘発頻度をYとし，放射線を照射しなくても生ずる頻度をY_0とする．次に，線量に依存して起こる染色体異常の誘発頻度は，線量に比例して起こるαDと線量の二乗に比例して起こるβD^2の和とする．このように仮定すると，染色

4-13）フィトヘマグルチニンは植物から分離された血球凝集素である．ConAと同様に血球を凝集させたり，多糖類や糖タンパク質を沈殿させる特性がある．特にリンパ球に有系核分裂を引きおこすことが知られている．

表 4-10　末梢血リンパ球を放射線照射した直後の模擬微小重力環境下での培養：染色体異常の誘発頻度への影響
（実験値を説明できる最適な理論曲線 $Y=Y_0+\alpha D+\beta D^2$ の決定）

（A）60 MeV 陽子線をリンパ球に照射した場合

誘発頻度*	培養環境	$Y_0\times10^{-2}$	$\alpha(Gy^{-1})\times10^{-2}$	$\beta(Gy^{-2})\times10^{-2}$
全染色体異常	1 G	0.88 + 0.18	2.90 + 0.48	1.16 + 0.11
全染色体異常	0 G**	1.40 + 0.29	3.58 + 0.53	0.87 + 0.12
染色体交換	1 G	0.29 + 0.13	0.66 + 0.36	1.48 + 0.09
染色体交換	0 G**	0.21 + 0.10	0.69 + 0.33	1.36 + 0.09

（B）250 KeV X 線をリンパ球に照射した場合

誘発頻度*	培養環境	$Y_0\times10^{-2}$	$\alpha(Gy^{-1})\times10^{-2}$	$\beta(Gy^{-2})\times10^{-2}$
全染色体異常	1 G	1.34 + 0.24	3.85 + 0.63	0.63 + 0.16
全染色体異常	0 G**	1.47 + 0.23	4.11 + 0.71	0.62 + 0.18
染色体交換	1 G	0.34 + 0.12	1.80 + 0.49	0.83 + 0.13
染色体交換	0 G**	0.37 + 0.11	2.17 + 0.58	0.78 + 0.15

＊染色体異常のタイプは問わずに異常をもつ全ての細胞数，あるいは染色体 1 と 2 の交換した細胞数の全細胞に占める割合を，それぞれ全染色体異常，染色体交換として表示
＊＊模擬微小重力がゼロ

体異常の誘発頻度 Y は $Y=Y_0+\alpha D+\beta D^2$ となる線量効果曲線[4-14]で表され，測定値に最適な線量効果曲線は，パラメータ Y_0，α，β の値で決まる．

なお，60 MeV のエネルギーをもつ陽子線は組織中で LET が 1 keV/μm に相当し，250 keV の電圧で加速して発生させた X 線は水中で LET が 0.2 keV/μm に相当するので，どちらも低 LET 放射線に分類されると彼らは考えた．そこで，低 LET 放射線による染色体異常の誘発には模擬微小重力での培養は影響しないと結論付けられた．宇宙放射線の大部分を占める成分が高エネルギー陽子線であることから，このような模擬実験の結果にも注目したい．

4-14)　$Y=Y0+\alpha D+\beta D^2$ で表される線量効果曲線は Linear Quadratic（LQ）モデルと呼ばれ，放射線被ばくによる障害発生の推定などによく用いられている．線量 D に比例して起こる照射効果と線量 D の二乗に比例して起こる照射効果の足し合わせたものが障害として観察されるというモデルである（右図参照）．

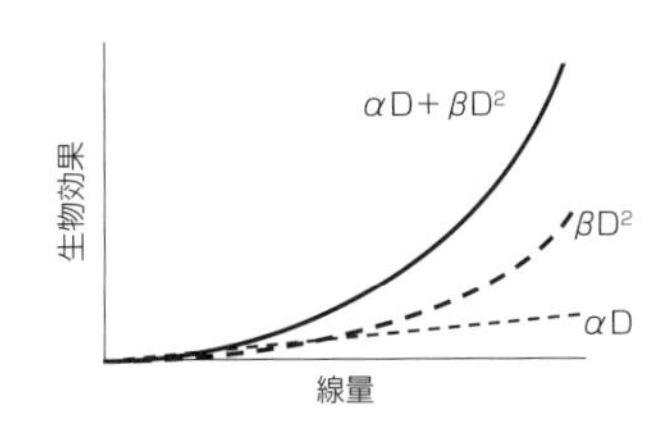

②指標によって効果の有無が決まるとした実験

MognatoとCelottiも宇宙飛行による健康リスクの増加する可能性を調べるために地上模擬実験を行った．やはり，ヒト末梢血リンパ球を用いて，X線あるいはγ線を1 Gyもしくは2 Gy照射後，通常の1 G下もしくはNASAのRWVを使って模擬微小重力下で24時間培養した．どちらの条件下で培養したリンパ球も，その後，PHAを加えた培地を用いて，さらに，1 G環境下で培養した［4-28］．模擬微小重力下培養では1 G下培養に比べて，細胞の生存率はわずかに低下し，HPRT突然変異の誘発率は1 Gy照射では3倍程度，2 Gy照射では2倍程度高い値を示した（図4-10A）．模擬微小重力下での培養に伴ってHPRT変異誘発率に増加がみられたことからDNA損傷の生成や修復に関わる遺伝子の発現も調べた．

DNA塩基損傷に対して塩基除去修復やヌクレオチド除去修復が働くときに関わる遺伝子群では，遺伝子発現は放射線照射によって上昇するが，DNA二重鎖切断の修復に関わる遺伝子群では，遺伝子発現は放射線照射によって大きな変化がないことが知られている．この実験では両方の遺伝子群が調べられた．いずれの遺伝子群でも，X線照射直後に模擬微小重力下あるいは1 G下で培養しても遺伝子発現に大きな違いは出なかった．図4-10に載っている遺伝子の機能については表4-11に簡単にまとめてある．模擬微小重力下での細胞培養は，放射線によるHPRT突然変異の誘発には影響を及ぼすが，DNA修復遺伝子の発現には影響を及ぼさないという，ちょっと奇妙な結論になっている．しかしながら，この時代に遺伝子発現に着目して実験を行ったことは，パイオニアの仕事として高い評価に値する．

③効果があることを示唆した実験

ヒト末梢血のリンパ球ではなく，リンパ球をつくるもとになるリンパ芽球TK6（後述）を利用しての実験もCanovaらによって行われた［4-29］．この血球系細胞は分裂刺激などを加えなくても人工の培地で細胞を増殖させることができるので大変便利である．実際に，我々もこの細胞を利用して宇宙実験を行った．TK6細胞にガンマ線を照射して，通常の1 G下あるいはRWVによる模擬微小重力下（MMG）で24時間培養した（図4-11上の挿絵参照）．放

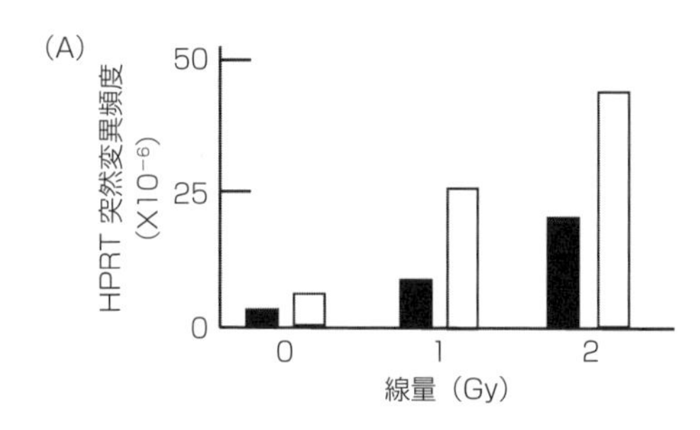

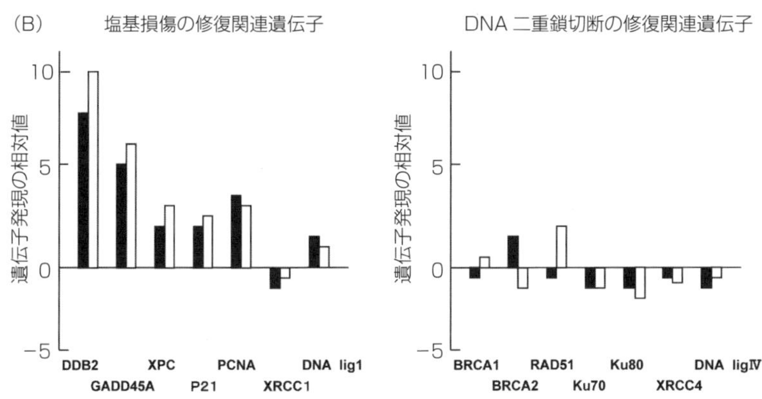

図 4-10 放射線照射直後に末梢血リンパ球を擬似微小重力下で培養することによる影響
（文献［4-28］より改変引用）
(A) 1 Gy あるいは 2 Gy 照射後に 1 G 下あるいは擬似微小重力下で培養したときの HPRT 突然変異の誘発頻度.(B) X 線 2 Gy 照射後に 1 G 下あるいは擬似微小重力下で培養したときの DNA 損傷修復に関わる遺伝子の発現の相対値（放射線を照射しなかったときに比べて照射したときの発現量の相対値）. なお,(A),(B) いずれの場合も黒塗りつぶしの棒グラフは 1 G 下培養の場合で, 白抜き棒グラフは擬似微小重力下培養の場合.

射線照射効果は, HPRT 変異の誘発だけではなく微小核の出現も指標にしている. 4 Gy 照射後の HPRT 変異は, 模擬微小重力下培養では 1 G 下培養に比べて 3 倍くらい増加した（図省略）. ただし, 1 Gy あるいは 2 Gy 照射後の HPRT 変異をみると, 模擬微小重力による増加はわずかであったが, 4 Gy 照射で顕著になった. リンパ芽球細胞でも, 末梢血リンパ球と同様に模擬微小重力による HPRT 変異の増加を示したが, より高線量の放射線照射で増加が顕著になる点が異なる. 彼らは, 照射した細胞がどの周期で進行せずに滞っているかどうかだけでなく, アポトーシスの誘導についても調べた. アポトーシス誘導の割合は, 始めに模擬微小重力下で培養した場合は, 1 G 環境下で培養し

表4-11　図4-10に載っている遺伝子の機能

遺伝子名	機能
DDB2	損傷DNAに特異的に結合するタンパク質DDBのサブユニット2
GADD45A	DNA損傷によって発現される遺伝子：発現は変異原性テストにも利用
XPC	ヌクレオチド除去修復における早い段階での損傷DNAの認識に必要
P21	がん抑制遺伝子*p53*によって転写活性が制御されている遺伝子
PCNA	DNA複製を助ける因子で三量対としてリングを形成しDNA鎖上を移動
XRCC1	切断などによって生じたDNA鎖の末端と別の末端とを連結する酵素
DNA lig1	DNA鎖の末端と別のDNA鎖の末端を連結するのに直接的に働く酵素
BRCA1	乳がんの患者から見つかったがん抑制因子で遺伝的不安定性に関与
BRCA2	同上
RAD51	DNA二重鎖切断の相同組換えによる修復で無傷のDNA鎖を巻き込む
Ku70	DNA二重鎖切断によって生じた切断末端に最初に集積するタンパク質
Ku80	*Ku70*と同様の働きをする．通常は*Ku70*と*Ku80*が二量対を形成
XRCC4	DNA二重鎖切断によって生じた切断末端と切断末端の連結に必要
DNA ligIV	DNA二重鎖切断によって生じた鎖の末端と末端とを連結する酵素

た場合に比べて明らかに減少した（図4-11下）．模擬微小重力下の培養ではアポトーシスを起こしにくくなるので，DNA損傷をもった細胞が生き残る可能性が高くなり，その生き残るときに突然変異を起こしやすくなる，すなわち，HPRT変異の誘発率を上昇させるのではと彼らは推測している．

相乗効果の可能性を示唆する地上実験の結果［4-30］をもう一つ紹介する．B細胞にEBウイルス[4-15]を感染させて不死化したヒトリンパ芽球細胞を利用した実験である．この不死化細胞を24時間，通常の1G下，あるいはシンセコン社のRCCS（第2章参照）を利用しての重力負荷無し条件下で培養し，0.1，0.15，0.2 Gyといった低線量の^{60}Coγ線を照射し，その後6時間培養してから照射効果の解析を行っている．特徴的なことは，ここで実験を終わらせずに，さらに培養を続けて，照射から24時間経ったところで，また同じ線量の放射線を照射するという繰り返しを5回も行っている．0.1 Gyずつ照射した系統では5回照射を行うと0.5 Gyに到達する．宇宙で低線量を長期間被ばくすることを想定しての実験である．図4-12に示すように，各回が0.1，0.15，0.2 Gy照射のいずれの系列でも回数が増えるとともに，つまり累計線量の増加とともにとともに，微小核の出現頻度が増加を示し，重力負荷無し条件下の方

4-15）EBウイルスはEpstein-Barrの略語で，水疱瘡やヘルペス性口内炎の原因のウイルスと似たヘルペス属ウイルスである．

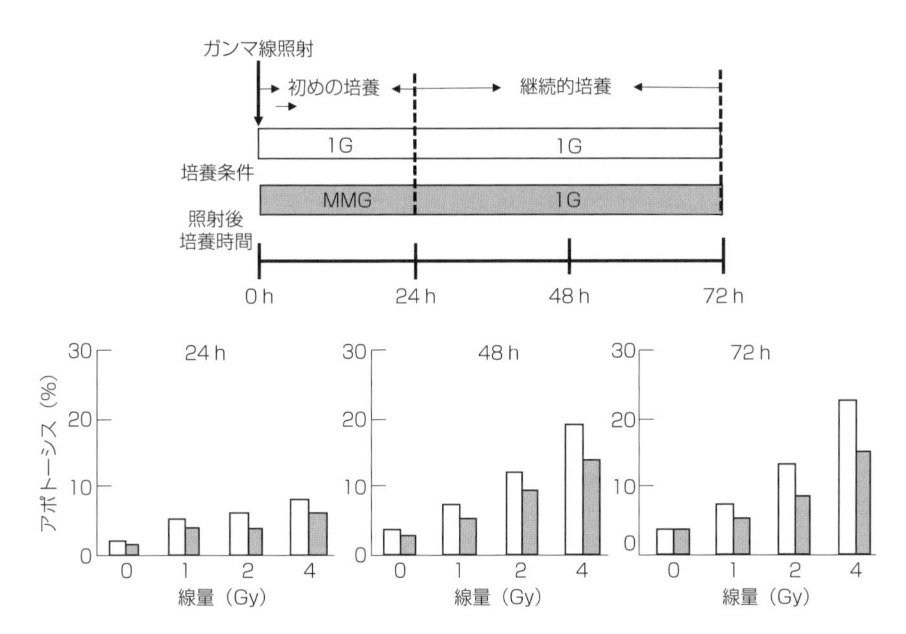

図 4-11　ガンマ線照射された細胞を照射直後に模擬微小重力環境下で培養することによるアポトーシス誘導に及ぼす影響（文献［4-29］の図を改変引用）

縦軸の数値はアポトーシス相対頻度（%）で白抜きバーは1G環境下で灰色のバーが模擬微小重力（MMG）での培養した場合の解析結果を示している．

が1G下よりもより高い出現頻度を示した．*Gadd45* 遺伝子（表 4-11 参照）の発現でも重力負荷無し条件下の方が1G下よりも高くなる傾向を示したが，この場合は累計線量が高くなると発現頻度が頭打ちになっている（図は省略）．彼らは細胞周期の進行についても解析を行い，DNA 損傷の生成が模擬微小重力下で増加する可能性があると指摘している．損傷増加の明確な証拠は得られていないものの，微小重力が宇宙放射線の影響を増強させ，中期，長期の宇宙飛行では人体に及ぼす影響が増すのではと彼らは懸念している．

4.3　生物影響の高感度検出“LOH 宇宙実験”

1. 実験の狙いとデザイン

宇宙放射線による生物影響を調べるために，宇宙放射線以外の要因を除いて宇宙実験をすることが大西（RadGENE），谷田貝（LOH）らによって提案さ

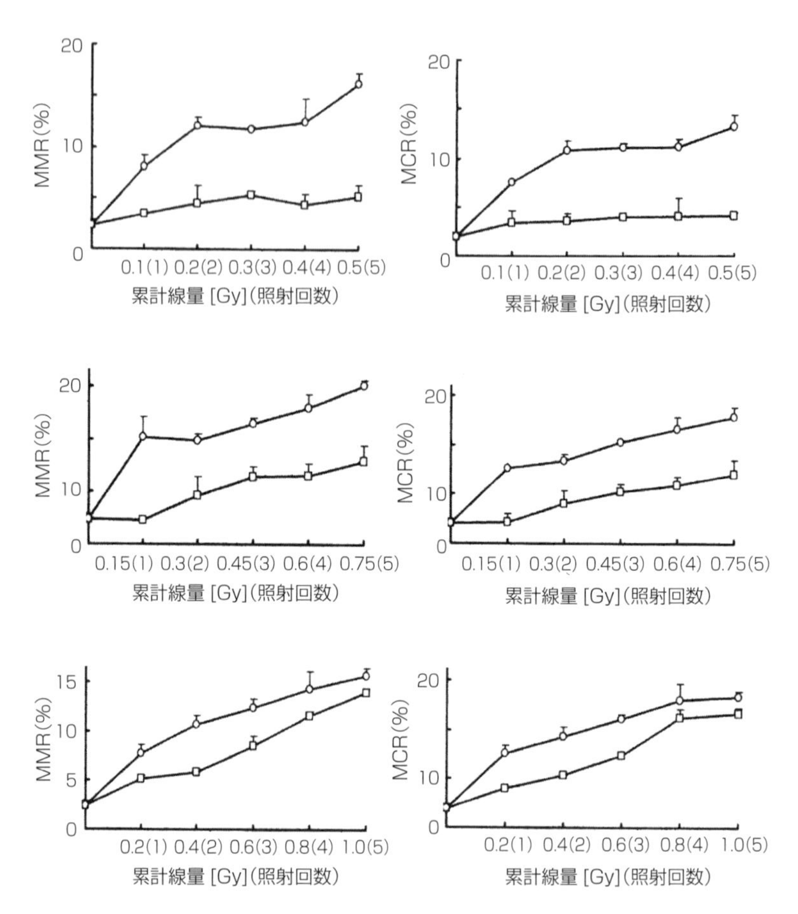

図 4-12　模擬微小重力培養下での“繰り返し放射線照射”による微小核出現の増大
（文献［4-30］より改変引用）

MNR は微小核の出現頻度，MCR は微小核を持つ細胞の出現頻度を表している．○印が模擬微小動培養条件下，□印が 1 G 培養条件下でのデータを示している．

れ，石岡らも協力して“細胞凍結”法を開発した（図 4-13）．

打ち上げる前に地上で作成した細胞をそのままずっと凍結保存しておけば，凍結状態は安定なので細胞試料の運搬や打ち上げによる物理的影響を無視できる．また，微小重力による影響も考えにくいので，宇宙に運んだものと地上で保存したものとの違いは宇宙放射線を浴びたか浴びないかだけになる．幸いなことに，LOH 宇宙実験では，細胞に宇宙放射線があたったという証拠を得ることができた（後述）．凍った状態の細胞への放射線の照射効果は，生きてい

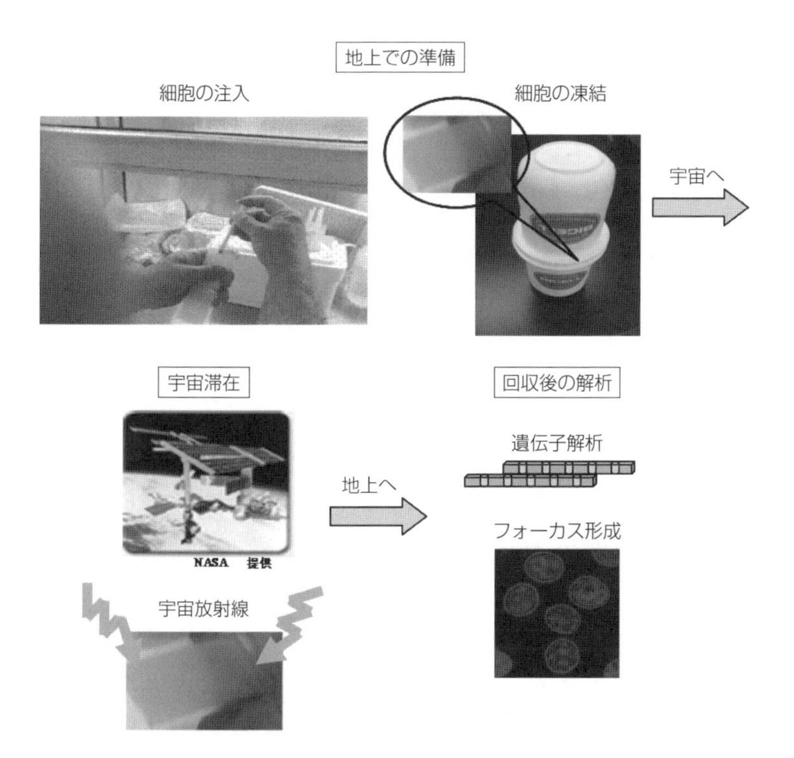

図 4-13　凍結細胞を利用した LOH, RadGENE の宇宙実験の手順

る細胞の放射線に対する応答を適切に反映しているとは言えないという批判が聞こえてくる．しかしながら，この宇宙実験で得られた研究成果は，宇宙放射線による生物影響を究明していく上で，貴重な参考データになるものと確信している．

“LOH 宇宙実験”は，2008 年 11 月から翌 2009 年 3 月までの 4 か月半くらいの間，ISS「きぼう」内にサンプルを凍結保存（一部は培養して再凍結）した．その後地球に回収して宇宙放射線の影響を調べることを目的として行われた（図 4-14）．LOH は Loss of Heterozygosity の略で，染色体のヘテロ接合性の喪失[4-16]を意味している．放射線障害の原因となる突然変異（染色体異常）

4-16）　細胞中の染色体は 2 対で成り立っている．例えばヒト細胞は 46 本の染色体があるが，これは 23 種類の染色体が 2 つずつあるからである．ある特定遺伝子が片方の染色体で正常で，もう一方が異常になっている場合に「ヘテロ接合性を示す」ことになるが，正常な遺伝子が変異を起こすとヘテロでなくなり「ヘテロ接合性の喪失」となる．

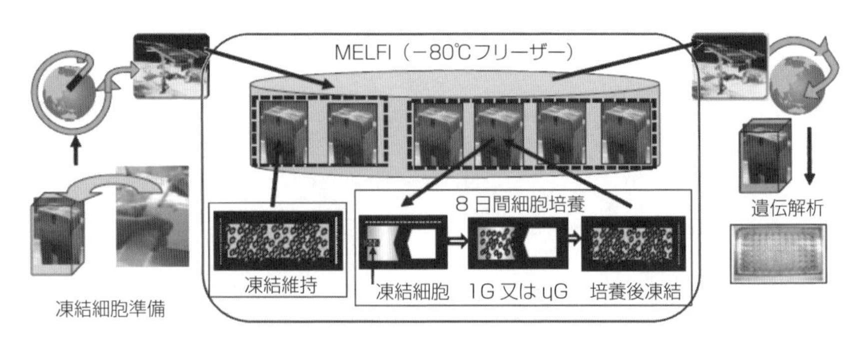

図4-14　ヒト細胞を利用した，LOH，RadGENEのISS利用宇宙実験の概略

を高感度に検出することで，細胞が宇宙放射線によって被ばくしたことの直接的証拠を得ることを狙った．また，低線量の宇宙放射線被ばくでも細胞がその後のストレス（大線量の放射線被ばくなど）を軽減する能力，“耐性能力”を獲得できるか否かも調べることとした．

ISS「きぼう」棟内に持ち込んだヒトリンパ芽球細胞TK6[4-17]はそのままの凍結状態で−80℃のフリーザー内に4か月半保存した（図4-14）．なお，持ち込んだ細胞の一部は，きぼう棟内の細胞培養装置（Cell Biology Experimental Unit: CBEF，第5章参照）を利用して8日間培養した（図4-14）．CBEFは，細胞サンプルを静置して37℃で培養することもできるし，同時に細胞サンプルを小型の遠心機で回転しながら模擬的な1G重力（人工重力）のもとで培養することもできる．図4-15は，打ち上げの数か月前につくば宇宙センターで行った，宇宙飛行士による細胞培養のための一連の操作のトレーニングと宇宙実験の準備の様子である．きぼうモジュールでの宇宙飛行士による本番の実験操作は，つくば宇宙センターにいる我々と交信しながら行われた．

2. 細胞が放射線被ばくを受けたことの証拠

地上回収後のLOH実験で，134日間凍結保存（総線量54 mSvの被ばく）した細胞のうち，薬剤TFT[4-18]に抵抗性（薬剤を加えても細胞は死なずに増殖することができる）を示す突然変異細胞の占める割合，すなわち，誘発頻度を

4-17）TK6はヒトリンパ芽球細胞の細胞株の一つ．リンパ芽球細胞については，脚注3-18を参照のこと．

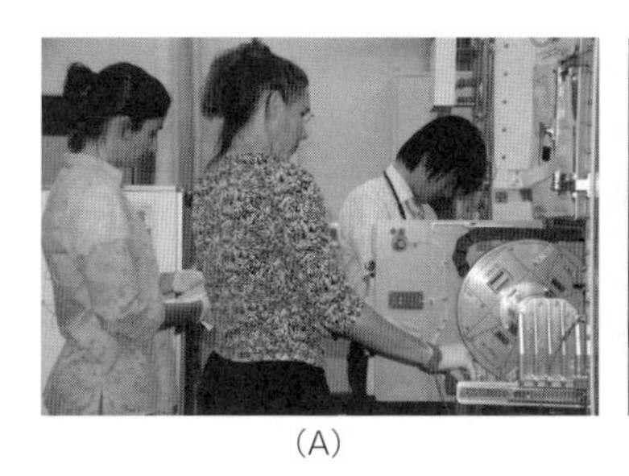
(A)

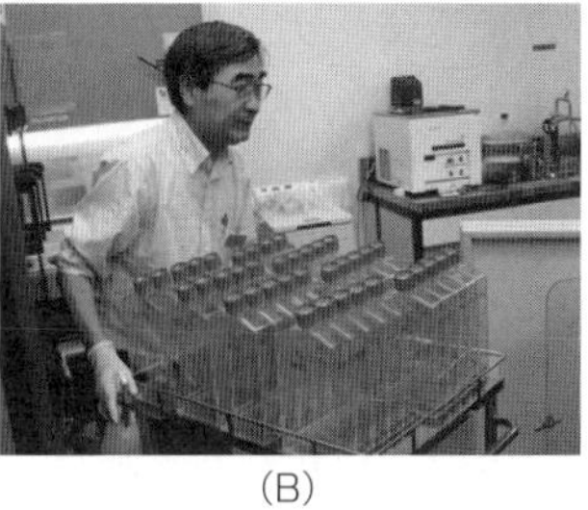
(B)

図 4-15 LOH, RadGENE の宇宙実験：「きぼう」モジュール内のための地上でのシミュレーションと細胞の準備

(A)「きぼう」モジュール内に設置してあるものと同じ CBEF の人工重力区を開き訓練中の宇宙飛行士と (B) 宇宙実験準備のために TK6 を大量に培養する作業を行っている執筆協力者の谷田貝

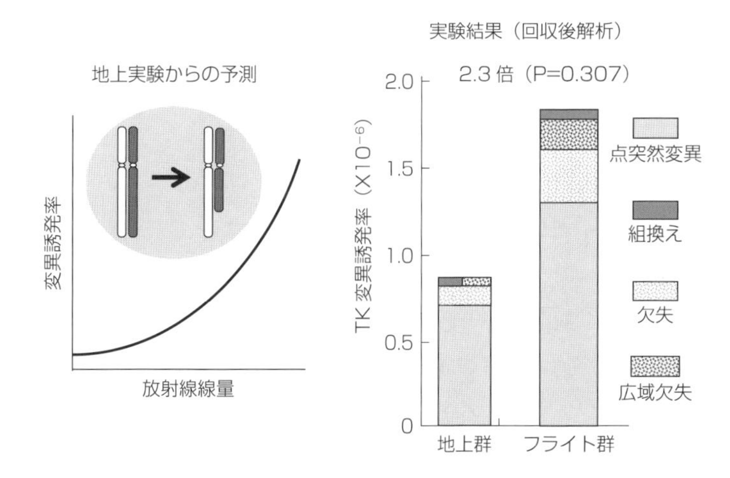

図 4-16 LOH 宇宙実験の結果

細胞が宇宙放射線によって突然変異を起こしたことを示唆するデータ

調べた（図 4-16）．図 4-16 の左側は，極めて低線量の宇宙放射線被ばくでも TK 遺伝子座に突然変異が起こったことを検出できる可能性を予測したものである．地上で放射線の種類を変えたり照射時の線量率を低くしたりしても検出できることを確認している．今回の宇宙実験でフライトしたサンプル（細胞）

4-18) 薬剤 TFT はトリフルオロチミジンのことで，細胞増殖に対して抑制作用がある．チミジンキナーゼ（TK）遺伝子が欠損した変異細胞は TK 酵素がないため，TFT の細胞増殖抑制作用に抵抗性があり増殖する．一方，TK を持っている細胞は TFT に対して感受性があり，細胞増殖抑制作用に対して抵抗性がなくなり増殖しない．TFT 存在下で細胞が増殖するか否かを目視することで遺伝子変異誘発を調べることができる．

についてTK遺伝子突然変異の頻度を測定した結果と得られた突然変異のパターン（型）による仕分けを図4-16の右側に示した．フライトサンプルのTK遺伝子突然変異の頻度は，宇宙飛行をせずに地上に保管しておいたコントロールサンプルと比較したところ，2.3倍程の増加を示した．残念ながらこの増加に統計的有意差（信頼のおける差）は出なかったが，突然変異のパターンの分布に大きな違いが観察された．TK遺伝子の一部のみが欠失する，あるいは，TK遺伝子座を含む大きな領域の欠失（広域欠失）するパターンの突然変異が顕著に増加した．このようなパターンの突然変異が増加するのは放射線被ばくをしたこと，高エネルギー重イオン線による被ばくも受けている可能性があることを谷田貝らはすでに地上実験で確かめていた．そこで，我々は今回の実験結果は細胞が宇宙放射線に被ばくしていたことを強く示すものと考えている［4-31］．

3. 低線量被ばくに特有な“耐性能力”の獲得

低線量（数十ミリグレイ程度）の放射線被ばくによって，細胞がその後のストレスによる細胞へのダメージを軽減する能力，すなわち，耐性能力を獲得する．この耐性能力を適応応答と呼ぶ．今回の宇宙実験での凍結状態の細胞に対する放射線被ばくが適応応答の予備照射に相当すると考えて，地上回収後に2種類の異なるストレスを与える実験を行った．最初の実験は地上回収後に細胞を解凍してからX線を2 Gy照射し，その後に細胞を培養してTK遺伝子突然変異の誘発頻度を測定し，地上対照群と比較した（図4-17）．その結果，フライト群にX線を照射した後で起こる誘発頻度は，地上対照群にX線を照射した後で起こる場合と比べて半分くらいに低下した．この低下は統計的に有意差を示した．宇宙放射線による低線量被ばく（54 mGy）が適応応答の予備照射の役割を果たしたものと解釈できる．

適応応答の獲得を示唆するもうひとつの実験を図4-18に示した．こちらの実験は，上述のX線照射の代わりに制限酵素I-SceI[4-19]によってTK遺伝子座

4-19）I-SceIは出芽酵母で見つかった制限酵素（エンドヌクレアーゼ）である．ヒト細胞のゲノムDNAにはこの酵素を認識する配列がないために，人工的にこの認識配列を導入し，細胞に酵素を感染させることでゲノムの特定部位にDNA 2本鎖切断をつくることができる．

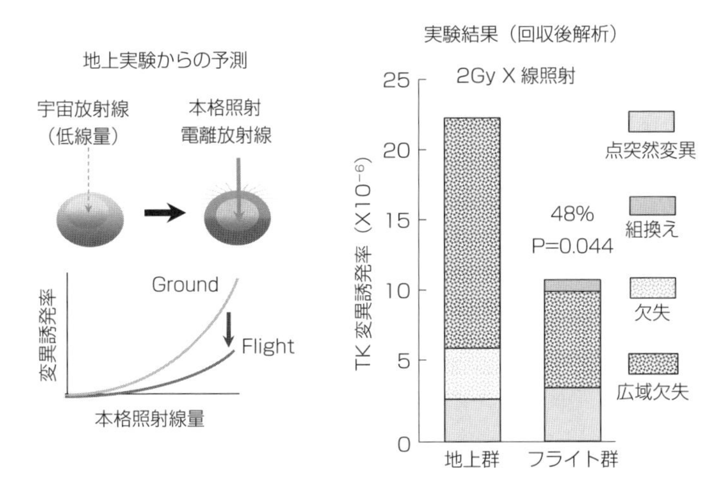

図 4-17　LOH 宇宙実験の結果
細胞が低線量の宇宙放射線被ばくによって適応応答を起こす能力を獲得したことを示唆するデータ（回収後の X 線照射による証明）

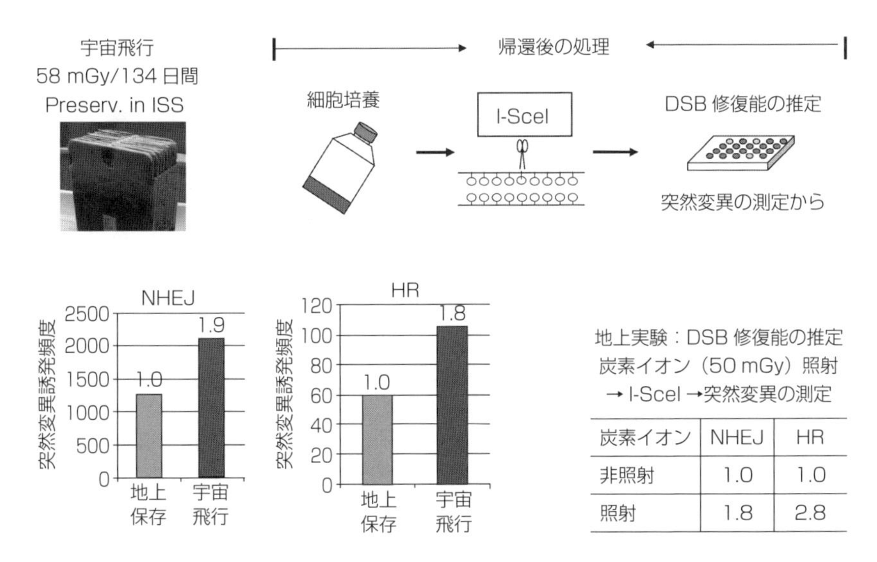

炭素イオン	NHEJ	HR
非照射	1.0	1.0
照射	1.8	2.8

図 4-18　LOH 宇宙実験の結果
細胞が低線量の宇宙放射線被ばくによって適応応答を起こす能力を獲得したことを示唆するデータ（人為的な DNA 二本鎖切断を修復する能力の測定による証明）

内の特定部位でDSBを起こす操作（刺激）を細胞に加えるというものである．このようにして生じた人為的なDNA二本鎖切断を修復する能力についてもTK突然変異の頻度で測定できるように工夫してある．この工夫はやや複雑なのでここでは省略する．少し妙な感じかもしれないが，突然変異の頻度が高い方が修復する能力が高いことになる．そして，この工夫によって，DSBの主な2つの経路を判別することもできる．その一つがDNA非相同末端結合による経路であるDNAの切断末端と末端を強引に再結合させる経路で，Non Homologous End-Joining（NHEJ）とよばれる．もう一つの経路は切れていない相同配列をもつDNA鎖と切断領域で組換えてしまう相同組換えによる修復経路でHomologous Recombination（HR）と呼ばれる．宇宙飛行サンプルはどちらの経路によるDNA鎖2本鎖切断の修復でも地上対照群に比べて2倍近い修復能力の増強を示した．つまり，細胞が適応応答を獲得したことを示唆する．なお，この実験結果の信頼性を高めることに繋がる地上実験の結果も図4-18の中に表として含まれている．理化学研究所の重イオン加速器，リングサイクロトロンによって加速した炭素イオンビームをこの細胞に低線量（50 mGy）照射してから，人為的DSBを生成させ，その修復能を調べると，やはり，炭素イオンを照射しなかったときに比べてNHEJ，HRいずれの経路による修復能力も2倍あるいは3倍近く増強するという結果である．細胞が宇宙飛行で適応応答を獲得したことが2番目の実験からも証明できた．

今回の宇宙実験では，図4-14にも示したように，「きぼう」内のCBEFで細胞を1GとμGの両条件下で細胞を8日間培養する実験も行った．我々が強い関心をもっている微小重力と宇宙放射線の関わりを明らかにする上でも成功させたい実験であった．残念ながら，サンプル数が少なかったことや，データに大きなバラつきがあって，宇宙放射線による変異誘発効果に微小重力が及ぼす影響については正確に評価するには至らなかった．微小重力下では突然変異を誘発する可能性のある“宇宙放射線による染色体DNAの損傷”は細胞死に繋がりやすく，突然変異には結びつかなかったのではと推測している［4-32］．つまり，微小重力はDNA損傷の修復を抑制する可能性があるということになる．最終的な結論を得るにはさらなる検討が必要と思われる．

コラム　JAXA が推進する最近の“宇宙放射線の生物影響を調べる実験”

ISS「きぼう」モジュールを利用して，様々な生物科学分野の実験がJAXA の主導によって進められてきたことを第 3 章で述べた．その中でも，宇宙放射線の影響を調べた大西，高橋らを中心に行われた実験は，谷田貝らの実験と同じフライトで細胞も一緒に準備して打ち上げ，その後も宇宙で同様の細胞培養をして地上に回収したものである．彼らは地上に回収した細胞に対して γH2AX のフォーカス形成[4-20]を調べ，宇宙放射線によって DNA 損傷が生成されたことを実証した [4-33]．また，彼らは宇宙放射線被ばくによって細胞が適応応答を起こすことや遺伝子発現についても解析を進めた．がん抑制遺伝子 *p53* の発現が放射線被ばくしなくても恒常的に高レベルになっている p53 変異細胞では適応応答の誘導がかからないことを明らかにした [4-34]．ただし，p53 が正常な野生型細胞では適応応答の誘導がかかることを彼らも明らかにし，谷田貝らの結論と全く同じものになった．放射線照射など外的ストレスが細胞にかかった後に p53 の誘導が時間経過に伴って周期的に変動することが最近になってわかってきたので，上記の変異株で適応応答がみられないのはこの周期的応答現象とも関連しているのではないだろうか．彼らは，さらに，遺伝子発現についても網羅的な解析を行い，宇宙放射線の影響だけによる場合と微小重力の影響も含めた場合との比較検討も行っている [4-35]．

また，同時期に ISS「きぼう」モジュールを利用して宇宙放射線の生物影響を調べる実験が古澤らによっても行われた [4-36]．カイコの卵を休眠状態で宇宙に持って行き，無重力下での胚の発生，突然変異の誘発などを調べた．きぼう棟内で模擬 1 G にすると半分くらいの胚の発生は正常には進んだが，微小重力条件下では発生の段階で異常がみられ，ほとんどの卵が正常に発育しなかった．また，卵から生まれた第一世代の幼虫では，皮膚に白斑が

4-20)　DNA の二本鎖切断（double-strand break: DSB）の損傷修復過程において重要な因子の一つである H2AX は，DSB が発生すると直ちにリン酸化され γ-H2AX になる．放射線などによって DNA 損傷が誘発された細胞では，γ-H2AX は DSB が発生した周辺に形成され，γ-H2AX と相互作用することで DNA 損傷修復タンパク質は DSB 部位に局在する．γ-H2AX に特異的な蛍光抗体を用いて免疫染色をすると，核内で凝集しているのが観察される．この凝集をフォーカス形成とよぶ．γ-H2AX のフォーカス形成は DNA の DSB の検出可視化技術として多くの研究で使われている．

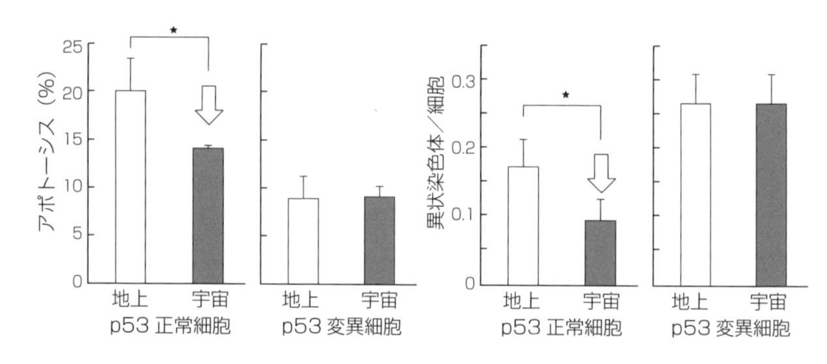

コラム図4　p53 変異細胞の適応応答（文献［4-34］より改変引用）

生じる突然変異は見られなかったが，第2，第3世代では見られたので，宇宙放射線の影響があるのではと推察している．最近，JAXA のサポートのもとに，柿沼らがマウスの凍結胚を用いて宇宙放射線の影響を調べる宇宙実験を2015年4月より開始し，現在解析中である．宇宙環境における長期滞在での宇宙放射線被ばくによる発がんと継世代影響を調べるには，マウスを用いた個体レベルの研究による基礎データが不可欠であると彼らは考えた．そこで，マウスの凍結胚（受精卵2細胞期）を打ち上げ ISS に搭載し，6ヶ月～1年程度－95℃で保管後に地球に回収し個体として発生させ，“宇宙マウス”の寿命，発がん及び遺伝子変異（染色体，点突然変異）を解析する計画である．対照として，地上にて ISS と同等の温度で保管した凍結胚から発生する“地上マウス”を用いる．マウスの系統は，これまで地上研究で発がん実験に用いた野生型 B6C3F1 マウスと，放射線感受性や遺伝子修復に異常を示す *Trp53*，Scid，*Mlh1*，*Min* および *Ptch1* マウス，さらに遺伝子変異解析用として *gpt-delta* マウスを用いている．ISS 搭載中に生じた細胞内の傷（DNA の傷や細胞内ゲノム不安定性）が，個体発生後どの様に影響するか，修復系の違いも合わせて解析する予定とのことである．凍結胚を用いた実験なので微小重力による影響は考えられない．まさに宇宙放射線の影響を調べる目的の実験であり，解析結果が待たれる．

もう一つの解析結果が待たれる宇宙実験が，柿沼らとほぼ同時期に森田らによって進められている．マウスの Embryonic stem cell（ES）細胞を用いて宇宙環境が生殖細胞にどのような影響を及ぼすかを調べる実験で，この実験にも宇宙放射線の影響を明らかにできる可能性が秘められている．

第5章
JAXAによる宇宙開発と宇宙環境の利用

微小重力と宇宙放射線による生物影響の話をここまで進めてきたが，宇宙環境に特有な生命現象については，まだまだ，解明すべき問題が山積している．問題の解明には多くの技術が必要であり今までも開発されてきたが，今後も，新たな技術の開発が必要とされる．しかしながら微小重力環境の場で地上の１Ｇ環境下と同じくらい容易に操作できる装置やシステムを構築することは容易ではない．宇宙航空研究開発機構（JAXA）が中心になって行ってきた“生命科学分野での実験装置開発”の歩みを振り返えるとともに今後の展開にもふれたい．

5.1　ISS「きぼう」の装置　―生命科学分野の宇宙実験のために―

船内実験室は，科学全般にわたる研究分野で微小重力効果を調べる格好の場である．日本の実験モジュール「きぼう」の船内実験室でも，生命科学分野だけではなく，物理，工学などの分野でも盛んに実験研究が進められてきた．現在，船内に設置されている装置類は実験ラックごとに装備され，流体実験ラック，勾配炉ラック，細胞実験ラック，多目的実験ラックなどがある．これらのラックが船内に配置されている様子を図5-1に示した．ここでは，生命科学実験に必要な装置の中でも細胞実験ラックに含まれるものを主に説明する．なお，生物実験でも水棲生物実験装置は多目的実験ラックに装備されている．初めに，「きぼう」船内での生物試料の維持，細胞の培養，植物の生育，動物の飼育から実験経過・結果の観察のために開発され，利用されてきた装置について紹介する．（この章で紹介する装置は全てJAXAのホームページ http://iss.jaxa.jp/kiboexp/equipment/ および「きぼう船内実験室利用ハンドブック」

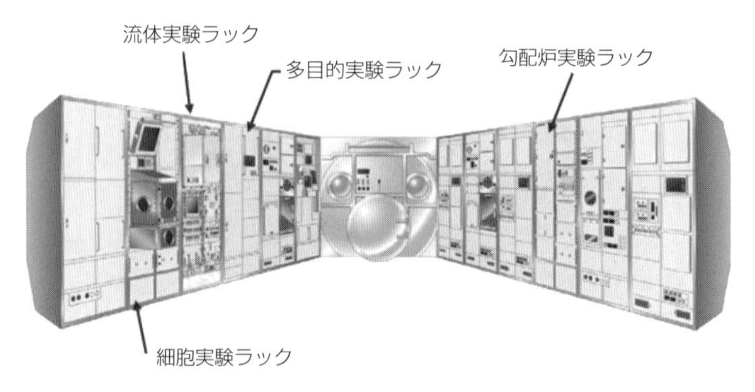

図5-1　きぼう船内での実験ラックの配置の様子
きぼう船内実験室利用ハンドブックより引用

http://iss.jaxa.jp/kibo/library/fact/data/pmhandbook.pdf より引用している）

1. 細胞培養装置

細胞培養装置（Cell Biology Experiment Unit: CBEF）とクリーンベンチ（Clean Bench: CB）の概念設計は1993，1994年頃に始まり，これらの装置が完成したのは2001年である．そして，装置の完成や動作確認だけではなく初期に発生した問題点の改善も行われたことが，完成から3年後の2004年に石岡らにより報告されている［5-1］．

様々な種類の生物試料が実験の対象となるので，その種類に応じて，異なった生物実験装置が必要となる．そこで，基本的に必要ないくつかの装置から構成される“装置群”を生物実験ユニット（Biological Experiment Unit: BEU）として，試料の種類に対応させて異なるタイプのBEUをつくった．実際には，4つのタイプのBEUが用意された．付着細胞タイプ（Cell Experiment Unit: CEU），浮遊細胞タイプ（Cell Experiment Unit2: CEU2），植物生育タイプ（Plant Experiment Unit: PEU），計測タイプ（Measurement Experiment Unit: MEU）の4種である（図5-2）．初めの3つのタイプは生物試料の種類に対応しているが，4番目のタイプは細胞培養などの生物実験のためだけではなく，線量測定などの計測のためユニットにもなっている．付着細胞タイプは，小型ポンプ，センサーなどを備え，組み込みCPUにより自動培地交換，循環を行い，培地の状態の自動監視制御もできる．微生物や線虫などにも

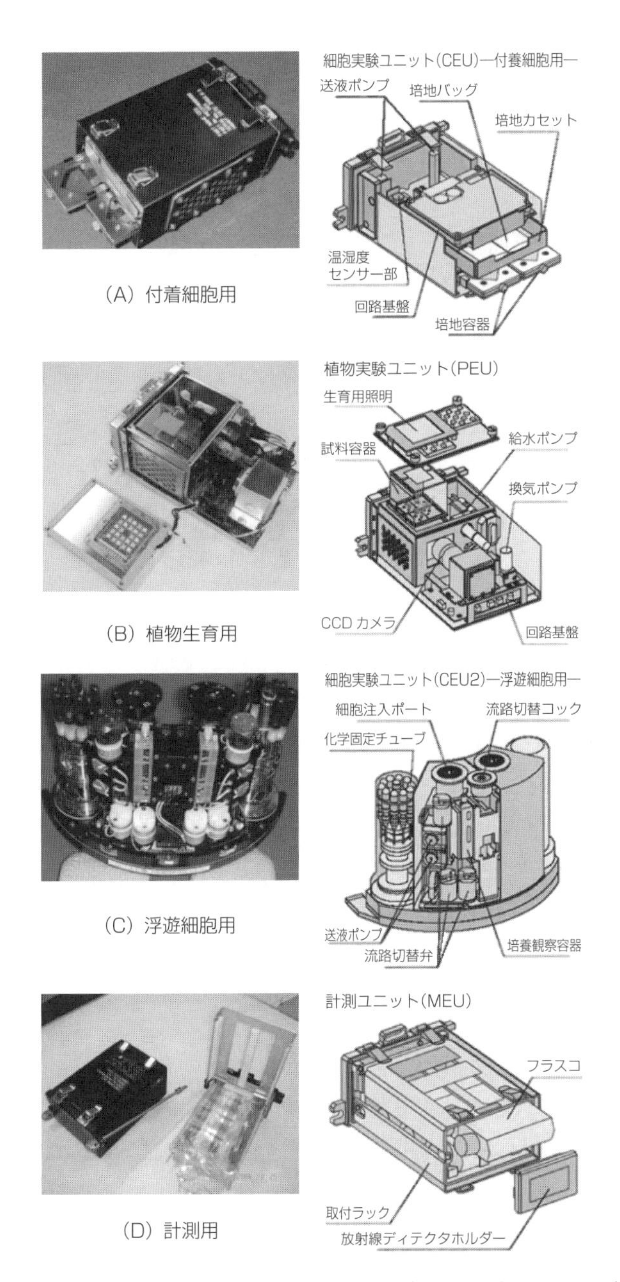

図 5-2　細胞培養装置（CBEF）にセット可能な 4 つのタイプの生物実験用ユニット（BEU）とそれぞれの概要図

A）付着細胞用ユニット　B）浮遊細胞用ユニット　C）植物生育用ユニット　D）計測用ユニット
JAXA ホームページより引用

応用可能である．浮遊細胞タイプは，培地バッグ，ポンプ，流路切り替え弁とサンプリングユニットがチューブで接続されており培養だけでなくサンプリングも行える．こちらも組み込みCPUで培養状態の監視制御ができる．また，ゾウリムシなどの単細胞生物の増殖もできる．培養中に，培養・観察容器にライン型レーザー光を照射し，CCDカメラで細胞数を計測するための画像を撮ることもできる．植物生育タイプには，植物生育容器，生育用照明（LED），温度や水分の制御装置が組み込んである．また，付属のCCDカメラで生育状況を画像観察することもできる．計測タイプは細胞用の小型フラスコ（底面積25 cm^2）が6個収納できるようになっており，培地交換をしなくてすむ実験に対応している．また，放射線計測素子[5-1]をパッケージに収納して，培養容器のそばにセットできる．こちらもフラスコ以外の容器も収納可能で，実験の汎用性を高めている．いずれのタイプにせよ，外部のPCと接続されていて信号をやりとりできるところがポイントである

本節の始めに“初期に発生した問題点の改善も行われた”と述べたが，どのような改善が行われたのか一つだけ紹介する．植物生育のためのBEU内の証明の位置を変更して，植物生育容器の側面から光が当たるのではなく垂直に当たるように変更した．また，照明の光強度を空間的により均一に分布するために“拡散プレート”も設置した．その結果，植物の生長期間や種子の収穫などが安定した．実際に，CBEFなどの装置が実験モジュール「きぼう」の船内で稼動したのは，2008年に「きぼう」がISSに接続されてからである．第4章で紹介した宇宙実験LOHは，まさに，CBEFなどの装置を利用したライフサイエンス実験のパイオニアといえる．

細胞培養装置CBEF本体（図5-3A）の培養部分には人工重力コンパートメントとμGコンパートメントがある．生物実験用ユニットBEUをキャニスターと呼ばれる箱にセットしてからCBEF本体の培養部分に入れて，生物細胞（試料）を培養する．培養するときは，温度は15～40℃，湿度は最大で80%，炭酸ガス濃度は0～10% に設定できるようになっている．なお，人工重力コン

5-1）　一般には原子力施設や研究現場で使われている放射線を検出する素子，信号を処理する電気回路，放射線の量を計数するカウンターや記録するレコーダー，表示装置など放射線を測定する装置を総称して放射線計測系という．

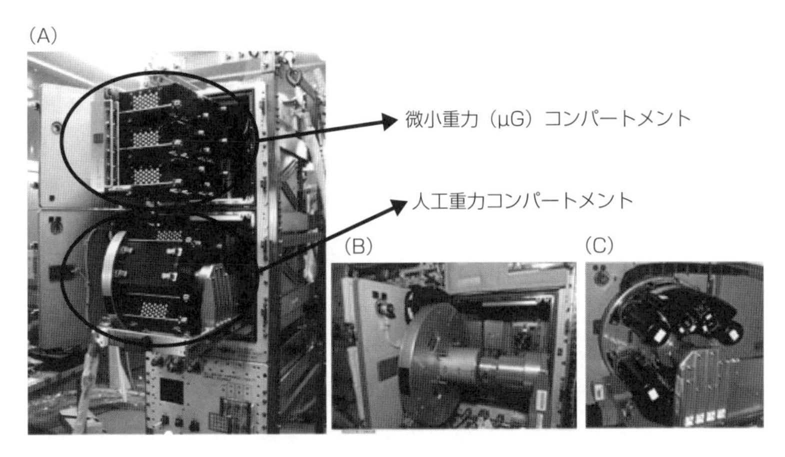

図 5-3　CBEF 本体 (A)とターンテーブル (B) および浮遊細胞用キャニスターを設置したところ (C)
JAXA ホームページより引用

パートメントは小型遠心機（ターンテーブル）（図 5-3B）の回転数の調節によって 0.05〜2.0 G の範囲に設定できる．地上 1 G と同様な重力環境を維持したい場合は，人工的な 1 G となるように回転数を設定する．

生物細胞の入っているキャニスターを静置したままで細胞培養するところが微小重力（μG）コンパートメントで，キャニスターを回転盤（ターンテーブル）にセットして低速で回転しながら細胞培養するところが人工重力コンパートメントである．なお，キャニスターの大きさにもよるが中サイズのキャニスターの場合，4 個が一つの回転盤の小型遠心機（図 5-3A）にセットできるようになっている．大型キャニスターは 2 個セットできる（図 5-3B）．

宇宙実験をサポートするにはこのような装置づくりと工夫が欠かせない．一口に生命科学分野の実験と言っても多種多様で，様々な試料を利用して行うには大変な労力が必要となる．ふつうの地上実験でも実験装置の準備がうまくできたら，実験が成功したに等しいとよく言われるが，この教訓は，宇宙実験ではさらに重要な意味を持つ．JAXA において宇宙実験をサポートするグループの一員である矢野らが，CBEF で温度や湿度のコントロールがうまくいったことを報告している [5-2]．日本の実験棟「きぼう」を利用した宇宙実験（第 3 章，4 章）も含めて 2008 年から 2012 年かけて「きぼう」船内で行った 12 の

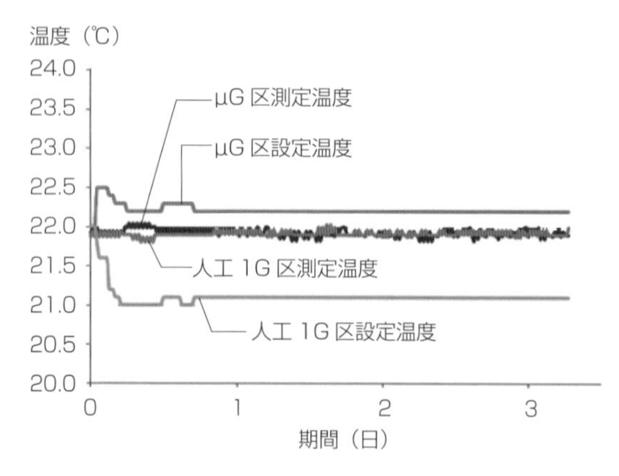

図5-4　キンギョのウロコによる骨の重力応答を調べた実験（2010年5月16日〜20日）でのCBEFの温度コントロール（文献［5-2］の図を改変引用）

実験における温度コントロールなどについての結果報告である．これらの実験の中で，第3章で紹介したキンギョのウロコを使った実験で，温度コントロールが大変うまくいったことが成果につながったと報告されている．図5-4は，キンギョのウロコ実験の時の温度変化を示しているが，人工1G，μGいずれのコンパートメントでも温度が22℃で一定に保たれていることがわかる．

2. クリーンベンチ

生物学的な汚染（Contamination）を避けるため，試料全てを図5-5の前室から取り込み，そこでアルコールによる滅菌操作を行ってから，外に出すことなく作業チャンバー内に移動させて種々の処理を行う仕組みになっている．作業チャンバーはHEPAフィルターと紫外線ランプを使用して試料の処理操作前後を無菌状態を保つようにしてある．そして，この作業チャンバーは20〜38℃に保持することができ，その中に位相差・蛍光顕微鏡が設置されている．

3. 顕微鏡

クリーンベンチにセットされている倒立型の位相差・蛍光顕微鏡（図5-5B）は，位相差と蛍光の切り替え，顕微鏡ステージのXYZ軸方向の移動および対物レンズの選択が地上からの遠隔操作でも行える．また，地上の実験研究者と

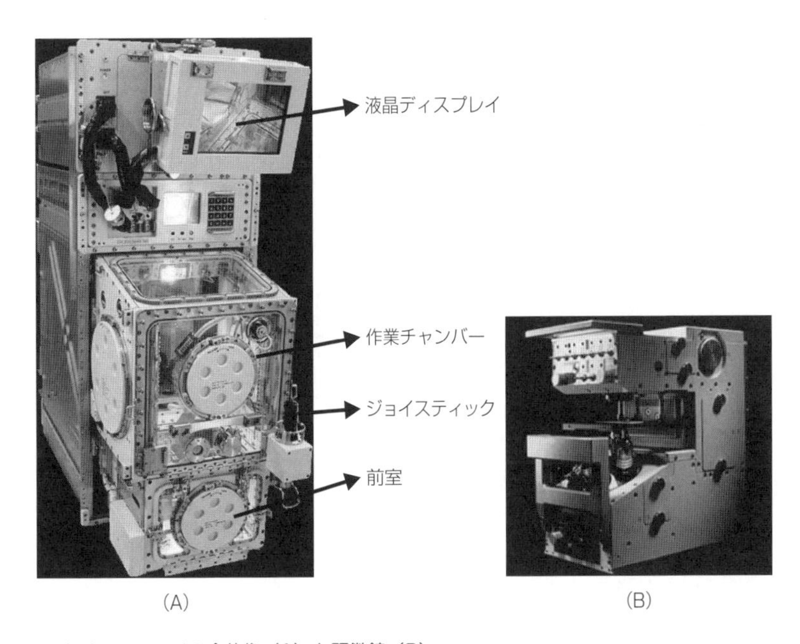

図 5-5 クリーンベンチの全体像（A）と顕微鏡（B）
液晶ディスプレイは位相差および蛍光の顕微鏡像を観察する．顕微鏡はジョイスティックによって操作できる．顕微鏡（B）は作業チャンバー内に設置されている．JAXA ホームページより引用

交信して宇宙飛行士が操作できるようにもなっている．観察は対物レンズの画像を直接 CCD カメラで取得する方法であり，対物レンズは位相差用として 4 倍・10 倍・20 倍・40 倍，蛍光用として 40 倍を備えている．顕微鏡の観察画像は制御装置のディスプレイに表示されるとともに，「きぼう」船内実験室ビデオ系に送られて録画／ダウンリンクすることができる．実際に，浅島らのアフリカツメガエルの腎臓細胞のドーム形成（表 2-5 参照）などを調べる実験を始めとして，今までに実施された多くの実験でこの位相差・蛍光顕微鏡が利用されてきた．

最近，後述する水棲動物飼育装置の開発に付随して，新たな蛍光顕微鏡（図 5-6）が多目的ラックに顕微鏡観察システム（Microscope Observation System）として設置された．この蛍光顕微鏡は透過光観察[5-2]，位相差観察[5-3]，お

5-2） 通常の顕微鏡で透過光による観察．

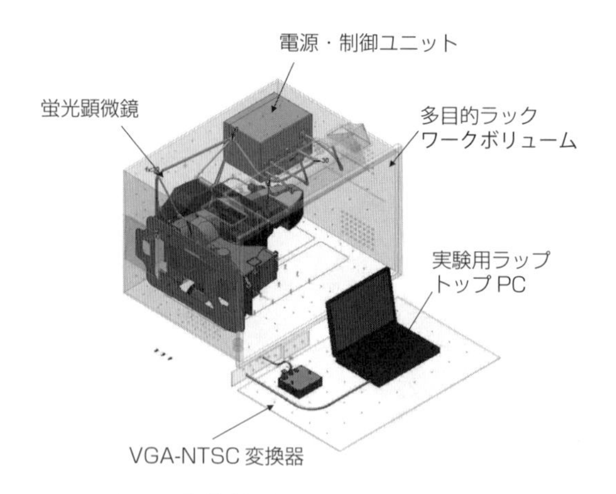

図 5-6　顕微鏡観察システム
きぼう船内実験室利用ハンドブックより引用

よび蛍光観察を行うシステムである．メダカやゼブラフィッシュなどの遺伝子組み換え体を利用したライブイメージングにも対応している．蛍光顕微鏡は，倒立型落射蛍光顕微鏡（ライカマイクロシステムズ社製 DMI6000B）を一部改修し搭載できるようにしたものである．実験目的にあわせて互換性のある対物レンズや蛍光フィルターに交換することが可能で，ステージ，対物レンズレボルバ，蛍光フィルタターレットおよびコンデンサーなどの顕微鏡操作は全て電動となっている．

4.　冷凍冷蔵庫

宇宙ステーション（船内）で生物実験を行う場合も地上の実験室と同様に冷蔵庫と冷凍庫は欠かせない．ISS 内には MELFI（Minus Eighty degree Celsius Laboratory Freezer for ISS）と名づけられた冷凍・冷蔵庫がある．冷凍室が四つあり，温度は −80℃，−26℃，4℃ に設定することができる（図 5-7）．−80℃ では長期間にわたって細胞を冷凍保存することもできるので，種々の実験にはとても便利である．微小重力環境では対流が起こらないので，

5-3)　部分的に屈折率または厚さが違う透明な物体を，透過した光に生じた位相の差を像の明暗の差にかえて，その物体の構造を観察できるようにした顕微鏡．細胞や細菌を染色せずに観察できるため，生物学・医学で広く利用される．

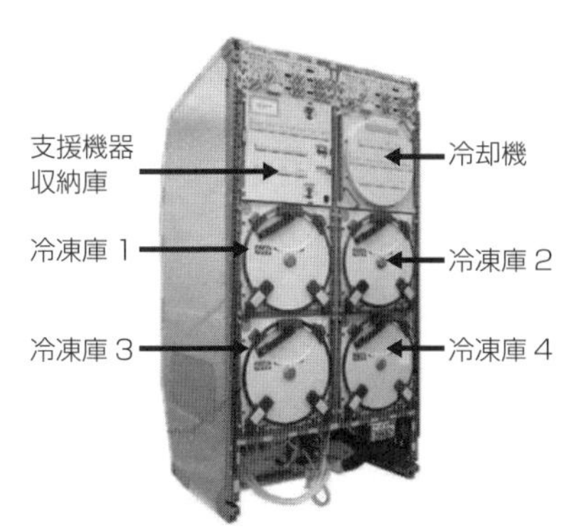

図 5-7　(A) ISS のモジュール「きぼう」で使用している冷凍・冷蔵庫 (MELFI),
(B) ISS「きぼう」日本実験棟で MELFI に試料を収納している大西宇宙飛行士
(A) https://www.nasa.gov/mission_pages/station/research/experiments/2314.html より改変引用
(B) http://iss.jaxa.jp/monthly/160725.php より引用

冷凍室内を冷却するには窒素ガスを使い，試料を保管する容器が冷凍室と接触する面積を大きくするなど熱伝導性をよくする工夫がなされている．MELFI は船内で使われるだけでなく，試料を地上からステーションに持ち運ぶ際やステーションから地上に持ち帰る際にも利用される．

5. 水棲生物飼育装置

第 3 章のコラム「微小重力の生物影響を調べた宇宙実験の流れ」のところで述べたように，発生や分化を調べるには，小型で飼育のしやすい魚や両生類は便利な生物試料といえる．また，卵や稚魚の体が透明なので発生や成長の様子を観察するのにも適している．これらの実験を行うための装置として図 5-8 に示したような水生動物飼育装置が開発された．

CCD カメラによって観察した結果は地上に送られる仕組みになっている．例えば，メダカやゼブラフィッシュなどでは突然変異体[5-4]が多く見つかっており，視覚，聴覚，心臓・血管系，消化器，顎などの疾患のモデル生物として役立つことが知られている．微小重力がどのような影響を与えるかを調べることだけでなく，疾患の原因となる遺伝子についても明らかにできる可能性をも

5-4)　突然変異体は遺伝子に変異が起き表現型が変化した個体である．

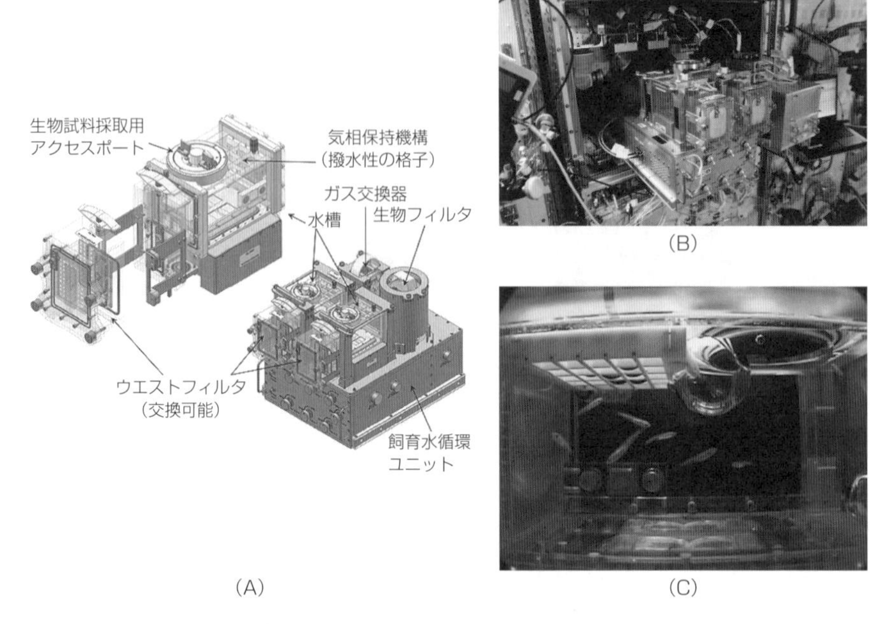

図 5-8　ISS のモジュール「きぼう」に設置した水棲生物飼育装置の飼育部外観図（A）と実際に ISS 内の AQH（B）でメダカを飼育中の様子（C）

（A）JAXA ホームページより引用
（B）NASA ホームページより引用
（https://www.nasa.gov/mission_pages/station/research/experiments/Aquatic_Habitat5.jpg）
（C）NASA ホームページより引用
（https://blogs.nasa.gov/ISS_Science_Blog/wp-content/uploads/sites/207/2013/11/Medaka.jpg）

っている．さらに，ライフスパンが短いことから，90 日程度宇宙で飼育すればおよそ 3 世代まで世代交代が進み，地上の 1 G を経験していない生物が微小重力環境でどのように発生し，分化（成長）していくのかといった生命の根本にかかわる問題まで追及できる（図 5-9）．

6. 小動物飼育装置

限られた船内スペースでは狭いケージでマウスなどの実験動物を飼育することを余儀なくされるので，飼育装置の開発は各国の宇宙機関や関連の研究者などの頭を悩ませてきた問題である．JAXA は 2020 年あるいはその先まで「きぼう」を利用してモデル動物による生物実験を進めることが必要であると判断

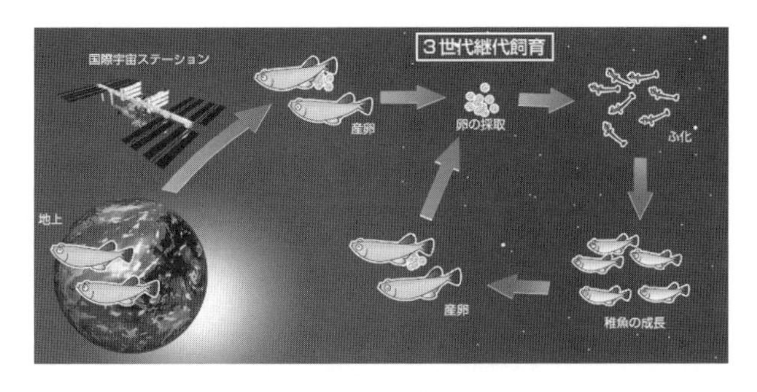

図 5-9　水棲生物飼育装置によって可能となる 3 世代の継代飼育
JAXA ホームページ内の「宇宙ステーション・きぼう」より引用

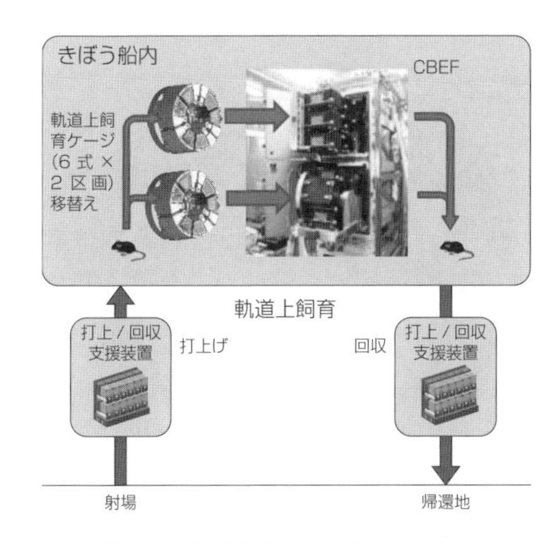

図 5-10　JAXA による小動物実験の概念
きぼう船内実験室利用ハンドブックより引用

し，新たな開発を行った装置が小動物飼育装置（Mouse Habit Unit: MHU）である．図 5-10 に示したように，この動物実験は打ち上げ／回収装置で小動物をきぼう船内に運び，CBEF を利用して飼育するという概念の下に開発された．

ISS を利用して小動物の飼育を行う宇宙実験装置はイタリアの MDS[5-5] や

5-5) 宇宙でネズミを飼うための実験飼育装置で Mouse Drawer System（MDS）と呼ばれる．イタリア宇宙機関（ASI）によって完成された．この装置は 2009 年 8 月にスペースシャトルディスカバリーによって日本の実験棟「きぼう」に 6 匹のマウスとともに運ばれ，約 90 日間の飼育実験に成功した．

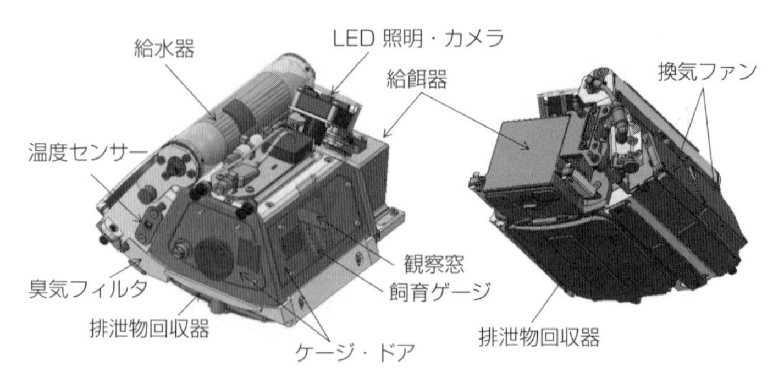

図5-11　MHU軌道上飼育ケージの外観
きぼう船内実験室利用ハンドブックより引用

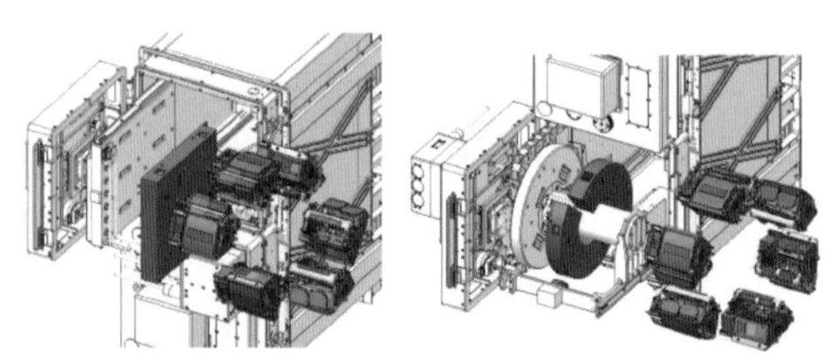

図5-12　MHU軌道上飼育ケージのCBEFへの設置
きぼう船内実験室利用ハンドブックより引用

NASAがシャトル用の小型動物飼育装置を改良したAEM[5-6]がある．これらの装置に比べて，JAXAのMHUはCBEFを利用することによって微小重力環境だけでなく人口重力（模擬1G）環境でも飼育できることが特徴で，また，個別ケージの利用によって個々のマウスの状態や行動が観察できる．

きぼう船内に打ち上げ／回収装置で運びこまれたマウスは，宇宙飛行士によりグローブボックス内でMHU軌道上飼育ケージに移し替えられる．その後のMHU軌道上飼育ケージのCBEFへの取り付けは図5-12に示したとおりで，人工重力区への取り付け（図5-12B）は図5-3のキャニスターの回転盤への設置と全く同じ操作でできる．

軌道上飼育ケージは，定期的に餌カートリッジ交換，フィルター交換，排泄

5-6)　NASAがスペースシャトル用に開発した小動物飼育装置Animal Enclosure Module（AEM）である．ISS時代になって改良し多くの実験を行っている．

物回収などのメンテナンスが行われ，飼育期間中のマウスの様子はビデオカメラにより地上からのコマンドで観察し，画像のリアルタイムダウンリンクができる．宇宙への打上げや宇宙滞在を終えたマウスの地上への回収は，現在ではSpaceX 社の Dragon 宇宙船が行っているため米国カリフォルニア州沖に着水したものを船で回収することになる．そのため帰還直後の地上 1 G に戻った直後のマウスの様子を観察することはなかなか難しい問題である．

7. 宇宙放射線の線量計

生命現象を調べる装置ではないが，宇宙環境を把握するために欠かせない宇宙放射線の線量を測定する装置についてもここで紹介したい．JAXA の開発した受動・積算型の線量計，宇宙放射線被ばく線量計（Passive Dosimeter for Life Science Experiment in Space: PADLES）である（図 5-13）．JAXA が生命科学分野の宇宙実験に広く使用する線量計である．実験に用いられる生物試料の宇宙放射線被ばくの影響評価（Bio PADLES）のためだけでなく，宇宙船内に滞在する宇宙飛行士の個人線量計側（Crew PADLES）としても，また，きぼう船内の宇宙放射線環境モニタリング（Area PADLES）としても利用されている．

PADLES での線量計測は，固体飛跡検出器 CR39 と熱蛍光線量 TLD の 2 種類の線量計の組み合わせで行われる（図 5-14）．PADLES は物理線量である吸収線量（Gy）だけでなく，PADLES を通過した様々な成分の宇宙放射線の

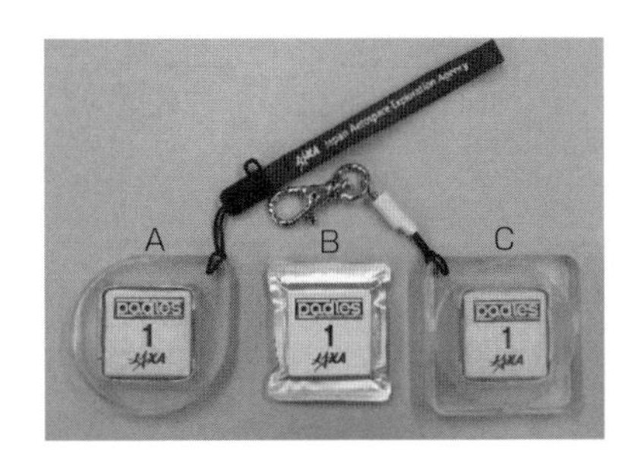

図 5-13　JAXA によって開発された，パッケージに納められた PADLES
（A）Crew PADLES　（B）Bio PADLES　（C）Area PADLES
きぼう船内実験室利用ハンドブックより引用

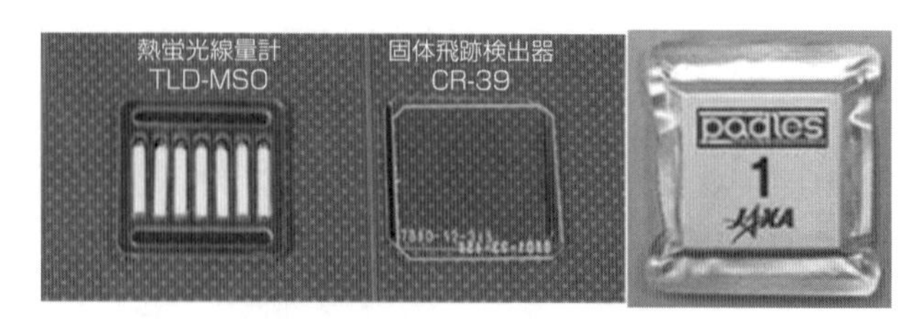

図5-14　PADLESで放射線を検出するための素子：CR39とTLD
JAXAホームページより引用改変
http://iss.jaxa.jp/kiboexp/news/20150603_free-space_padles.html 参照

LET分布も測定できることから，放射線加重係数[5-7]を考慮して線量当量(Sv)まで求めることができる．放射線防護のための実効線量[5-8]は，線量当量(等価線量)[5-9]に生物学的因子である組織加重係数[5-10]を乗じると得られる．

8. 船外実験プラットフォーム

ここまで船内装置の話をしてきたが，ISSには，船外実験プラットフォーム(図5-15)と呼ばれる宇宙空間に直接暴露した実験環境を提供できる施設がある．

船外実験プラットフォームは，視野が比較的広く，微小重力だけではなく真空という特異な宇宙環境である．宇宙放射線は船体本体も含めて様々なものによって遮蔽され，エネルギー的にも線量としても減弱されるが，この船外実験プラットフォームでは宇宙放射線による被ばくがより大きな問題となる．日本の実験モジュール「きぼう」の船外実験プラットフォームでは，全天体X線観察装置(Monitor of All-sky X-ray Image: MAXI)，光通信実験装置(Laser Communications Demonstration Equipment: LCDE)，超伝導サブミリ波リム

5-7)　身体が受ける吸収線量が同じ場合でも，放射線の持つ性質の違いにより身体への影響は異なるため，同じ尺度で評価するために設定された係数を放射線荷重係数という．

5-8)　実行線量は，放射線被ばくによる個人のがんや遺伝的影響のリスクの程度を表す概念で，各臓器の受けた放射線の等価線量にその臓器の組織加重係数を掛けた値の総和量として定義される．単位はシーベルト(記号：Sv)が用いられる．

5-9)　線量当量(等価線量)は，放射線の生物学的効果を共通の尺度で表す量である．同じ吸収線量でも放射線の種類により生物体への影響が異なるために，放射線ごとに定められた線質係数を吸収線量などに掛けて表す．

5-10)　放射線による影響の受けやすさは，組織や臓器によって異なる．個々の臓器への発がんなどの影響の大きさを重み付けする係数を組織加重係数という．全身分の各臓器の組織加重係数を足し合わせると1になる．

図 5-15 国際宇宙ステーション（ISS）のきぼうモジュールの暴露部（船外プラットホーム）
JAXA ホームページより引用

放射サウンダ（Superconducting Submillimeter-Wave Lib- Emission Sounder: SMILES），宇宙環境計測装置（Space Environment Data Acquisition equipment-Attached Payload: SEDA-AP）など物理的工学的な実験を主に行う多目的実験室として利用されてきた．なお，宇宙環境計測装置では中性子や高エネルギー粒子線などの宇宙放射線の測定も行うことができる．アストロバイオロジーの実験として3年計画のTANPOPO実験を実施しており2016年8月末に試料の第一陣が回収され2017年現在分析中である．

最近になって，日出間らによって船外プラットフォーム，いわゆる暴露部を利用する植物実験が計画されており，計画の実現が期待される．

5.2 開発が期待される装置（システム）

これまで既存の装置を紹介してきたが，ここでは，こんな装置があるといいのではと開発が期待される装置をいくつか紹介したい．

1. バイオチップの利用

チップというとポテトチップやコンピュータ関連の半導体素子などを連想される人が多いのではないだろうか．チップといっても様々な使われ方がされているようである．生物の分野では，ふつう，抗体や核酸・ペプチドなどをプローブ（検出素子）として利用し目的の分子（標的分子）を検出する素子のことをバイオチップ（ある特定の物質を検出するために用いる物質のこと）と呼ぶ．ヌクレオチド，アミノ酸，炭水化物などの一分子標的や，それらの複合体分子などと特異的に結合できる素子のことであり，場合によっては分子よりもはるかに大きい生命体そのものも標的になる．実際に．JAXAが関わっているISS利用プロジェクトの中で，バクテリア（細菌）を検出する実験は，チップサイズ検出器の試験システム（Lab-on-a-Chip Application Development-Portable Test System: LOCAD-PTS）と呼ばれている［5-3］．国際的には，抗体を利用したバイオチップ技術に基づく二つの装置が開発中のようである．一つはLife Marker Chip（LMC）［5-4］で，もう一つはSigns of Life Detector（SOLID）［5-5］である．この装置の名前からもわかるように，宇宙に生命が現存している，あるいはその痕跡があるかどうかを調べるために開発されつつあるもので，まさに，宇宙での生命探索のための装置である．このような装置を実際に稼動させるには，長期にわたって宇宙環境中に設置しても放射線や振動その他種々の宇宙環境要因に対して耐えうることが必要になる．そこで，そのテストをISSの暴露部で行うことを計画していることが，フランスのグループによって報告された［5-6］．

バイオチップ実験として提案された装置の構造は，市販のポリマーを基盤に様々な機能性を持たせるようになっている．この基盤を宇宙に持っていって種々の抗体などの素子と結合するかどうかを調べるという実験である．ふつうの生化学的分析や臨床検査などで盛んに使用されているマイクロタイタープレート（図5-16の左上）[5-11]を利用してもこのような基盤として働くのではないだろうか．そこで，上述の提案された装置とは概念が異なってしまうかもしれないが，マイクロタイタープレートを利用して細胞を凍結して宇宙に持っていき，解凍して人工（模擬）1Gと微小重力環境下で培養してから地上に持ち帰り，抗体などを利用した様々なバイオアッセイ[5-12]を行うと，微小重力の影響が細胞レベルでわかるのではと考えてみた（図5-16）．凍結して細胞を持っていけば，宇宙で長期間凍結したままで低線量放射線を被ばくしたのちに細胞を

5-11）　マイクロタイタープレートは，多数の穴（ウェル）のついた平板からなる実験・検査器具で，各ウェルをディッシュあるいはシャーレとして利用するものをいう．ウェルの数によりいろいろなタイプがある．

5-12）　バイオアッセイとは生物材料を用いて，生物学的応答からその生物作用量を評価する方法である．

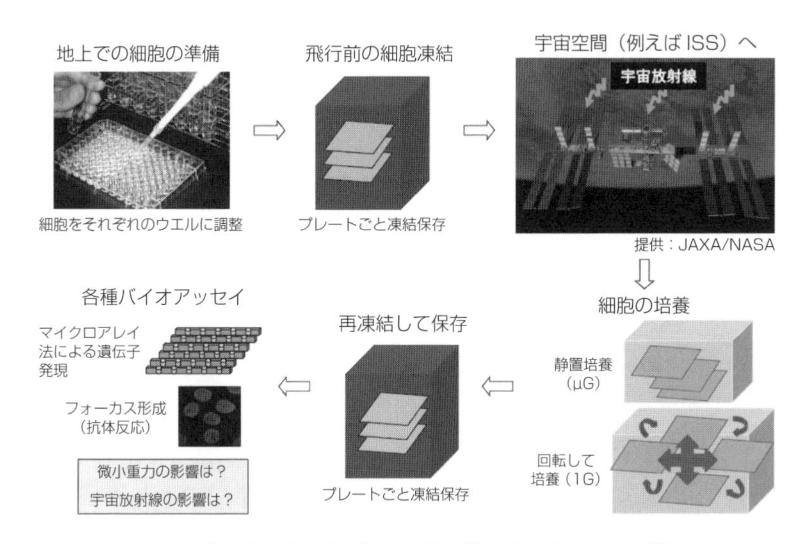

図 5-16　“放射線と微小重力”の問題究明のためのバイオチップ装置

培養することも可能になる．この場合は長期間にわたって低線量率放射線に被ばくしたことによる影響に加えて，その後の微小重力下での培養による影響についても何らかの情報が得られるものと考えた．もちろん，生きたままの細胞を宇宙にもって行って培養できる技術が格段に進めば，凍結による細胞への損傷などを起こさずに微小重力による影響を調べることができる．さらに長期間の培養が可能になったら低線量・低線量率の放射線の影響も調べられる．ただし，長期間培養などには培地交換などが必要で，マイクロタイタープレートの多数の微小セル中の微量培地を宇宙で交換することは容易なことではないが，地上で開発されているロボット化や自動化などの技術を宇宙に適用できれば，これらの実験から宇宙における遺伝子発現，免疫応答などの細胞応答に関する新たな知見を得ることが期待できる．

バイオチップの開発にあたっても，プローブは凍結して宇宙にもっていき再凍結して持ち帰るといった操作が基本となっているようだが，こちらのマイクロタイタープレートの場合も同様の基本操作が必要となる．さらなる技術開発が必要になるであろうが，近い将来にこの種の宇宙実験を実現させたいと思っている．

2. リアルタイム観測・解析

宇宙環境において，宇宙放射線によって生じたDNA損傷が細胞の中でどのように修復されるのかをリアルタイムで調べるにはどうしたらよいだろうか．また細胞にDNA塩基損傷やDNA2本鎖切断などのモデル損傷を地上の実験室で生成させ，細胞を凍結して宇宙船内に運び，船内でDNA損傷の修復などを含めた細胞応答実験を行うことは可能だろうか．X線や放射性同位元素（RI）を利用して細胞内のDNAに非特異的に傷をつけるのではなく，染色体DNAの特定の場所に，特定の種類の損傷をつくれば，より詳細に細胞応答を調べることができる．そこで，地上で遺伝子操作により部位特異的損傷を生成させてその細胞を宇宙にもっていく場合のシステム（図5-17）を考えてみた．もし，宇宙での実験操作によって同様の部位特異的損傷を作ることができればもっと精度の高い実験になると考えられるが，現実的にはかなり難しい．また，DNA損傷の修復に関わる“蛍光標識したタンパク質”を細胞試料といっしょに地上から持って行き，宇宙船内で生化学反応を行うことができれば，修復などの細胞応答の進行状況を蛍光顕微鏡で観察し地上にリアルタイムで観察結果を送信することも可能となる（図5-17）．つまり，細胞を人工（模擬）1Gと微小重力の両条件下で培養して，DNA損傷の修復の様子の違いをリアルタイムで追跡比較できることになる．

宇宙船内で培養後の細胞を溶解し，そこから分離したDNAやRNAなどをその場で調べられるシステムについては検討されているが，これまでに行われ

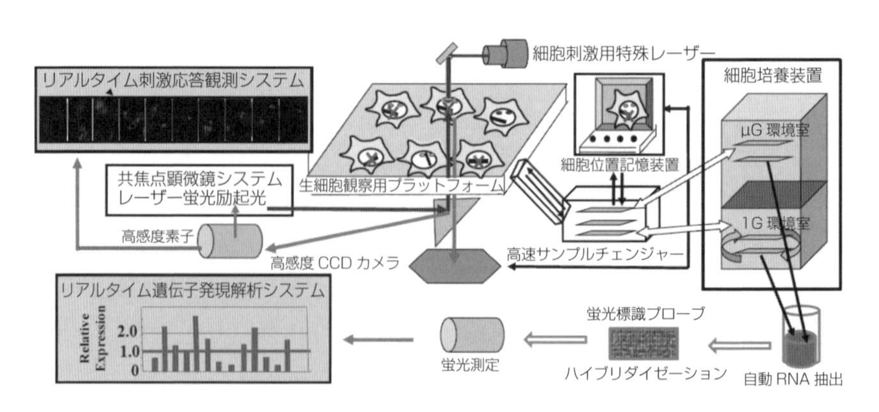

図5-17　宇宙空間における“DNA損傷の修復”のリアルタイム観測

てきた宇宙実験の経緯などから判断すると，まず地上でDNA損傷の生成や蛍光標識などを済ませておいて打ち上げるといった実験の組み立てをすれば，今すぐにでも実現可能のようにも思える．

さて，ここまでは，宇宙放射線によるDNA損傷の修復に焦点をあてて装置開発を述べてきたが，切り口を変えてみると宇宙放射線によるDNA損傷がトリガーになって，DNA損傷の修復とは無関係に様々な重要な細胞応答を起こすことが考えられる．その細胞応答には，DNA塩基配列の変化を伴わない"遺伝情報の制御機構"としてのエピジェネティク[5-13]な変化も含まれる．このような目的のためには，多くの遺伝子についてその発現を調べる必要があるが，実際に，遺伝子発現をリアルタイムで調べるとなると，細胞からDNAやRNAを自動的に抽出する装置，蛍光標識プローブ（作成・混合）装置，共焦点顕微鏡装置，マイクロアレイ装置，レーザー関連装置などをISS／きぼう船内に整備し，遺伝子発現や細胞応答をリアルタイムで観測することが必要となる．これらの装置のうち，共焦点顕微鏡については生細胞観察の手段として極めて有用なことなどから，この装置単独で，宇宙実験に利用する計画も練られ開発が進められている．また，最新の技術，例えば，宇宙船内での化学薬剤と光によるDNA鎖切断の導入技術やナノスプレーチップによる細胞1個でのオミックス研究[5-14]やそれと結合したバイオイメージングなどの技術を導入することによって装置を小型化，簡便化できることも考えられる．

3. 軌道上1Gの構築

低線量の放射線による被ばくにおける"重要な生命現象"として，適応応答効果[5-15]，バイスタンダー効果[5-16]，ゲノム不安定性[5-17]などがあり，低線量・低線量率放射線による細胞応答の問題が宇宙環境でも重要になることはすでに

5-13)　DNAの配列変化によらない遺伝子発現を制御・伝達するシステムのことである．遺伝的な特徴を持ちながらも，DNA塩基配列の変化（突然変異）とは独立している．このような制御は，環境要因によって変化するため遺伝子と環境要因の架け橋となる機構と言われる．

5-14)　遺伝子発現（トランスクリプトーム），タンパク質の構造解析や立体構造決定（プロテオーム），細胞内の全代謝物質の網羅的解析（メタボローム）等，個々の網羅的な解析から，全体性を把握しようとする研究である．

5-15)　あらかじめ低線量の被ばくを受けると，後の高線量被ばくに対して，放射線耐性が高まる現象をいう．

述べた（第4章）．重粒子線加速器などによる人工放射線を利用して，低線量かつ低線量率の宇宙放射線環境を反映する混合放射線場をつくれるとよいが，実現はなかなか難しそうである．困難を乗り越えて実現できたとしても，併せて長時間微小重力環境をつくることは恐らく不可能に近い．また地球環境と宇宙環境は異なることから地球の1Gをコントロールするのは科学的には正しくないため，宇宙での1Gコントロールの必要性も含め，発想を変えて，ISS内で1G環境をつくることに力が注がれてきた．軌道上の宇宙実験では，生物試料は宇宙放射線に被ばくするので，こちらの場合は実験結果が微小重力効果を反映していることを確認することが必要となる．確認のためには，対象として軌道上1G環境が必要となってくる．実際に，小型遠心機を利用してつくる1G環境を軌道上模擬1G環境，あるいは人工1G環境と呼び，この環境下で盛んに宇宙実験が行われてきた．最近では，軌道上で重力環境の変動をスムーズにするために，より巧妙な遠心器を開発することにも注目が集まっている[5-7]．例えば，遠心機をそのつど停止させなくても1Gから0Gに変えられるような遠心機もすでに開発されている．遠心機は1G以下の重力環境をつくることができるため，月（0.17 G）や火星（0.38 G）の重力を模擬する実験が可能である．

細胞の培養で遠心機を利用するにあたって，次のような提案も興味深いので紹介する．遠心機にセットする“細胞懸濁液の入った遠心チューブ”の底の形状によって遠心している時の細胞の分布状態が異なってくるという報告である[5-7]．フラットな底の遠心チューブでは宇宙船内において遠心機で回転しても，地上1G環境下で得られるような遠心チューブの底にまんべんなく分布した細胞が得られないが，丸底の遠心チューブを用いて回転すれば，地上での1G環境下に近い細胞分布を示すというものである（図5-18）．実は，地上の実験では丸底の遠心チューブをよく使うのであるが，宇宙実験では必ずしも丸

5-16）放射線が細胞に当たる際，その影響は直接放射線を浴びた細胞だけではなく，これに近接した細胞にも現われる．細胞が受けたストレスが，細胞間のコミュニケーション等によって伝達され，直接放射線を浴びなかった細胞にも影響することで，この細胞間の放射線影響伝達をバイスタンダー効果という．

5-17）ゲノム不安定性は，特に放射線照射によりゲノム安定性維持機構に乱れが生じることで起こる．放射線により誘発される遺伝的不安定性は，特に放射線発癌の過程で重要な役割を果たしていると考えられている．

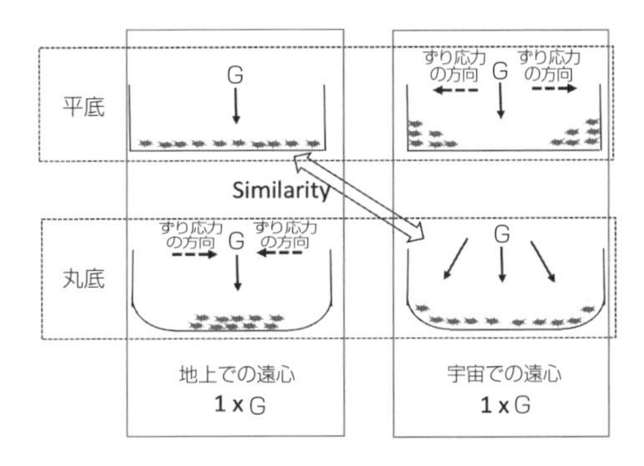

図 5-18 遠心チューブの底の形状による遠心時の重力のかかり方の違い（文献［5-6］より改変引用）
細胞分布の違いを指標にして，地上環境と宇宙環境の両方で底形状の違いによる細胞分布の重力のかかり方の違いを示している．

底になっていないことが多い．

第3章で述べたように，最近，長期滞在による循環系の変化による疾患として視神経乳頭浮腫（眼の障害）が注目され，頭部体液（脊液）量増加による頭蓋内圧亢進と脳循環変化が原因と考えられている．宇宙飛行士の健康に重大な危険性を及ぼす可能性もあることから，その対策の一つとして，遠心機によって宇宙飛行士を回転することが考えられている．そうすることで体液シフトだけでなく，筋萎縮を抑えることもできると思われる．まずは，JAXA が開発した小動物飼育装置でマウスやラットなどを利用して宇宙滞在（微小重力）による筋萎縮を人工重力で緩和できるか否かの基礎研究も重要であろう．人工重力の代わりに酸素濃度や気圧の変化で筋萎縮を緩和しようというねらいの研究や冬眠動物が冬眠中筋萎縮をおこさないことに注目した研究（第6章参照）も始まっているので，こちらの方も注目したい．

5.3 これからの宇宙実験

宇宙における生物影響を明らかにするには宇宙実験を進めることが欠かせない．宇宙船内の実験では，微小重力効果だけを調べることはできない．宇宙放射線は完全に遮へいできないので，微小重力下で宇宙放射線にもさらされた結果として現れる生物影響を観測している．ところが，船内で人工放射線を利用しない限り，観察された影響は微小重力効果によるものとして扱われてきた．宇宙放射線の影響が微小重力による影響に比べて極めて小さいと考えられるからである．また，船内で人工放射線によって生物試料を照射したときの放射線効果は微小重力下での効果であり，地上の放射線効果による生物影響と同じであるという保証はない．つまり，船内の宇宙実験では，“微小重力だけが関わる純粋な微小重力効果”，あるいは“放射線だけが関わる純粋な放射線効果”として生物影響を観測することができない．では一体，どのような生命現象に狙いをつけ，どのような解析手法を駆使していったらよいのだろうか．これからの期待される宇宙実験のヒントをいくつか紹介したい．

1. DNAの酸化損傷を生物影響の主要因として着目する

1次宇宙放射線には高エネルギー重イオン（HZE）[5-18]放射線が含まれる．HZEは他の種類の放射線と比べてDNA二重鎖切断をより高い効率で生成することから修復困難な（重篤な）DNA損傷とされ，宇宙放射線の生物影響を調べる上で重要視されていることはすでに述べた（第4章）．1次宇宙放射線だけでなく，宇宙船内などで発生する2次宇宙放射線による被ばくを考慮することも大切である．2次宇宙放射線による被ばくでは，放射線の間接効果，例えば，活性酸素種（ROS）[5-19]によるDNA酸化損傷がより重要になってくる．最近，HZEによる被ばくでも，ROSの果たす役割を重要視すべきであるという総説がSridharanらによって発表された［5-8］．宇宙飛行士の放射線による発がんリスクを推定するには，DNA損傷の生成や修復といった初期過程から遅延的，持続的な過程に至るまでの諸過程でのROSの働きを調べることがキーになると彼らは考えている．そこで，ROSの働きを放射線被ばく後の経過時間によって次の三つに分類している．

5-18）ヘリウムより重い原子から電子を取るとプラスの電荷を帯びたイオンになる．これが重イオンである．この重イオンを「加速器」を使って加速したのが重イオンビームで，普通は炭素以上の重い原子のイオンのビームをいう．生物実験ではDNAの切断，突然変異誘発等の研究に用いられる．

5-19）活性酸素種（ROS）はヒドロキシラジカル（・OH），スーパーオキシドアニオン（O_2^-），ヒドロペルオキシル（HO_2・），過酸化水素（H_2O_2），オゾン（O_3）などの総称である．これらはいずれも反応性に富み，種々の分子と反応して過酸化などを起こす．酸化ストレスとして細胞を直接的あるいは間接的に傷つけ，老化の一因をつくる．

①　細胞内での ROS の初期発生

高 LET 放射線照射直後の急性の細胞応答において，数 cGy（センチグレイ）といった低線量域の照射でも線量に比例して ROS が発生する．この発生は，細胞内の酵素の働きによって起こり，照射後 15 分から 30 分くらいして始まり数時間持続する．

②　遅延的 ROS 応答

2 番目の ROS の増加は，照射後 6 時間から 12 時間の間に起こる．例えば，神経前駆体細胞では 1 GeV の陽子線や核子当たり 1 GeV（1 GeV/n）の鉄イオン線による照射で照射して 6 時間後に ROS の発生がピークになる．こちらの発生も線量に比例する．

③　持続的 ROS 発生

照射された細胞が分裂したあとの子孫細胞でも直接照射されなかった細胞でも，ROS の持続的増加が観察される．例えば，高 LET 放射線では照射後数か月，数年経過した後でも持続的な増加がみられ，マウスなど個体が被ばくした後に起こる組織の機能異常と密接に絡んでいる．

なお，③の ROS 発生にはバイスタンダー効果やゲノム不安定性が絡んでいて，免疫応答も重要な役割を果たしていることが指摘されている．繰り返しになるが，宇宙における生活では，宇宙放射線だけでも ROS が発生するが，代謝の過程でも ROS が発生するので，大変複雑な事情のように思える．しかしながら，地球上での生活でも全く同じであり，いやむしろ地球上の方が化学薬剤，大気汚染，食品添加物，喫煙（受動喫煙も含めて）など事情がもっと複雑である．

2. 微小重力と放射線の“複合効果”を考える

微小重力と宇宙放射線の両方の要因が絡んで現れる生物効果は大きく三つに分類して考えられてきた．放射線による生物効果と微小重力による生物効果が相乗的に働いて，それぞれ単独の因子による効果の足し算よりも大きくなる，いわゆる相乗的効果（Synergistic effect）をもたらして生物影響が現れるというものである．次は，それぞれの要因による単独効果の足し算となって，いわゆる相加的効果（Additive effect）として生物影響が現れるという考え方である．この考え方は両因子が独立に働くことを意味するので複合影響に入れるべきではないという見解もあるが，ここでは複合影響の一つとして扱うことにする．最後に，両効果の足し算よりも低いレベルになってしまう減弱効果（Reduced effect）として働いて生物影響が現れるという考え方である．3種類の生物効果は微小重力効果と放射線効果の両方が働いた結果であることから，複合効果という名前で呼ばれることが多い．複合効果は英語の論文ではCombined Effectという言葉で表される．しかしながら，先に述べたように宇宙船内の宇宙実験では，“微小重力だけが関わる純粋な微小重力効果”，あるいは“放射線だけが関わる純粋な放射線効果”として生物影響を観測できない．そこで，以下のように三つのモデルを考える新しい発想法で複合効果を考える必要があると思われる（詳細については谷田貝らの総説が本書に先駆けて発表されているのでそちらを参照されたい［5-9］）．

① 宇宙放射線によって誘導された細胞応答が微小重力で変化を受けるモデル
② 宇宙放射線に特有なDNA損傷の結末が微小重力によって影響を受けるモデル
③ 代謝の過程で起こるDNA損傷に微小重力と宇宙放射線の両方が働きかけるモデル

なお，宇宙空間における生物への影響では三つのモデルは全く独立ではなく，むしろ，密接に関連していると考えるべきで，ここでは放射線と微小重力を一緒に考えることの重要性を指摘したい．

Mognatoらのグループが HPRT 変異に関わる遺伝子発現を調べたこと［4-28］は第4章で述べたが，その後，転写後の遺伝子発現に関わる“低分子のノンコーディング RNA：miRNA[5-20]”の発現にも着目して実験を進めている［5-10］．彼らは，この最近の実験でも，末梢血リンパ球を0.2 Gyあるいは2 Gy照射して，1 G環境下あるいは模擬微小重力下で4時間あるいは24時間培養した後に，miRNAの発現プロファイルを調べた．0.2 Gyといった低線量照射では，模擬微小重力下で培養すると，放射線に応答するmiRNA分子の数が明

5-20）ノンコーディング RNA（ncRNA）は，タンパク質に翻訳されずにいろいろな機能を持つ非翻訳（コード）RNAで，長鎖RNA（lnRNA）と短鎖（数十ヌクレオチド）のマイクロRNA（miRNA）に大別される．

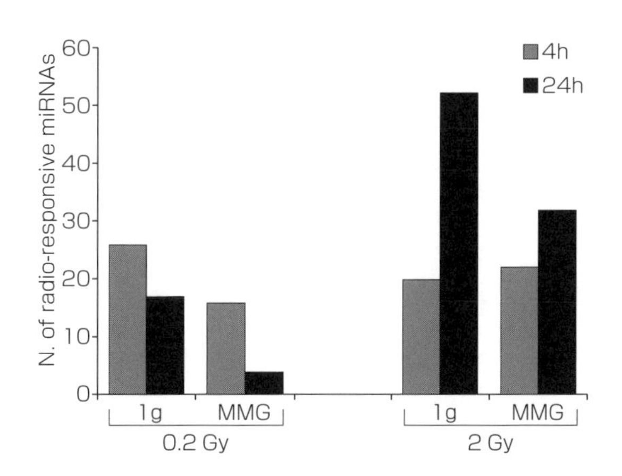

図 5-19　照射後の末梢血リンパ球の miRNA 発現に対する模擬微小重力の影響
（文献［5-10］より改変引用）
0.2 および 2 Gy を照射し，模擬微小重力下（MMG）および 1 g の条件で 4 時間および 24 時間培養した末梢血リンパ球における miRNA の発現数.

らかに減少した（図 5-19）. 2 Gy の γ 照射の場合には，4 時間の培養では模擬微小重力の効果はほとんど出ないが，24 時間培養すると，上述の低線量 0.2 Gy の場合と同様に，模擬微小重力による減少効果が顕著に出る．また，8 種類の miRNA 分子（let-7i*, miR-7, miR-7-1*, miR-27a, miR-144, miR-200a, miR-598, miR-650）では，放射線による遺伝子発現の変動は 1 G 環境下では現れずに，模擬微小重力下で現れた．つまり，両者の複合効果（後述）によって変動したことを意味する．彼らは miRNA と mRNA の発現を集積して解析するシステムも駆使して，放射線による DNA 損傷応答は 1 G 環境下では増強するが，模擬微小重力下では増強されないという可能性を指摘した．さらに，DNA 損傷応答に対して mRNA と miRNA は逆の相関を示す可能性も付け加えている．後述の“模擬微小重力による変動（複合効果）”の可能性を地上シミュレーション実験で明確に示してくれた.

3. 宇宙実験で調べられていない生命現象への挑戦

①クロマチン構造の変化

細胞骨格に微小重力の影響が及ぶ可能性はすでに多くの論文で指摘されている［5-11, 5-12］. それでは，果たして，細胞骨格の構造変化がクロマチンの

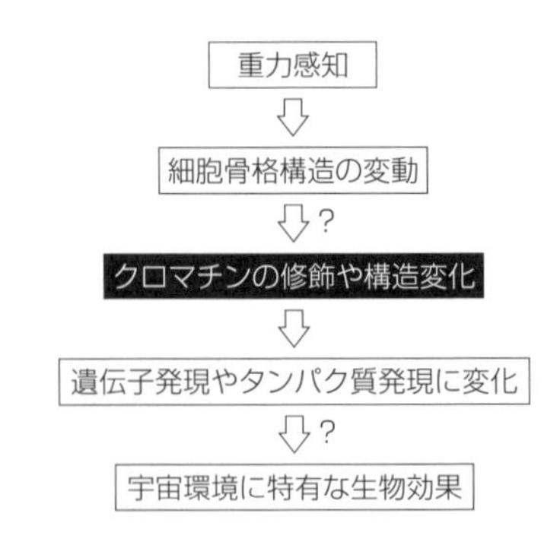

図5-20　重力応答の伝播モデル（クロマチン構造の変化を伴う重力応答の可能性）

修飾や構造変化を引き起こす可能性がどのくらいあるのだろうか．細胞骨格は，細胞の屋台骨となる構造であり，微小管，微小繊維，中間径フィラメントの3種類から構成され，細胞の形態維持の役割を担っている．重力など物理的な力を感知できる細胞内構造であることが知られている．すなわち細胞の支柱の働きをする微小管と微小繊維束（マイクロチューブリン），ケーブルやロープの働きをする収縮性微小繊維（アクチンなど）および中間径フィラメントによって，そして細胞膜と細胞核（染色体領域）を結び付ける細胞骨格ネットワークによって細胞が形成されているものとみなすことができる．つまり，細胞の外の情報が細胞膜を介して内部に伝達されるシステムが細胞には構築されていると解釈できる．このように考えると，重力変動（微小重力）の信号が細胞膜を介するMAPKカスケードなどの情報伝達系を通して，クロマチン[5-21)]の修飾に変化をもたらし，その修飾の変化によってクロマチン構造にまで重力の影響が及ぶ可能性がでてくる．微小重力環境下における遺伝子発現の変動については多くの報告があるが，このクロマチンの修飾や構造変化についてはその可能性を調べた報告はほとんどないように思える．そこで，図5-20のような重力応答の伝播モデルを組み立て，複合影響を解明するための作業仮説にすることを提案した．

一方，最近のエピジェネティクス研究（脚注5-13参照）で，クロマチンの修飾や構造変化がゲノム不安定性などをもたらし，細胞の様々な機能に影響を

5-21）　クロマチンは真核生物の細胞核内にあっておもにDNAとヒストンなどの塩基性核タンパク質を巻き込んだ構造で，分裂期には染色体となる．

与える現象が明らかになってきた．一例として，最近のChangらによる報告を紹介する [5-13]．乳がん患者の細胞から見つかったがん抑制遺伝子BRCA1タンパク質とヒストンの脱アセチル化酵素タンパク質の複合体が，miRNA-155のプロモータ領域に結合していて，通常ではmiRNA-155の転写発現を抑制している．ところがBRCA1タンパク質に変異が起こると，抑制がはずれてmiRNA-155が過剰に発現してがん化を引き起こす可能性が指摘された．もちろん，変異BRCA1タンパク質が直接がん化に関わるという経路も否定できないようだが，このようなエピジェネティクながん抑制機能は注目に値する．つまり，遺伝子発現としてmRNAの発現だけを注目するのではなく，miRNAなどnon-coding RNAにも注目しなければならない．実際に，前節で述べたように，模擬微小重力による影響としてmRNAとmiRNAの発現の相関が調べられるようになってきた．また，個体の発生や分化のときだけでなく，DNA損傷，とりわけDNA 2本鎖切断（DSB）の修復時にも大規模なクロマチン構造の変化が生じると考えられる．DSBがヘテロクロマチン領域とユークロマチン領域[5-22]のどちらに起きたかによってDSBの修復の経路が異なり，修復が早く進行したり，逆に時間がかかってしまうことが最近わかってきた．このヘテロクロマチン構造[5-23]は，基本的には遺伝子の転写や組換えを抑制するはずの構造であるが，遺伝子発現を活性化するにはその構造を再構築（リモデリング）する必要があると言われている．この再構築にmiRNAが絡んで遺伝子発現の制御をする可能性を追求することは，まさにエピジェネティクスの問題である．クロマチン構造の変化は，宇宙放射線によって生成されるDNA損傷の種類によっては修復過程で起こるかも知れないし，上述の提案モデルのように微小重力の影響だけで起こるかも知れない．もっと推測すると，両者の複合効果と関わっているのかも知れない．ここで強調したいことは，クロマチン構造と遺伝子発現，両者の変動の可能性を追跡し，複合効果の問題に挑戦する価値があるという点である．

5-22） 凝縮したクロマチンは，凝縮度によりユークロマチンとヘテロクロマチンがある．ユークロマチンはヘテロクロマチンに比べて凝縮度が低く，遺伝子発現が活発な領域である．

5-23） ヘテロクロマチン構造は，細胞周期の間期にみられる異常に凝縮したクロマチンのことで，細胞分裂が終わったあとも一部残存する凝縮クロマチンを構成ヘテロクロマチンという．

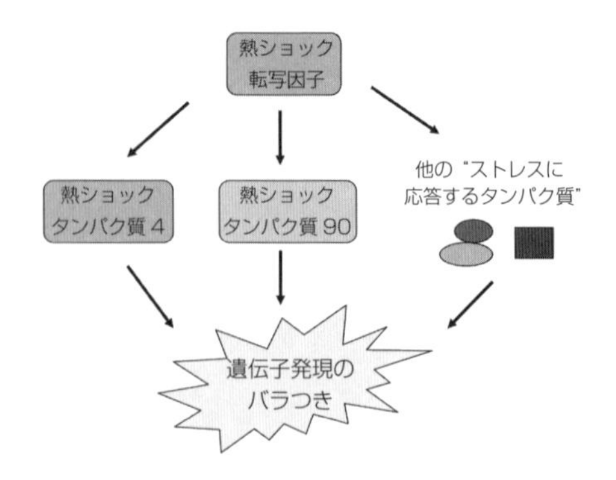

図 5-21　"ノイズ法則と遺伝子発現"の概念（文献［5-14］より改変引用）
熱ショックタンパク質の発現の個体間でのバラつきを説明するためのモデル.

②分子ノイズ（分子的ゆらぎ）の発生

遺伝情報（Genotype）と形質発現（Phenotype）が必ずしも一対一に対応しないことは上述した通りである．また，エピジェネティクスといった概念と絡んで，新たな学問領域の展開をみせてきたことにもふれた．El-Samad and Weissman がこの一対一に対応しないことの理由として次の二つをあげている［5-14］．一つは分子ノイズという現象で，遺伝子の発現のオン／オフをランダムに切り替える生物システムが働くからとしている．もう一つは，遺伝子が単独で働くのではなく，いくつかの遺伝子がいっしょに働いて機能的なネットワークが細胞内で働くからとしている．オン／オフをランダムに切り替えるシステムは大腸菌でもラクトースのオペロン系[5-24]でも働くことを Gordon らが論文発表した［5-15］．オン／オフとは遺伝子の転写に対するスイッチのことで，この切り替えが転写時（情報伝達時）のエラーを起こす原因にもなるので，分子ノイズという名前が付けられている．つまり，この分子ノイズによって遺伝的形質を変化させてしまうことになる．El-Samad and Weissman は上記の二つの理由を取り込んでノイズ法則と遺伝子発現の関わり方についての概念図（図 5-21）をつくり，個体間による遺伝子発現のバラつきを説明するモデルを提唱した．彼らの概念図では，熱ショックタンパク質の分子シャペロン Hsp4 と Hsp90 を例として挙げている．

5-24)　遺伝子の形質発現に関する，ゲノム上の機能単位をオペロンと呼ぶ．ラクトースオペロン系は，ラクトースの分解に関与するオペロン系である．

彼らが総説論文でこのようなモデルを提唱した理由は，Burgaらが線虫をモデルにして構築したBurgaらの分子ノイズの概念［5-16］を後押しする意味からである．線虫の変異*skn-1*遺伝子は腸管の発生に異常をもたらすが，すべての個体においてではなく，限られた個体にだけ起こることから，このような分子ノイズの概念に発展したとBurgaらは説明している．

5.4　宇宙からの地球観測（地球環境を考える）

1.　心配な地球環境

環境とは人を中心に考えた概念であり，人を取り巻く周囲の環境を意味する．最近では，環境による健康影響で悪い面が懸念されることが多くなり，このような場合，どうしても深刻度を益々深めている地球の環境問題にまで話が及ぶ．環境というと自然環境だけでなく人為的な環境も含めることがあるが，ここでは自然環境に絞る．自然環境と言えば，大気と水と土壌になる．長い生物進化を経て人類が繁栄した理由は，まさに人類にとって好都合な自然環境が形成されてきたからに違いない．しかしながら，地球上の人口の急速な増加や近年の工業の目覚ましい発展などに伴い，最適な自然環境は少しずつ壊され，人類にとって懸念の対象となる環境要因が増えつつある．いわゆる環境問題の深刻化である．環境問題として注目されているものに，大気汚染，水質汚染，土壌汚染，地球温暖化などが挙げられる（図5-22）．実は，地球の周回軌道を回る人工衛星から地球を観測すると環境問題の要因となる地球の大気，水，陸地などの情報が得られる．このことを利用して陸地観測，水循環観測，気象変

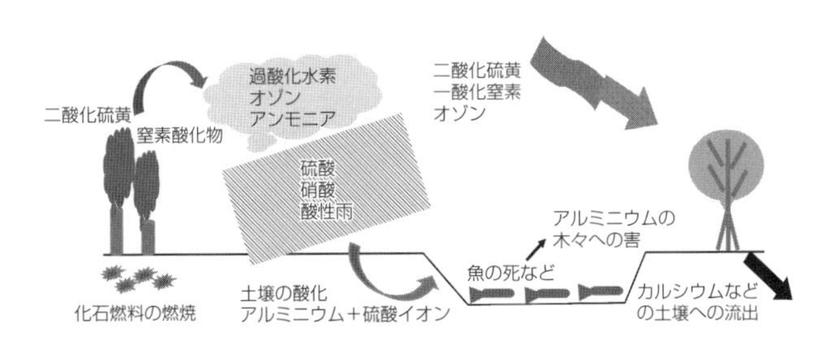

図5-22　現代において心配な地球環境（文献［1-3］より改変引用）

動観測などがすでに実用化されている．このような状況をふまえ，衛星による地球観測は宇宙環境利用の中でも重要なものの一つと考えられている．観測しているだけでは環境問題の解決には繋がらないのではという意見も聞こえてくるような気がするが，私たちの健康維持のために健康診断が大事であることと全く同じである．

大気の組成が生物の進化と密接に関わっていることはすでに述べた通りであり，大気中の酸素濃度が増加した大元の原因は，30億年くらい前に出現したラン藻草類が二酸化炭素を吸収して酸素を大気中に放出したからである．このような大気組成の変化は哺乳類，とりわけ人類にとって好都合であるが，30億年前に無酸素状態で生きていた化学合成細菌にとっては被害を受けたことになる．現在の大気として問題なのは，化石燃料の燃焼などによって生じた二酸化硫黄や窒素酸化物が大気中に放出されることで，光化学スモッグを起こすだけでなく，大気中の過酸化水素，オゾン，アンモニアなどの濃度上昇を伴い，これらの有機化合物が酸性雨などとなって土壌に吸収されることによっても人の健康に悪影響を及ぼすからである．図5-22にあるように，大気中の二酸化硫黄，一酸化窒素，オゾンが木々に吸収されると，木々の光合成は低下してしまう，つまり，大気中の炭酸ガス濃度が高くなる．森林が伐採されて少なくなっても光合成の効率が低くなる．人の様々な活動が直接的間接的に炭酸ガスの濃度を上昇させてしまう危険性をはらんでおり，このことは温室効果ガス問題として環境問題の中でも大きく取り上げられている．

赤外線は，可視光よりも少し波長が長い電磁波で，赤外線ストーブという名前からも想像がつくように効率よく熱に変換される．この赤外線を放出する気体を温室効果ガスという．大気中では，わずかに含まれる水蒸気（H_2O）や炭酸ガスが赤外線を放出する．そこで，炭酸ガスの濃度が上昇することは，温室効果ガスによる地球温暖化に繋がり，人類のための自然環境に大きな害をもたらすと考えられている．温暖化が海面の上昇や万年氷の融解に留まらないことも容易に想像がつく．話を少しそらすようだが，海面の上昇などの変動についても衛星で観測できる．しかしながら，温室効果そのものを悪者として扱うことには疑問が投げかけられている．それは，温室効果ガスは赤外線を放出するだけでなく，太陽放射に含まれる赤外線の一部を吸収して，大気を暖めるのに使われているからである．このような温室効果がなければ地表の温度は −18℃になるといわれ，そのお蔭で地球全体での平均気温が 15℃に保たれているのである．

2. 地球観測衛星

太陽の爆発現象などに伴って，激しい太陽風がジオスペース[5-25]に到達すると，宇宙嵐と呼ばれる大変動現象が発生する．宇宙嵐が起こると，人間の宇宙活動を脅かすだけでなく，衛星を利用した通信や放送，GPS 信号に影響の出ることもある．そこで，上記の地球環境のモニターも合わせて，ジオスペース探査衛星（ERG）が打ち上げられている（図 5-23）．

図 5-24 に載せた衛星「だいち-2」による地球観測は，実際には，どのようなことに役立てられているのだろうか．簡単に箇条書きにしてまとめてみると次のようになる．

① 防災機関における広域かつ詳細な被災地の情報把握

② 国土情報の継続的な蓄積・更新

③ 農作地の面積把握の効率化

④ CO_2 吸収源となる森林の観測を通じた地球温暖化対策など

図 5-23　ジオスペース探査衛星「あらせ」（ERG）による地球環境の把握（© JAXA）
http://www.jaxa.jp/projects/sat/erg/index_j.html および
http://www.isas.jaxa.jp/missions/spacecraft/current/erg.html より引用

5-25）天気予報の気象衛星，カーナビ等の GPS 衛星や人工衛星を用いた地球周辺の宇宙空間の探査など人類の活動域となりつつある，地球の影響が強くおよんでいる宇宙空間をジオスペースと呼ぶ．

図5-24　陸地観測技術衛星：「だいち-2」(ALOS-2)（© JAXA）
http://www.jaxa.jp/projects/sat/alos2/ および
http://www.satnavi.jaxa.jp/project/alos2/index.html より引用

3. 太陽光発電衛星の打ち上げ（地球のエネルギー問題の解決）

太陽光発電衛星システム（Space Solar Power System: SSPS）は，軌道上で太陽光を利用して発電しそのエネルギーをマイクロ波やレーザー光に変換して地上に送るシステムである（図5-25）．軌道上では，天候や季節，昼夜にほとんど左右されることなく太陽光が照りつけるので，非常に効率よく太陽光エ

図5-25　太陽発電衛星システムの構想（右：L-SSPS　左：M-SSPS）
L-SSPS：レーザー光を利用した太陽光発電システム
(http://www.kenkai.jaxa.jp/research/ssps/ssps.htm より引用)
M-SSPS：マイクロ波を利用した太陽光発電システム
(http://space.rish.kyoto-u.ac. jp/people/shino/research-sps2.htm より引用)

ネルギーを集めることができる．エネルギー源が太陽なので，天然ガスや石油などと違って枯渇する可能性がほとんどなく，太陽がある限り続けることができる．また，二酸化炭素の排出は受電施設のみであり，地球環境にも優しいと言える．JAXA では 2030 年の実現化を目指して，SPS2000 という 10 MW クラスの実証用発電衛星モデルの設計研究や数百キロワットクラスの無線電力送電のための実験衛星計画を検討していると報じられている．この構想を実用化するためには，原発 1 基分に相当する 1000 MW の電力を送電するには 2 km 四方のアンテナが必要で，受信する方の地上アンテナも同程度のものが必要とのことである．上記の 10 MW クラスの電力としてもこの 10 分の 1 の大きさにあたる．今までの実験では，1.8 kW の電力をマイクロ波に変換して 55 メートル先の 2 メートル四方のアンテナに飛ばして電力に戻すことに成功した（JAXA の大橋一夫・宇宙太陽光発電研究チーム長）という新聞記事がある（2015 年 4 月 19 日　読売新聞）．

第6章
宇宙への夢

NASAの宇宙技術ミッション本部（STMD）が主催する「Centennial Challenges（100年の挑戦）」というプログラムの中で，NASAは2005年に宇宙エレベーターの建設に関わる技術開発コンテストを発表し，今につながっている．同じくNASAの「NASA Innovative Advance Concepts（NIAC：NASAの革新的で先端的なコンセプト）」というプログラムでは，2030年の火星有人飛行を目指す，革新的で先端的なアイデアが提案された．その一つとして2016年にフェーズⅠからフェーズⅡに移行させたアイデアが「Torpor Inducing Transfer Habitat for Human Stasis to Mars（火星に向けた人体静止状態での冬眠誘導輸送ハビタット）」である．これまでSF小説やアニメの世界だけと思われたことや，一歩先を歩いていると思われた未来の世界に少しずつ迫っている．

6.1　宇宙の有効利用にあたって

1.　医療・工学分野での応用（高品質なタンパク質の結晶）

宇宙では，濃度の違いによる水溶液の「対流」や重いものが沈む「沈降」がないために，タンパク質分子がきれいに並んだ結晶をつくることができる．高品質なタンパク質の結晶は，医薬品の開発に繋がるだけでなく廃棄物の分解やエネルギー生産にも貢献することが期待されている（図6-1）．また，タンパク質の結晶化は，実用材料をつくる応用研究であると同時に結晶化のメカニズムにも迫ることができるので，自然科学の基礎研究という一面ももっている．

実際にタンパク質の結晶をつくる方法としては，カウンターディフュージョン法（図6-2）がよく用いられる．その原理は，タンパク質溶液と結晶化溶液がゲル層を介してお互いに拡散することで，時間とともにガラスキャピラリー

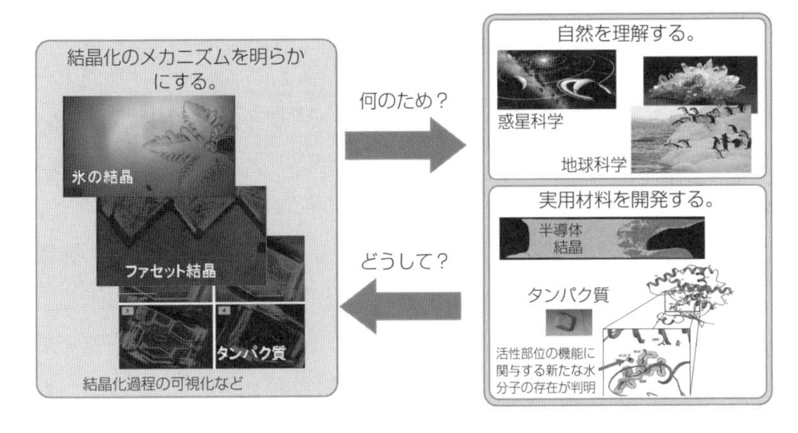

図 6-1 微小重力下での結晶成長実験の意義
JAXA 稲富裕光教授提供

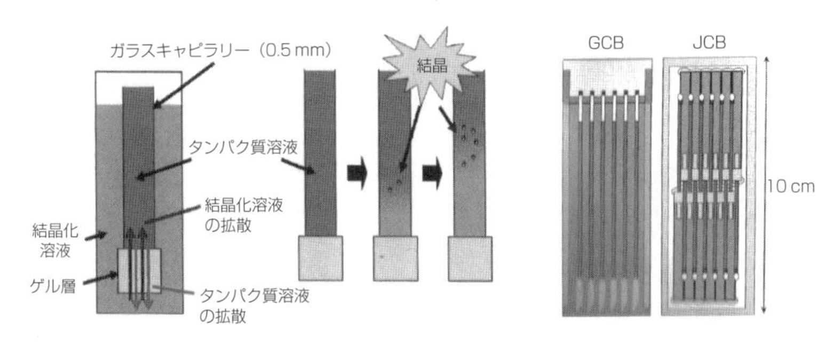

図 6-2 タンパク質の結晶をつくるためのカウンターディフュージョン法の原理
右側の挿絵には 2 種類の結晶容器 GCB と JCB のイラストが示してある．
JAXA きぼう利用成果レポート 2012 より引用．

の中で様々なタンパク質の結晶化が起こる．JAXA の主導による最近の宇宙実験では，JAXA が独自に開発した結晶生成容器，JCB が利用されている．

2. 再生医療に向けて

再生医療とは，病気や事故などの怪我などによって失われた機能を回復させることを目的とした医療である．iPS 細胞[6-1]や ES 細胞[6-2]がもつ多分化能を利用して様々な細胞を作り出し，分化誘導後に生体内に移植する移植医療にもつながる．iPS 細胞や ES 細胞はさまざまな細胞に変化させることができるが，地上では重力の影響もあり複雑な形をした立体の臓器を作製することは難しいため，現在は網膜や心筋細胞などシート状で培養できる組織や，血小板製剤などの研究が進んでいる．そこで，第2章でRWVバイオリアクターを用いた3次元培養について記述したように，宇宙の微小重力を利用して細胞を立体的に培養して組織を作成しようというものである．このような試みはスペースシャトルの時代からすでに検討されていた［6-1］．

JAXAと谷口らのチームは，宇宙でiPS細胞を立体的に培養し，肝臓を作り出す宇宙実験を2018年度に実施する計画を立ち上げた．これは世界で初めてのことである．谷口らの研究チームは，地上ですでにiPS細胞を用いて肝臓組織の培養シート「肝芽（かんが）」[6-3]の作製に成功している．ISSで行われる宇宙実験では，地上で約0.2 mmの「肝芽」を作製して，ISSの日本実験棟「きぼう」に運び培養し，重力の影響を受けることなく立体構造を持つ大型の「肝芽」を作製する計画である．その後，宇宙で，大型化した「肝芽」を観察して肝臓の機能を持つかどうかを確認する．iPS細胞由来の肝臓が宇宙で作製できた場合には，その肝臓を地上に持ち帰ってマウスに移植してマウスの体内でも正常に肝臓として働くかどうかを検証する（図6-3）．難病の患者の体細胞からiPS細胞を作り，それを宇宙でいろいろな臓器に分化させて移植に使用するだけでなく，病気の原因を解明する研究，例えば人体や実験動物を使用することなく患者の細胞を利用すれば，薬剤の有効性や副作用を *in vitro*[6-4]で評価する検査や毒性のテストが可能になり，新しい薬の開発が大いに進むことが期待される．それらの医療技術開発に向けての第一歩として大いに注目されている．

6-1）iPS細胞は人間の皮膚などの体細胞に因子を導入して，無限に増殖する能力と様々な組織や臓器に分化する能力とをもつ多能性幹細胞．この細胞を「人工多能性幹細胞」と呼び，英語では，「induced pluripotent stem cell」と表記するので頭文字をとって「iPS細胞」と呼ばれている．名付け親は，世界で初めてiPS細胞の作製に成功し，その功績によりノーベル賞を受賞した京都大学の山中伸弥教授である．

6-2）脚注3-23を参照．

6-3）「肝芽」とは，iPS細胞から作製した肝細胞の前段階となる幹細胞に，血管となる血管内皮幹細胞などを加えて，数日間培養して作られた薄い膜状の肝臓組織である．

6-4）*in vitro* とはラテン語で本来はガラスの中でという意味である，試験菅や培養容器等の中で細胞や組織を体内と同じような条件で実験する場合に用いられ，生体外での実験のことを指す，これに対してマウスやラットなど実験動物を用いて，いわゆる生体内で行う実験をいうときは *in vivo* という．

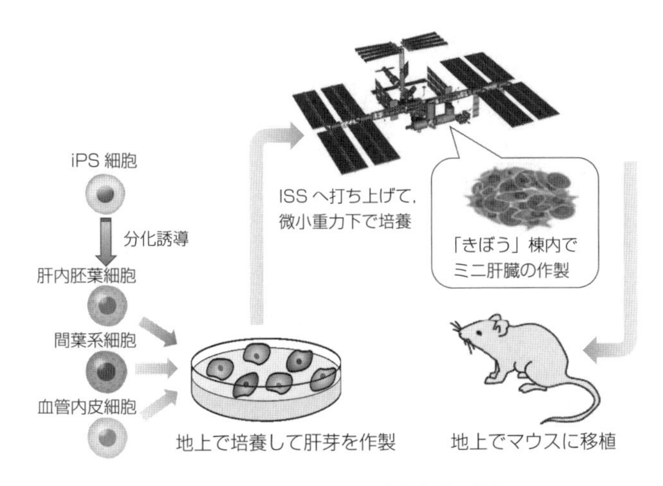

図 6-3 iPS 細胞を使った宇宙実験の流れ

3. アンチエイジング（抗老化）に向けて

宇宙飛行士に急速に現れる異常な骨量の減少や筋の萎縮など様々な生体の機能変化は，老化による骨量の減少や筋力の低下などの諸症状に非常に似ており，人の老化の全ての特徴を備えていると言われる．地上での長期間の加齢に伴う老化の過程との大きな違いは，宇宙では短期間で急速に進行することである．第 3 章で記述したように，筋肉は寝たきりの人の 2 倍の速さで弱くなり，骨は骨粗鬆症患者の 10 倍の速さで弱くなると言われている．さらに，地上でさらされる平均的な自然放射線量の約半年分の宇宙放射線量を宇宙飛行士は 1 日であびている．また，長期間，狭い宇宙船や ISS 内で生活する環境の精神的，心理的ストレスなど，宇宙では老化現象を加速させると思われるストレスの要因が多く存在している．

2009 年に JAXA 宇宙生物医学研究室室長の向井宇宙飛行士を代表とする研究チームの一員として石岡らは，ISS で 13 週間にわたり飼育されたマウスのサンプルシェア研究に参加し，マウスの体毛付き皮膚を分析する機会を得ることができた（図 6-4）．老化の要因の一つとして，加齢に伴う活性酸素障害の蓄積が言われている．この皮膚を用いて酸化ストレスや細胞周期[6-5]，タンパク質合成に関与する遺伝子群，老化や DNA 損傷などに関わる遺伝子群の発現変動を分析した．遺伝子発現解析は，微小重力や宇宙放射線の影響だけでな

図 6-4　ケネディ宇宙センターの NASA の実験施設でのマウスサンプルシェアの様子（➡は石岡）

く，酸化ストレスや細胞周期，老化，寿命に関わる遺伝子群など様々な遺伝子の動態と宇宙環境との関係を探る上で有用である．ここでは宇宙環境と老化や寿命との関係を，細胞老化に焦点を絞り解説する．

一般的に細胞分裂をする細胞において，細胞が分裂を停止して増殖しなくなり，その状態がずっと続くことを「細胞老化」という．酸化ストレス，放射線，がん遺伝子の活性化，DNA の不安定化や損傷などによっても細胞老化が起こることが示されている．細胞老化を起こした細胞の多くは細胞周期が停止している．短期的な細胞老化は細胞の異常な増殖を防ぎ，がんの発生や炎症などを予防する生体の防御機構の一つと考えられているが，長期的には老年病の要因になると考えられ，細胞老化から個体老化や老年病へと結びつく可能性がある．酸化ストレスや放射線によるストレスは，そのまま宇宙環境でのストレスに当てはまる．

太陽放射や電磁放射線（例えば，γ 線など）は生体内でヒドロキシルラジカルなど活性酸素種（ROS）を発生させ，脂質の過酸化を引き起こす連鎖反応

6-5）細胞は一定の周期で分裂・増殖する．この周期を「細胞周期」と言い，DNA が複製される S 期，分裂の準備をする G2 期，分裂する M 期，分裂し終わり次の分裂に向け DNA の合成開始までを G1 期と呼ぶ．これに G0 期という静止期が加わる．完全に分化した細胞や分裂を一時的に停止した細胞は G0 期に入ったという．この細胞周期には正常に進行させるためのチェックポイントが在り，要所要所で監視している．この監視機構をチェックポイント機構と呼ぶ．

を開始させる．ROSは酸化ストレスの主要因で，細胞老化を誘導する原因となる．確かに宇宙飛行したマウスの皮膚を用いた遺伝子解析の結果は，抗酸化に関わる酵素類，特にスーパーオキシドアニオンを過酸化水素に変換する酵素や過酸化水素を除去する酵素の遺伝子発現が有意に増加していた．さらに，多くの抗酸化酵素の遺伝子の発現も増加していた．これらは宇宙長期滞在における酸化ストレスの上昇と蓄積を意味し，細胞老化を引き起こす可能性が高いことを示している．

長期間飛行により，細胞周期のチェックポイントの一つに関与するがん抑制タンパク質のリン酸化を阻害して細胞周期のG1期からS期への移行を抑制する遺伝子群が増加していた．また，これらの遺伝子群にはチェックポイントで中心的役割を果たす酵素の一つを不活化し，細胞周期のG2期の通過とM期の開始も阻害するものも含まれていた．宇宙環境は細胞周期の抑制や停止を誘導して，細胞老化を加速する可能性を強く示唆していた．

さらに，第3章で線虫の寿命を制御する遺伝子群が不活発になることを示したが，不活発になった7つの遺伝子に対応するマウスの遺伝子の発現を調べたところ，*C.elegans* で最も寿命を延ばした遺伝子を含む2つの遺伝子の発現が宇宙飛行により同様に減少していることがわかった．*C.elegans* で特定された遺伝子同様にマウスの遺伝子が老化や寿命に関係するのかどうかなど，今後，詳細な解析が必要だが，寿命に関して種を超えた共通の遺伝子が宇宙実験により特定されるかもしれない［6-2］．

宇宙環境下での宇宙飛行士の急速な生体機能変化が，地上における緩慢な老化現象のメカニズムと細胞や分子のレベルで同じであるという明確な証拠は今のところまだないが，寿命に関する遺伝子群を宇宙実験で特定できたように，哺乳動物を利用する宇宙実験を通して人間の老化に伴う生体機能変化の分子メカニズムに関する重要な知見が得られる可能性は大きく，老化や寿命に関する基礎科学から抗老化医学研究への有用な実験場として宇宙環境が機能するものと期待される．宇宙から不老不死の夢に近づくのも遠い将来ではないのかもしれない．

4. リハビリへの応用（姿勢制御）

“長期宇宙滞在飛行士の姿勢制御における帰還後再適応過程の解明–Synergy–”という課題名で石岡が代表研究者になり石原，神崎，寺田，東端らと共同で宇宙実験が進められている．

ISSにより宇宙飛行士の長期宇宙滞在が実現して，宇宙滞在中に微小重力や宇宙放射線，閉鎖環境などの宇宙環境から生じるストレスの影響を評価することは，宇宙飛行士の健康管理のために極めて重要な課題である．また宇宙滞在時ならびに帰還後の健康を維持するための方法の確立が求められる．

宇宙に滞在すると宇宙飛行士の下肢にある抗重力筋（ヒラメ筋等）[6-6]への機械的な負荷が減少して筋肉の萎縮が生じる．宇宙環境で生じる筋肉の萎縮に関する研究はこれまで数多くなされているが，残念ながら決定的な解決方法が未だに得られていないのが実情である．

Synergyの研究では，長期間宇宙に滞在し帰還した宇宙飛行士の下肢骨格筋の活動パターンや体性感覚の適応過程に注目し，宇宙飛行士が帰還後に行うリハビリテーションに貢献できるデータを取得することを目指している（図6–5）．

具体的には，宇宙に行く前と地球帰還後に継時的に宇宙飛行士の下肢拮抗筋[6-7]の筋電図の測定，重心動揺[6-8]や歩行の3次元動作の測定，下肢骨格筋の血流の測定，さらに足底圧の測定を行い比較解析することにより（図6–6），長期宇宙飛行によって生じる骨格筋ならびに体性感覚で生じる生理的な問題点を明らかにすることと，それらの問題点を解決するための基礎データを得ることを目的として実施している．帰還後の宇宙飛行士に生じる歩行の問題を解明

6–6）地球上では，常に重力の影響を受ける．この重力に対して姿勢を保持するために働くる筋肉のことを抗重力筋という．抗重力筋は身体の腹側に位置するものと背側に位置するものと大きく分けて2群ある．ヒラメ筋は背側にあって主要な姿勢筋の一つである．立位の姿勢保持には通常は背側の筋群が腹側に比べて重要な働きをしている．

6–7）下肢拮抗筋とは足の筋肉で筋肉運動をするときに反対の働きをする筋肉のことである．

6–8）我々は意識しないで常に身体のバランスを保っている．このバランス（体平衡）保持の状態を客観的に表現したのが重心動揺で，その測定装置を重心動揺計と呼ぶ．重心動揺計は直立姿勢時における足底圧の垂直作用力を検出し，足圧中心の動揺を電気信号に変えてコンピュータで解析できるようにしたものである．

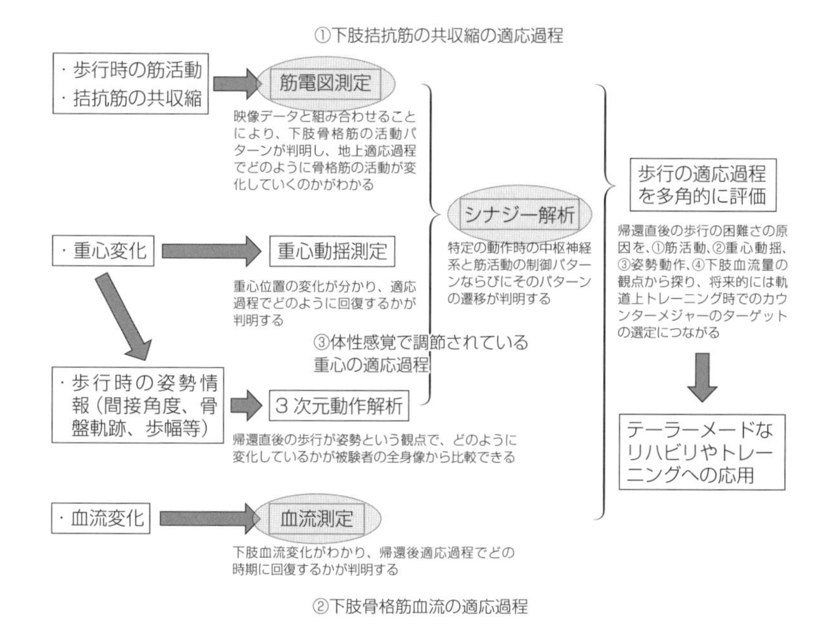

図 6-5　Synergy 実験の概要

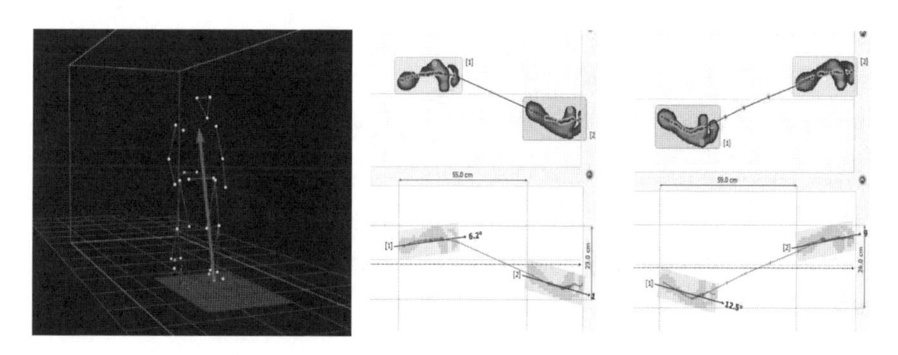

図 6-6　歩行の三次元モーションピクチュアと歩行時の足底圧測定

して，効果的なリハビリテーション法の開発や宇宙滞在中の筋萎縮予防に対する運動ならびに新たなトレーニング方法の提案にも貢献するものと期待される．さらに，歩行を多角的にとらえることで，地上と異なる重力下での歩行様式の研究にも貢献をすると考えている．

日本では高齢化が進み，長期間寝たきりになる高齢者がどんどん増えていくことが予測される．このような高齢者や長期入院している臥床患者達も活動ができなくなることで下肢を使うことが少なくなると，長期宇宙滞在した宇宙飛行士と同様に筋肉の変化が生じるだろう．そこで，この研究の成果を，より効果的なトレーニング法ならびにリハビリテーション法の開発へ繋げることが，介護産業にも寄与すると思われる．さらには，アスリートに応用して，効果的なトレーニング法の開発にも寄与できるのではと期待している．

6.2　宇宙に向けて拡大される人類の活動領域

1. 宇宙旅行の夢

有人宇宙飛行の始まりは，第2章でも述べたように，1961年にガガーリン少佐が地球周回衛星ヴォストーク1号によって地球を1周した108分の旅である．竹取物語のかぐや姫が月に帰っていくおとぎ話は，まさに，Science Fiction（SF）であり宇宙旅行である．日本人にとって，はるか昔からの夢物語であったのかもしれない．JAXAが2007年9月に打ち上げた月探査機に「かぐや」という名前が選ばれたのもうなずける．「かぐや」は月の起源と進化を解明するための科学データを取得することも目的のひとつになっている．ガガーリン少佐の宇宙飛行から50年以上経った今も，宇宙航空科学や医学生理学など関連分野の専門家が地上で十分な訓練を受けてから宇宙へ行っている．ちなみに，JAXAが平成20年度（2008年）に行った「国際宇宙ステーション搭乗宇宙飛行士募集」の募集要項には，自然科学系の大学卒業以上とされているので，いわゆる専門家というより一般の人が宇宙飛行士になれる時代の到来が感じられる．

ところで多くの人がすぐに思い浮かぶのは宇宙飛行というよりは宇宙旅行といったイメージではないだろうか．インターネットで検索すると，日本の旅行会社が外国の宇宙旅行会社と提携して実際に旅行者を募集していることや，米国の民間企業が宇宙船を開発し宇宙旅行の夢を叶えようとしていることが出てくる．民間宇宙企業を活性化することはNASAもJAXAも大いに歓迎していることが報じられているが，宇宙旅行については安全性も含めて克服すべき多くの課題が残っている．まずは宇宙船の技術的な面における安全性である．また，旅行者の飛行前，飛行中，飛行後の健康チェックをどのようにしたらよいかといった

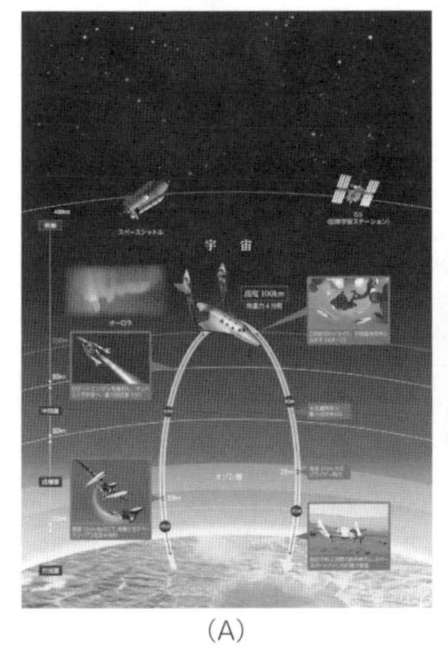

(A)

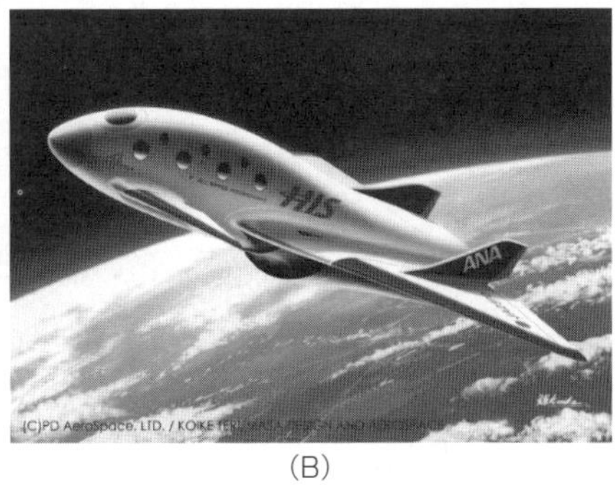

(B)

図 6-7　クラブツーリズムの飛行計画（A）とエアロスペース社の宇宙船イメージ（B）
（A）クラブツーリズムの HP より引用（http://www.club-t.com/space/）
（B）ANA の HP より引用（http://www.ana.co.jp/group/pr/201612/20161201-3.html）

問題も解決しなくてはならない（宇宙飛行士の健康チェックは定められている）．

ともあれ，夢の話をもう少し続けよう．アメリカやロシアに行かなければ宇宙に飛び立てないようでは日本の宇宙旅行マーケットへの参入は一歩も二歩も遅れをとってしまう．将来の宇宙ビジネスを考えれば，日本も有人宇宙飛行を検討して国内に宇宙港を建設することが望ましい．誰でも行けるようにするには，現在の募集で提示されている数千万円の旅行費用を数十万円くらいまでにコストダウンする必要がある．旅行企画は地球周回だけでなく，宇宙ステーションに立ち寄り，月に行くコースや，さらに火星へと，いくら夢を語っても語りきれない気がする．このような夢物語を具体化するべく，実際，日本でも（株）クラブツーリズム・スペースツアーズ社や（株）PD エアロスペース社（2016 年 10 月に HIS，ANA とともに宇宙旅行をはじめ宇宙輸送の事業化に向け資本提携した）では，宇宙旅行を「宇宙ビジネス」の一環として検討をしているようである（図 6-7）．

2.　宇宙への移動（宇宙／軌道エレベーター）

人類の宇宙へ進出する目的が宇宙旅行以外にも多様化する中で，可能性をさらに広げていくためには，経済的でかつ大量の人や物資の搬送が必要になってくる．宇宙へ人や物資を移送する新たな手段として宇宙／軌道エレベーターが期待されている．地球と宇宙の間をケーブルでつなぎ，気軽に宇宙へ行ったり来たりすることを可能にする「宇宙／軌道エレベーター」が実現すれば，宇宙旅行はもちろんのこと，太陽光発電，資源の探査や活用など，さまざまな分野での可能性が広がる．例えばISSの太陽光発電によって作られる電気の一部を「宇宙エレベーター」に使われるケーブルで地上に送電することで，化石燃料による大気汚染や二酸化炭素排出による地球温暖化，さらには我々がすでに経験したような原発の大事故被害のリスクや心配はなくなるかもしれない．

宇宙エレベーターの着想自体は古く，1895年には，「宇宙旅行の父」と呼ばれるロシアの科学者コンスタンチン・ツイオルコフスキーが，パリのエッフェル塔を見て，地上から紡錘形のケーブルを伸ばした先端に取り付けられ，地球の静止軌道上を周回する空想の“天空の城”を提案した [6-3]．彼は，赤道上から天に向かっていくと，遠心力が強くなり，ある点（静止軌道半径）で重力と釣り合うと述べている．一方，ユリ・アルツターノフという名のレニングラードのエンジニアは，静止軌道上から上下にケーブルを伸ばすアイデアなど宇宙エレベーターに関する最初の近代的なアイデアのいくつかを1960年に「天のケーブルカーの計画」として発表した [6-4]．またアメリカの海洋学者ジョン・アイザックス（John Isaacs）は静止衛星に伸びる一対の細いウィスカーのワイヤーについての短い記事を1966年にサイエンス誌に発表した [6-5]．その後1979年になってアーサー・C・クラークが長編SF小説『楽園の泉』[6-6] において，高度3万6千キロにある静止軌道上のステーションから地上へテザーを下ろし，そのテザーで地上と宇宙を行き来するエレベーターについて記述してから宇宙エレベーターが有名になった．テザーはバランスをとるために地球と反対側にも伸ばす必要があり，全長は5～10万キロにもなる．さて，そこで問題となるのが約3万6千キロの静止軌道まで伸ばしたケーブルが自重によって切れてしまうのをどうやって防ぐかということである（図6-8A）．ジェローム・ピアソンは，1975年に軌道エレベーターの材料に関する研究を行い [6-7]，当時利用できる素材としての鋼鉄やケブラーでは全く不可能であるとの結論を出している．そのため長い間，宇宙／軌道エレベーター

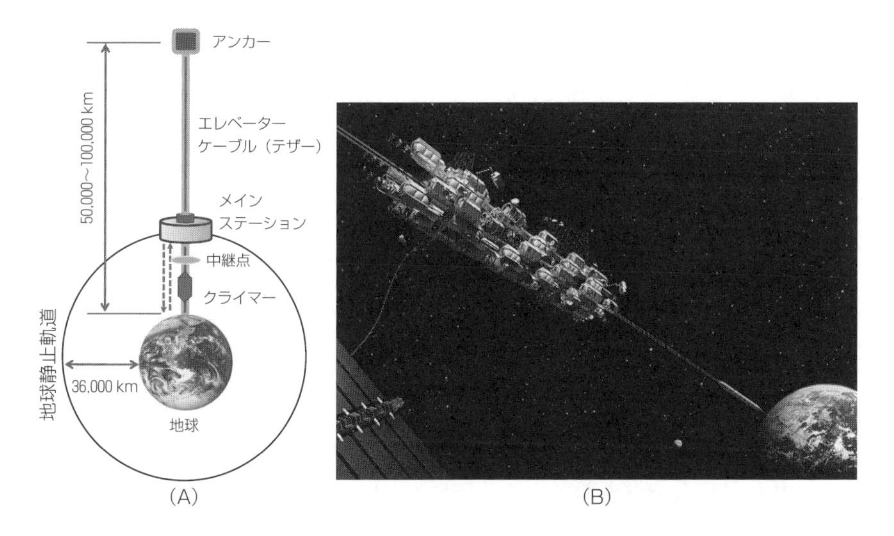

図 6-8　宇宙エレベーターの構造（A）と大林組の「宇宙エレベーター」建設構想（B）
（A）静岡新聞 Net de ひぶれより改変引用（http://www.vivere.jp/special/2017/01/post-175.html）
（B）大林組の挑戦「地球と宇宙をつなぐ 10 万 Km のタワー」宇宙エレベーター建設構想より引用（https://www.obayashi.co.jp/recruit/shinsotsu/challenge/spaceelevator.html）

はSFやアニメの世界での未来技術として扱われてきたが，理論的には軌道エレベーターを建造できる強度のグラファイトウィスカーが1982年に，さらに，それ以上に極めて強度の高いカーボンナノチューブが1991年に発見され，俄然，現実味を帯びて実用化可能とまで言われるようになった．日本の建設大手会社の大林組のプロジェクトチームが「2050年エレベーターで宇宙へ」として2050年の完成を想定した「宇宙エレベーター建設構想」をまとめている（図6-8B）[6-13]．

1999年から2000年にNASAのグループ [6-8] や元ロスアラモス国立研究所員のブラッドリー・C・エドワーズ博士がそれぞれ軌道エレベーターの理論的な実現性に関して報告している [6-9]．さらに2000年にはこれらの研究報告に基づき，NASAからの援助を受けてリフトポート社が設立され，軌道エレベーターの早期実現へ向けた研究開発を行っている [6-10]．2005年9月には同社が開発中の宇宙エレベーターの上空での昇降テストに成功した米リフトポート社は，2020年までに月面宇宙エレベーターを建設するというプランを2012年に発表している [6-11]．

全米宇宙協会（National Space Society: NSS）のホームページ（http://www.nss.org/）のSpace Libraryには，宇宙エレベーターの歴史やNASA Innovative Advanced Concepts（NIAC）のPhase 1およびPhase 2研究やInternational Space Elevator Consortium（ISEC）の研究，技術開発など米国における活動報告書が掲載されている．米国の現状がよくわかるので参照されたい．また2006年にブラッドリー・C・エドワーズ博士はフィリップ・レーガン氏と共著で“*Space Elevator: Leaving the Planet by Space Elevator*”を出版している（日本語版『宇宙旅行はエレベーターで』関根光弘 訳，ランダムハウス講談社，2008年4月）．

日本には，宇宙エレベーター協会（JSEC）があり，2009年から宇宙エレベーター技術競技会を主催している．JSECのホームページや編集した本で宇宙エレベーターについて詳しく，わかりやすく説明しているので興味のある方はご覧いただきたい [6-12]．先述したように，大林組の「宇宙エレベーター建設構想」など，日本でも着実に夢の実現に向けて前進している．2014年に「宇宙博2014-NASA・JAXAの挑戦」が幕張メッセで開催され，「NASA×JAXA夢のコラボ　宇宙に挑み続ける人類の限りない夢と情熱の記録が集結」の展示物のなかで，注目を集めたものの一つが「未来の宇宙開発」コーナーでデモンストレーションされていた「宇宙エレベーター」だったそうである．「宇宙エレベーター」が実用化された時，宇宙に行く費用は，1人80万円程度の格安になると試算もされている．

宇宙エレベーターの実現に向けた基礎実験がISSの宇宙実験として静岡大学を中心に計画された．ISSから放出する超小型衛星「STARS-C」で（図6-9），将来，宇宙ステーションと地上をケーブルで結ぶのに必要になるテザーを伸ばすための基礎実験である．STARS-Cは，1辺10センチの正六面体の親機と子機，それに両機をつなぐ長さ100メートルのテザーからなる．テザーは太さ0.4ミリのケブラーを使用している．日本の実験棟「きぼう」から衛星を放出して，親機と子機を分離した後，テザーを伸ばし詳細なデータを記録する．この実験は宇宙エレベーターに向けた実験だけでなく，「導電性テザー」による宇宙ごみの回収にもつながる実験で [6-14]，本書執筆中の2016年12月に打ち上げられた [6-15]．この実験は宇宙空間で親機と子機をつなぐとい

図 6-9　STARS-C のイメージ図
静岡大学 STARS-C プロジェクトより引用
（STARS-C プロジェクト：http://stars.eng.shizuoka.ac.jp/）

うことで，まさに軌道間を結ぶ実験でもある．NASA は最近，地上と宇宙を結ぶエレベーターより宇宙空間での軌道と軌道を結ぶ軌道エレベーターがより早く実現可能であると述べており，先取りした実験といえるかもしれない．

3.　宇宙で住める空間

①スペースコロニー／ハビタット

アメリカのプリンストン大学のオニール教授は，1976 年に宇宙空間に地球と同じような環境をつくり，数万人から数十万人もの人が住む都市建設の構想を提案した [6-16]．これはオニールのシリンダー（図 6-10A）と呼ばれるスペースコロニー計画である．オニールシリンダーは，6 区分されており交互に人の居住区画（陸地）と巨大な窓とで構成される．大きさは直径 4 マイル（6.4 km），長さ 20 マイル（32 km）で，回転することで，その内面に遠心力によって人工重力を提供するものである．この大きさだと内壁に 1 G の重力（遠心力）をかけるにはシリンダーを 1 回転させるのに 1 分 50 秒の速さが必要であり，かなり高速になる．コロニーは回転して遠心力を発生させるために，円柱形や巨大なリング状のものが多い．NASA は 1970 年代に盛んにスペースコロニーのデザインの構想案を作成している [6-17]．1975 年にはスタンフォード大学のグループが 1 万人規模のハビタットを考案している．コロニー上方にある大反射鏡で太陽光が反射されてコロニー内に差し込み，居住区はドーナ

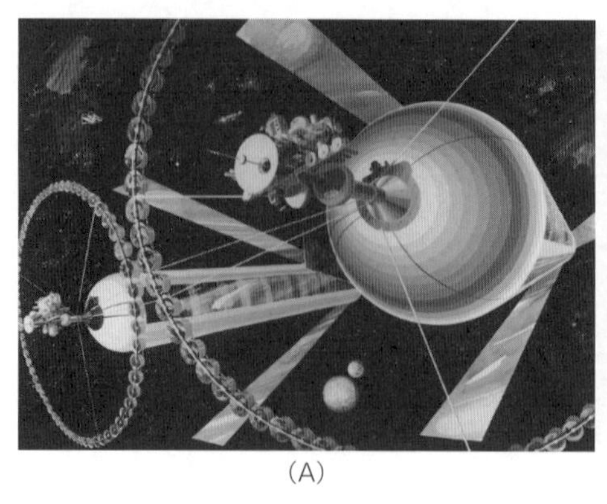

(A)

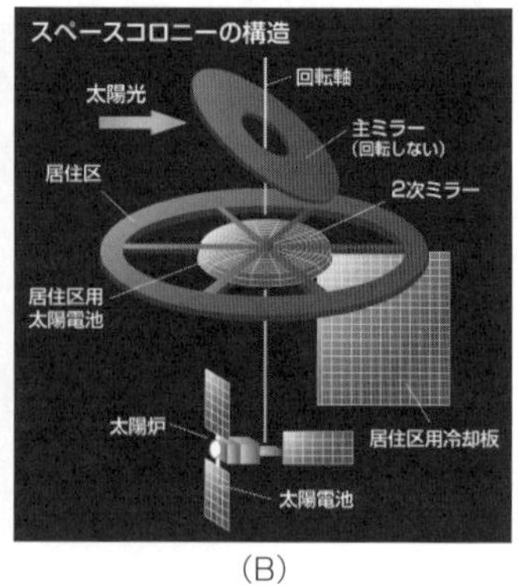

(B)

図6-10　オニールの提唱したシリンダー型コロニーの想像図（A）と
NASAが1970年代に考案したスペースコロニーの構造（B）

（A）Space Colony Ilustrations from 1970s（文献［6-17］より引用）
（B）JAXA 宇宙情報センターより引用（http://spaceinfo.jaxa.jp/ja/space_colony.html）

ツ型になっていて（図6-10B），その中が居住区域，農業区域などに区分され，生活に必要な動植物の飼育，栽培が行われるとされる［6-18］.

さらに月の軌道上には，月と地球の引力のつり合った領域「ラグランジュポイント」[6-9]があり，そこにスペースコロニーをつくることができるという．コロニーの内部には，人口重力を利用して地球と同じ環境（空気，水，自然）が作られる．

こんな夢のような構想がもし実現されれば，まさにアニメ「ガンダム」の世界の到来かもしれない．NASAはオニール教授の構想を検討し，建設可能であるとして，具体案までもが作成されたという．当時の背景には，近い将来に世界人口の増加により地球上の食糧資源や燃料資源等が枯渇し，人類の生存が脅かされるかもしれないという危機感があった．

6-9）　例えば二つの天体を地球と月としたときに，地球や月の質量に比べ無視できるほど小さい物体をコロニーという条件下で考えてみる．コロニーが特殊な位置にあれば，コロニーはその位置（地球や月から見た相対位置）に留まっていられることが知られている．このような位置をラグランジュポイントという．つまりラグランジュポイントとは，地球のコロニーへの重力，月のコロニーへの重力，コロニーの重心系から見た遠心力の3つが釣り合っている点のことである．ラグランジュポイントは全部で5つあることが知られている，それぞれL_1，L_2，L_3，L_4，L_5と表され，最初の3つは地球と月を結ぶ直線上にあり，残りの2つは地球と月の双方から60度の位置にある．L_4，L_5の2つを特にトロヤ点（trojan points）と呼ぶ．地球-月系でのスペースコロニー配置箇所候補としては安定性の高いL_4，L_5がよいと考えられている．このようなラグランジュポイントは他の惑星系でも多く存在する．

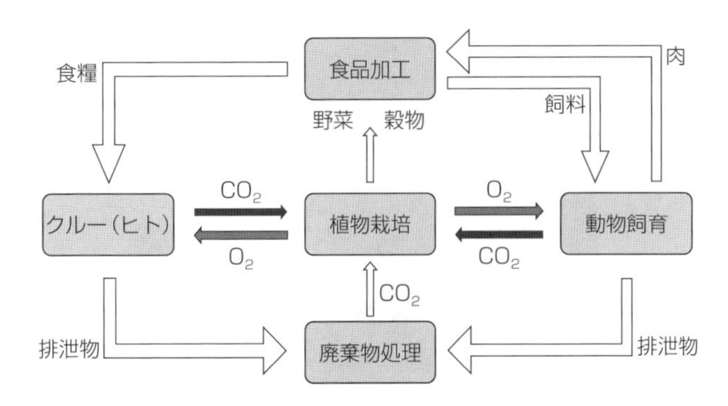

図 6-11　閉鎖生態系生命維持システム（CELSS）の概念図

スペースコロニー構想の実現には約 20 年の歳月と約 2,500 億ドル（当時約 60 兆円）の費用が当時かかるとされた．人類が一丸となって事を進めたとしてもかなり困難な巨大プロジェクトである．

宇宙移民というアイデアは魅力的？ではあるが，人口増加についていくだけの建造時間や輸送手段を考えると，現在の技術では実現可能とは思われないが，建設資材や人を運ぶために前節で記述した宇宙／軌道エレベーターを用いることで可能性が出てくるかもしれない．なお日本ではアニメの影響もあり「スペースコロニー」という名称で親しまれているが，海外では「コロニー」は植民地をイメージさせるということで「ハビタット」や「セツルメント」を使用することもある．

②宇宙基地

スペースコロニーでもふれたが，宇宙で生活していくためには，生態系の構成要素である微生物や動植物を宇宙空間や惑星，衛星上で生育し，酸素や水だけでなく食料などの物質も生産・循環させるシステム，いわゆる自然を構築することが必要であると考えられている．このような閉鎖生態系生命維持システムを CELSS（Closed Ecological Life Support System，図 6-11）とよぶ．食物と牧畜に重点を置くと宇宙農場であり，資源探査や宇宙探査を行うために月や火星に作ろうとするならば前線基地となる．外部からの物質の補給がされない，あるいは制限されている CELSS についての条件を整理してみると以下のようになる．

(A)

(B)

図6-12　米国アリゾナに建設されたCELSSの地上モデル「バイオスフィア2」(A) と青森県六ケ所村環境科学研究所のEEF（旧CEEF）(B)
(A) ウィキペディア「バイオスフィア2」より引用（http://ja.wikipedia.org/wiki/バイオスフィア2）
(B) 環境科学技術研究所ホームページより引用（http://www.ies.or.jp/project_j/project02a.html）

・設置される惑星の厳しい環境に耐える構造体である．
・一気圧の与圧環境を維持している．
・水や空気を自前で供給する（老廃物の処理，再利用による）．
・宇宙放射線を遮へいする．
・微生物，動植物を生育し，これらの資源を再利用する．

実際にCELSSを構築するには未解決の問題が多々あり，惑星上に建設されたものは未だない．最初のCELSSの地上モデル「バイオスフィア2」[6-10] [6-19] は，1987年から1991年にかけて米国アリゾナ州の砂漠の中に建設された（図6-12）．モデル施設なので外部からの補給が完全にないわけではではな

6-10）バイオスフィア2は第2の生物圏という位置づけで，人類が宇宙に進出，移住する時に，果たして閉鎖された生態系で生存可能かを検証するために，アメリカ合衆国アリゾナ州オラクルに建設された．

く，建物の冷却，照明などは外部電源に依存している．施設内部は，熱帯雨林，海，マングローブ湿地帯，サバンナ，農場，居住区などがあり，廃棄物処理などもできるようになっていた．1991年からの2年間のミッションで8人の科学者が自給自足生活を行ったが，残念ながら期待されていたような成果は得られずに，食料の生産は不十分で外部からの酸素の供給が必要となった．また，閉鎖空間における生活で精神心理的な悪影響が大きく人間関係も良好に保てなかったようである．その後，第2回のミッションとして10ヶ月の滞在が行われたものの，100年間施設を継続する計画は中止され，1995年には施設の運営はコロンビア大学に委託され，その後は宅地業者に売却され，2007年からはアリゾナ大学がこの施設を利用しているとのことである．なお，日本においては，2005年から2007年にかけて環境科学研究所が青森県の六ヶ所村でこのような閉鎖空間長期滞在実験を実施した［6-20］．現在，閉鎖型生態系実験施設（Closed Ecology Experiment Facilities; CEEF）は生態系実験施設（Ecology Experiment Facilities: EEF）として放射性炭素等の物質が生態系の中でどのように移行・蓄積するのかを安定同位体をトレーサーとして利用する実験を行うための施設となっている．実験の継続や実験施設の維持が大変でそれに見合う成果がなかなか出ないのが現状である．

惑星や衛星上で生活できる居住空間を拡大して宇宙基地のようなものをつくるには，技術的な問題だけでなく，これまでも懸念されてきた精神心理や宗教に加え，人間関係を円滑にするコミュニティづくりといった問題もあることがわかってきた．月，火星基地建設という夢に向けて今後この実験で得られた課題，問題点を克服するために，さらなる研究が求められる．

4. 人が住める惑星に改造（テラフォーミング）

ここでは地球の代わりに人類が住める星を探すのではなく，惑星や衛星を改造して居住する方法を考えてみよう．さて，今まさに人類が行こうとしている惑星がある．ほかでもない火星である．地球生命の起源は火星にあるとも言われている．我々は人類の生命の母なる故郷惑星に帰ろうとしているのであろうか．では火星を人類が住めるようにするにはどうしたらいいのか，それがテラフォーミングである．すなわち二酸化炭素の厚い層をつくり，海もつくって植

図 6-13　火星を探索するキュリオシティ（想像図）
CNN より引用（http://www.cnn.co.jp/photo/l/433261.html）

物を植え光合成によって二酸化炭素の大気から酸素を含む大気に置き換え，地球大気に似たような層を構築することを目的とする地球化惑星改造計画のことである．

カール・セーガンが 1961 年に「惑星金星」と題する論文をサイエンスに発表し [6-21]，金星の環境改造に関して論じたのをきっかけに研究が始まった．1976 年には NASA がテラフォーミングをテーマとした「planetary eco-synthesis（プラネタリー・エコシンセサイズ）」というシンポジウムを開催した．また 1991 年には NASA のクリストファー・マッケイらが，火星のテラフォーミング計画に関する論文をネイチャーに発表した [6-22]．さらに 1998 年には日本でもテラフォーミングに関する研究について橋本が発表している [6-23]．

火星人の存在を信じる人は少ないだろうが，太古の火星は海に覆われ，生命が存在するのに適した環境だったと考えられている．最近では内部に氷ではなく水が存在するらしいことが明らかになりつつあるし [6-24]，火星探査車のキュリオシティ（図 6-13）からの写真や NASA が公開している写真を見て，生物がいるのではとネット上で話題にもなっている．例えば「火星に生命は存在するのか」とネット検索するだけで多くの情報が得られる [6-25]．

火星の 1 年は 687 日であるが，1 日は地球同様にほぼ 24 時間である．平均気温はマイナス 50 度だが，赤道付近の最高気温は約 20 度といわれる．地球の大気には 21% の酸素が含まれているが，火星の大気は 97% が二酸化炭素で酸

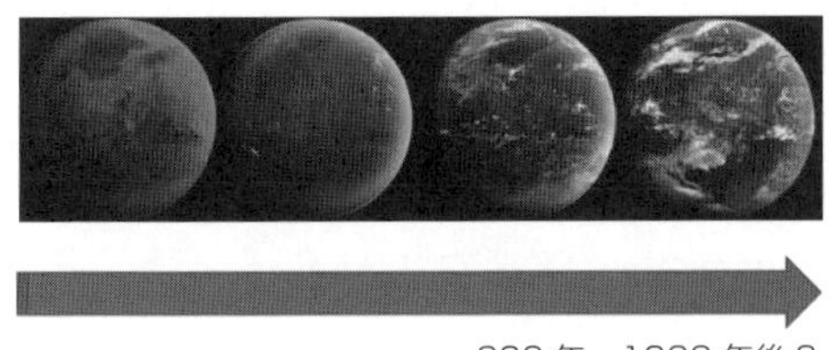

図 6-14 4 段階で描いた火星のテラフォーミングの想像図
ウィキペディアより改変引用

素がほとんどない．火星で人類が生きていくためには，水，植物，食料，そして何よりも呼吸するための酸素が必要である．地球化に向けて改造するために，まずは最初に火星の気温を上げなければならない．その手段としては，今地球で問題となっている温室効果の逆利用がある．メタンやフロンなどの「温室効果ガス」を火星の地表で作るためにメタンを含んだ小惑星をぶつけるとか，巨大な鏡を火星に向けて，太陽の熱で気温を上げるなどという，壮大な手段が考えられている．温室効果ガスで火星を覆い，太陽からの熱を地表に閉じ込めるというアイデアで，NASA は，これにより平均気温は 4 度上がるとしている．ある程度気温が上がると，火星の極にあると言われる二酸化炭素の氷と，水の氷が溶け出し，さらに極以外にも火星の地面に存在するといわれる永久凍土に存在する水が溶ける（2013 年には，やはりキュリオシティが火星の土壌に水が含まれていることを発見している［6-26］）．次に酸素であるが，これには植物を利用する．植物は二酸化炭素を吸収して酸素を作り，ゆっくりとだが確実に火星の大気を二酸化炭素から酸素に変えて行く．「Mars Plant Experiment（MPX）」という火星で植物を育てる研究が NASA で進んでいる［6-27］．火星移住のための基礎研究として植物を積んだ探査機を 2021 年に火星に着陸させ育てるというプロジェクトである．日本でも陸生シアノバクテリア[6-11]を利用するテラフォーミングを検討しているグループがある．人類が住めるようになるまでの地球の歴史をたどるように，何世代にもわたる努力と莫

6-11） シアノバクテリアは藍藻とも呼ばれる単細胞生物である．植物と同じように光合成をする．地球上で生命が誕生した初期に出現し，光合成を通して大気中に酸素を生産し続けた．このアイデアから陸生シアノバクテリアをテラフォーミングに利用しようと研究しているグループがある．

大な費用が必要なテラフォーミングは，実現可能性も含め人類の壮大な夢プロジェクトである．

オランダの民間組織マーズ・ワン［6-28］が2022年に地球を出発して2023年に火星に到着する片道切符の火星ツアーを実施して，人類初の火星コロニーを建設する，そしてさらに2025年に第2陣を送り込み，その後も定期的に人員を派遣し火星の人口を増やそうという計画を発表した．希望者を募ったところ世界から20万人以上の参加希望者が殺到したというニュースが2013年に報じられた．2016年には5日間の選抜試験を実施し，最終的に24人に絞るとの発表があった［6-29］．火星人誕生も実は夢ではないのかもしれない．

5. 惑星から惑星へ（人工冬眠への挑戦）

コールドスリープ（人工冬眠）は，SFの世界では当たり前のように惑星間飛行に利用されるだけでなく，難病患者の未来での治療のために，はたまたノアの方舟のように生命の未来への保存にも役立てられており，なじみ深いものである．だが実際にはどうであろう？　人工冬眠技術は実現可能なのか？　それこそ夢物語でないのかと考えるのは当然である．生物はもともと冬眠する能力を有していたとも言われるが，そもそも人間は冬眠することが可能なのだろうか？　この問いに関して，2012年2月，記録的な寒波に見舞われていたスウェーデンで，40代半ばの男性が雪の下に埋もれた車の中に2ヶ月も閉じこめられていたところを発見されたという事件があった［6-30］．男性は生きており，男性を診察した医師によると，飢えのためひどく衰弱しており動くこともできなかったが，深部体温は31℃前後に保たれていて臓器は機能していたという［6-30］．同様なことが日本でも報告されている．2006年12月，六甲山中で遭難した兵庫県西宮市の男性（35歳）が24日間，飲まず食わずの状態で発見された．この時発見された男性の体温は約22度という極度の低体温症で，保護された時は大半の臓器が機能停止の状態だったが，後遺症を残すことなく回復したという［6-31］．どうやら人間もある特定条件下では「冬眠」することができるようである．この特殊な条件を見つけることが，今後，人工冬眠技術の重要な鍵の一つと考える．

2014年，NASAが2030年の火星有人ミッションに「人工冬眠」を活用する

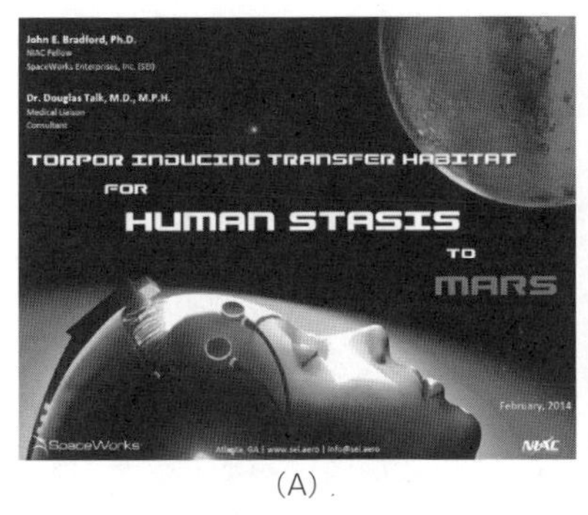

(A)

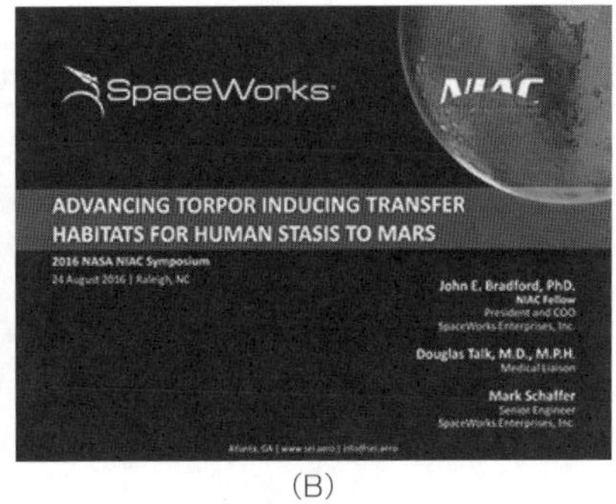

(B)

図6-15　NIACプログラムに選定され，2014年（A）に始まった人工冬眠のアイデアが2016年（B）にはフェーズⅡに入った

NASAとスペースワークス社より引用

（A）https://www.nasa.gov/content/torpor-inducing-transfer-habitat-for-human-stasis-to-mars

（B）http://spaceworkseng.com/advancing-torpor-inducing-transfer-habitats-for-human-stasis-to-mars/

ための技術検討を開始したとのニュースがネットに流れた［6-32］．2016年にはNIACプログラムで人工冬眠のアイデアがフェーズⅡに入り助成金を受けている［6-33］（図6-15）．

食料，酸素などの生命維持用品の少量化や節約，筋力低下や骨量減少を抑えるためのトレーニング設備などの設置スペースを抑え宇宙船をコンパクト化できれば大幅なコスト削減につながるため宇宙飛行士を冬眠させようという考えである．NASAが助成するスペースワークス社［6-34］が発表した人工冬眠の計画では，「ライノ・チル・システム」と呼ばれる方法が検討されている［6-35］．鼻から冷気を体内に注入し，6時間かけて体温を31.7度〜33.9度まで下げる方法である．外部から体温を下げる方法だと，体が凍えてしまい，細胞や組織の損傷につながる恐れもあるため，内部から冷やしていくことが重要だという．図6-16に示したように，冬眠中は胸に刺された点滴から栄養が補給され，排せつ物は体内に入れられた管から自動的に排出される．搭乗員たちの体温が常に適切であるよう，冷気の調整が行われ，体温も自動管理される．覚醒時は，冷気を止め，約2〜8時間かけて自然と冬眠から目覚めさせるようにするというものである．スペースワークス社は2018年から動物実験を開始して，段階的に人体実験をしていく予定のようである［6-36，6-37，6-38］

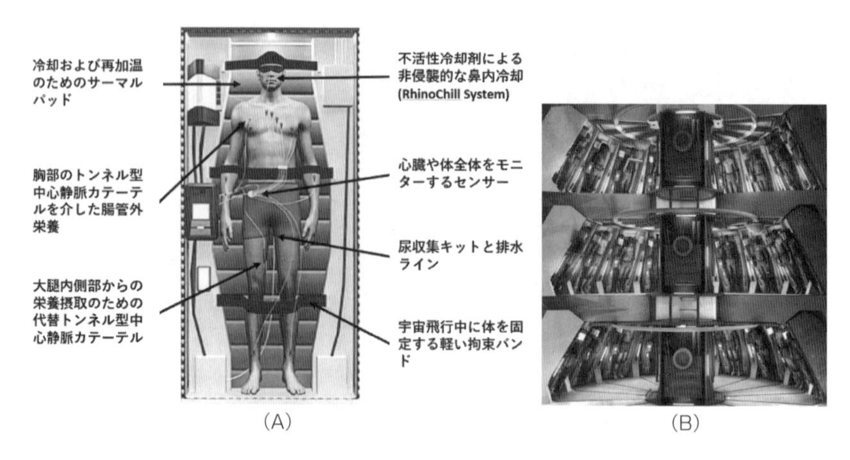

図6-16　スペースワークス社が検討中の人工冬眠の実装（A）と冬眠チャンバー（B）
（A）Space-for-All at HobbySpace より改変引用
（http://hobbyspace.com/Blog/?p=11618）
（B）Popular Science: The hibernation science in ‘Passengers’ is not far from reality より引用
（http://www.popsci.com/hibernation-science-passengers-got-right）

一方，医療現場では，患者を低体温において治療を行う「低体温療法」が早くから行われている［6-39］．この手法に点滴による栄養補給を組み合わせれば，宇宙飛行士を冬眠させたまま火星まで送ることが可能になるかもしれない．また，ピッツバーグ大学医療センターでは，患者の血液を冷却した生理食塩水に置き換えることで体温を低下させ，患者を仮死状態にさせるという実験計画が2014年に発表された［6-40，6-41］．これまでの医療現場での冬眠期間は1～2週間であるが，火星への有人飛行は，最低でも片道180日間はかかると言われているので，本格的に人工冬眠を活用するには，さらなる技術開発が必要である．

基礎科学からは，「人工冬眠」により老化を防ぎ長生きできるかもしれないという見方から，石岡は石原らとともに人工冬眠技術に挑戦すべく基礎研究を進めている．実際に冬眠をする動物として有名なヤマネの仲間のアフリカヤマネと冬眠しないマウスを用いて低温飼育での体温変化や血液分析，遺伝子発現等を比較分析して冬眠のメカニズムを解明することで，人工冬眠に応用しようとするものである．長期間，安全に人工冬眠を行うにはまだまだ課題が多いが，今後の研究の進展に期待したい．

あとがきにかえて
—ライフサイエンス宇宙実験の思い出話—

国際宇宙ステーション（ISS）に日本の実験棟「きぼう」が完成し，本格的に運用が開始されてから早10年になろうとしている．本書で紹介したように，この間に多くのライフサイエンス実験が実施されてきた．スペースシャトルでの短期間宇宙実験から，ISSでの長期間宇宙実験へと発展していく中で，2010年にスペースシャトルが引退した現在は，ソユーズやHTV，スペースXを利用して試料を打ち上げ，試料の回収もソユーズやスペースXに依存している．生物試料の種類や輸送形態，輸送重量などが制限される一方で成果最大化が求められている．2024年まで運用が延長され，日本のライフサイエンス宇宙実験は新たな局面を迎えることになるのであろうか．それは兎にも角にも次の世代の研究者の関心と積極的な参加が求められる．これまでの宇宙生命科学をまとめ，さらに発展させていくにはどうしたらいいのか？　今後の宇宙開発の流れは決して順風満帆ではない，むしろ厳しくなる方向かもしれないが，それを乗り越えて先に進んで欲しい．そのための一助になればとの思いで本書を執筆したつもりであったが，時間ばかりが過ぎていく中でなかなか思いが形にならなかったと大いに反省している．

さて，本書のあとがきの段になり何を書こうかと悩んだが，経験も何もない私が宇宙分野に飛び込んで経験したスペースシャトルの実験，そしてあのコロンビア号の大惨事，ISSの初期利用へと息つく暇もなく過ぎ去った日々が思い出されてならない．これらについては既にJAXAの出版物にも書いたことだが，ここで改めてあとがきにかえて認めることとしたい．

私が宇宙実験に関わったのは1998年のスペースシャトルSTS-95のミッションからである．1992年に日本が初めてスペースシャトルを使って本格的に実施した第1次材料実験（First Material Processing Test: FMPT）以来，日本がライフサイエンス宇宙実験を実施して，国際微小重力実験室（International Microgravity Laboratory: IML），ロシアのミール，スペースシャトル・ミール，ニューロラブと続いた後のスペースシャトルミッションがSTS-95である．大学から宇宙開発事業団（NASDA）に移り，この業界で右も左もわからない状態で，実験の支援としてケネディ宇宙センター（KSC）に赴き，基地内にあるハンガーLとアウトバックと呼称された建物（今はもう無い）で作業を行った．STS-95は向井千秋宇宙飛行士の2回目のフライトで，ライフサイエンスの実験としては植物分野と細胞を用いる放射線影響分野の実験が実施された．

その後2003年に，やはりスペースシャトルミッションSTS-107での小動物実験のラット・サンプルシェア研究実験に参加した．スペースシャトル内で飼育されたラットのいろいろな臓器を国際的にシェアして効率的に科学成果をあげようという実験であった．私はNASDAの解剖チームのヘッドとして参加した．NASAの解剖チームがKSCで，NASDAの解剖チームはスペースシャトルの第2帰還地であるカリフォルニア州エドワーズ空軍基地内にあるドライデン飛行研究センター（DFRC）（人類初の月面着陸を行った宇宙飛行士ニール・アームストロングに因み2014年3月付でアームストロング飛行研究センターと改名されている）で待機していた．オレンジ色に光るスペースシャトルがDFRCの上空からKSCに向かうのを確認して，これでDFRCでの解剖が無くなったと肩の荷を下ろしたのもつかぬ間，着陸予定時間を過ぎてもKSCに帰還せず，呼びかけにも応答しない事態になり，ついにはコロンビア号が空中分解している映像を目の当たりにすることになった．この大惨事でクルー7人の犠牲と共にSTS-107ミッションは永久に失われることになったのである．我々の頭上を通過した時，すでに燃えていたことは後で知った．1986年1月のチャレンジャー号の大事故から2度目の悲劇であった．歴史的事故の証人，こんな証人にはなりたくはなかったのだが．コロンビア号の残骸の中から線虫（*C.elegans*）培養容器が回収され，培養容器内で*C.elegans*が生きていたことを知り，驚くと同時に複雑な思いに駆られたことを思い出す．

そこからがライフサイエンス宇宙実験の冬の時代の到来であり，ISS建設遅延のさらなる始まりでもあった．それはまた，日本の宇宙3機関（宇宙開発事業団：NASDA，宇宙科学研究所：ISAS，航空宇宙技術研究所：NAL）が統合し，新たな宇宙機関である宇宙航空研究開発機構（JAXA）がスタートした年であり，私が宇宙科学研究所に異動した年でもあった．スペースシャトル再開を睨みながら，ソユーズや回収衛星を利用する実験機会を探した．他国の状況も同様で，そんな中，フランス国立宇宙センター（CNES）のミッシェル・ビソ氏が中心となってオランダ宇宙機関（SRON）の支援の下，JAXA, NASA, ESA（欧州宇宙機関），CSA（カナダ宇宙機関）が参加する線虫国際宇宙実験ICE-1（International *C.elegans* Experiment-First）が2004年に実施され，私が日本チームの代表研究者とし参加した．ICE-1はソユーズで打ち上げ，ISS内でESAが開発したKUBICという遠心機を内蔵した温度制御可能な恒温槽での培養実験である．遠心機が再起動せず，残念ながら軌道上1Gコントロールができなかったが，これがISS利用の日本のライフサイエンス宇宙実験第1号となった．ICE-1での成果が，その後の*C.elegans*の宇宙実験（CERISE, Epigenetics, Nematode Muscle, Space Aging）につながっている．

日本の実験棟「きぼう」モジュールが完成する直前，2008年3月にESAの実験棟「コロンバス」でESAの培養装置EMCS（European Modular Cultivation System）を使用する日本の植物実験CWRW（CellWall and ResistWall）を実施した．シロイヌナズナを宇宙で発芽，成長させて植物細胞壁に関する研究を行う実験であったが，EMCSの給水ラインの接続ミスから給水されず，軌道上での修理，改修が不可能で，当初に計画した実験のほとんどが成し得なかった．ノルウェーにあるEMCS運用施設に何度か足を運ぶ中で宇宙実験の怖さ難しさを改めて痛感すると共に，実験の実現と実施に向けて苦労してきたチームを思うと悔しさで一杯であった．

そうこうしているうちに2008年6月ようやく日本の実験棟「きぼう」モジュールが完成した．そして「きぼう」モジュール内で，日本の開発した実験装置CBEF（Cell Biology Experiment Facility）を使用する初めての宇宙実験である細胞培養実験RadGene/LOHに携わることができた．RadGene/LOHは2008年11月に打ち上がり，実験終了後2009年3月に回収した．LOHの代表研究者が本書の執筆協力者の谷田貝先生である．試料は本来2月に回収する予定であったが，スペースシャトルの燃料関係のバルブの亀裂問題から打ち上げが延び続け，その結果打ち上げ後に開始予定の培養実験も遅れてしまい，細胞の凍結保存が3ヶ月以上になってしまった．さらにCBEFへ炭酸ガスを供給する「きぼう」モジュールのシステム側のバルブ不具合によってガス供給が危ぶまれたが，完全閉鎖ではないことが判明してなんとか無事に細胞培養実験を終了することができた．幸いにもその後の解析で細胞の状態も良好であったことがわかり，ホッとして胸をなでおろしたことを昨日の事のように思い出す．

2009年3月にはアフリカツメガエルの腎臓細胞を打ち上げ腎臓細胞のドーム形成に関する実験 DomeGene が，日本の宇宙飛行士として初めて ISS に長期滞在した若田宇宙飛行士により実施された．この実験では日本の装置 CB（Clean Bench）内の顕微鏡による初めての細胞観察が行われた．続いて，8月にはカイコの卵を打ち上げ，宇宙放射線の生物影響を研究する実験 RadSilk を実施し，11月に回収した．さらに11月には *C.elegans* を打ち上げ，宇宙でのRNA 干渉や筋肉への影響を研究する実験 CERISE が実施され，2010年2月に試料を回収して宇宙でも RNA 干渉が正常に起こりうることを実証した．この実験では *C.elegans* の行動を顕微鏡観察したが，宇宙飛行士が顕微鏡観察後に凍結保存する試料を冷凍庫 MELFI に入れ忘れたため，せっかくの1G サンプルが約33時間以上も μG に放置されてしまった．何度も味わう宇宙実験の苦さであった．CERISE に先立ち2009年9月に HTV 技術実証機で打ち上げられた植物の種から種までの生活環に対する微小重力の影響を研究する実験 SpaceSeed も終了し，無事に STS-131 で帰還，回収された．2010年4月には神経系培養細胞の長期間培養による神経系への放射線影響実験 NeuroRad，また5月には植物実験2つが次々と打ち上がり無事に終了することができた．

今か今かと ISS「きぼう」モジュールの完成と運用を待ち続けながら，準備をしてきた ISS 初期利用のライフサイエンス宇宙実験全てが終了した．まさに怒濤の勢いであった．その後2期利用，3期利用，フィージビリティスタディと宇宙実験は今に至るまで続いていることは本書で紹介している通りである．

宇宙実験に付きものは，打ち上げロケットの遅延や変更だけではなく，システムのダウンや実験装置の不具合，さらには宇宙飛行士のミスなどなど，本来あってはならない，予想もしないような出来事がしばしば起こることだ．正常に装置が動くかどうか，動かなかったらどうするか，μG 区の試料を優先するか，1G 区か，観察はできないぞ，何か起きたときクルータイムの獲得は難しいぞ，サイエンスのミニマムサクセスクライテリアは，サイエンスロスを数値で示してくれ，説明してくれ，等々，時には理不尽だと思うような要求もあり，実験実施前から終了までの間に，いわゆる科学以外で悩まされることが多々ある．それでいて，予想もしない環境条件や不具合の中でも何とか実験を実施すればしたで，科学成果はどうなった，早く成果を出してくれとなる．科学側としては，正直「何言ってんだ！」と言いたくなることもあるが，淡々と成果を，実験環境，実験事情を含めた結果として発表していくことになる．そうは言ってもいざ「きぼう」モジュールでの実験が始まれば，どんな場合もサイエンスロスを最小限にするべく管制，運用チームや装置の運用チーム皆が一丸となって本当に頑張ってくれる．宇宙実験は，正に科学と運用と装置，宇宙飛行士とが一体となったチーム実験であることを実感する．この場を借りて感謝したい．

そして，やはりこの20年間多くの先生方と出会い共に宇宙実験に携わることができた幸運に感謝すると共に，改めて共に宇宙実験を支え歩んでくださった谷田貝文夫先生，本書出版にもお力添えいただいた那須正夫先生や多くの先生方，日本宇宙フォーラム（JSF）の嶋津徹生命科学研究グループ長と仲間の皆様，有人宇宙システム（JAMSS）の皆様，エーイーエス（AES）の皆様，そしてJAXAに入社以来，これまでずっと宇宙実験，研究を共に歩んでくれた東端晃主任研究開発員をはじめとする同僚一人一人にお礼を申し上げたい．また執筆が遅れに遅れ多大なご迷惑をおかけしたにもかかわらず忍耐強く待っていただいた共立出版の取締役編集担当の信沢孝一様にお詫びするとともに感謝いたします．原稿整理や校正等でお世話になった編集担当の野口訓子様本当にありがとうございました．

最後に宇宙環境利用科学の推進に多大なるご協力をいただいた，故大西武雄先生（本年7月にご逝去されました）のご冥福をお祈りするとともに深く感謝いたします．そして，本書を手に取って読んでいただいた皆様がたに感謝します．

2017年8月　日々秋めいていく夏の終りに
石岡　憲昭

引用文献

第 1 章

[1-1] 祖父江義明,『宇宙生命へのアプローチ』誠文堂新光社, 2007.

[1-2] 井田茂・佐藤文衛 他,『宇宙は地球であふれている』技術評論社, 2008.

[1-3] 土井垣成 訳, パリティ編集委員会 編,『地球・環境・惑星系』ポップサイエンス, 2001.

[1-4] 奥野誠・馬場昭次・山下雅道『生物の起源を探る』東京大学出版会, 2010.

[1-5] Arrheniu, S. A., *Worlds in the Making: The Evolution of the Universe*. New York, Harper & Row, 1908.

[1-6] Kvenvolden, K. A. *et al.*, Evidence for extraterrestrial amino-acids and hydrocarbons in the Murchison meteorite, *Nature*, **228**, pp. 923–926, 1970.

[1-7] Yu, H., *et al.*, Darwinian evolution of an alternative genetic system provides support for TNA as an RNA progenitor. *Nature Chemistry*, **4** (3), pp. 183–187, 2012. doi: 10.1038/nchem.1241

[1-8] Robert, F. S., Origin-of-life puzzle cracked, *Science*, **347**, pp. 1298, 2015.

[1-9] Khare, B. N. *et al.*, The organic aerosols of titan, *Adv. Space Res.*, **4** (12), pp. 59–68, 1984.

[1-10] Miyake, F. *et al.*, A signature of cosmic-ray increase in ad 774–775 from tree rings in Japan, *Nature*, **486**, pp. 240–242, 2012.

[1-11] 古賀章彦「脊椎動物のゲノムに潜むDNA型トランスポゾン」蛋白質 核酸 酵素, **49**, pp. 2103–2110, 2004.

[1-12] 佐藤温重,『宇宙環境と生命』裳華房, 2012.

[1-13] Maalouf, M. *et al.*, Biological effects of space radiation on human cells; History, Advances and Outcomes, *J. Radiat. Res.*, **52**, pp. 126–146, 2011.

[1-14] Lujan, B. F. *et al.*, in "*Human Physiology in Space, Teacher's manual*", NASA, 1994.

[1-15] Cucinotta., F. A. *et al.*, Physical and biological organ dosimetry analysis for international space station astronauts. *Radiat. Res.*, **170**, pp. 127–138, 2008.

[1-16] Nagamatsu, A. *et al.*, in *JDX-2009095*, JAXA, 2011.

[1-17] 宇宙開発事業団,『宇宙環境利用の展望』, 2001.

[1-18] Nicogossian, A. E, *et al.*, in "*Space Physiology and Medicine*" (eds. Lea and Febiger), NASA, 1989.

[1-19] Ichijo, T. *et al.*, Four-year bacterial monitoring in the International Space Station-Japanese Experiment Module "Kibo" with culture-independent approach. *npj Microgravity*, **2**, 2016. doi: 10.1038/npjmgrav.2016.7

[1-20] Sugita, T. *et al.*, Comprehensive analysis of the skin fungal microbiota of astronauts during a half-year stay at the International Space Station. *Med. Mycol.*, **54**, pp. 232–239, 2016. doi: 10.1093/mmy/myv121.

[1-21] Flynn-Evans E. E. *et al.*, in Risk of performance decrements and adverse health outcomes resulting from sleep loss, circadian desynchronization, and work overload in human health and performance risks of space exploration missions NASA human research roadmap, 2015. http://humanresearchroadmap.nasa.gov/evidence/reports/sleep.pdf

[1-22]　Matsumoto, A., *et al.*, Weight loss in humans in space. *Aviat. Space Environ. Med.*, **82** (6), pp. 615-621, 2011.

[1-23]　Smith, S.M., *et al.*, The nutritional status of astronauts is altered after long-term space flight aboard the International Space Station. *J. Nutr.*, **135**, pp. 437-443, 2005.

第２章

[2-1]　Bailey, J. V., Chapter 3: RADIATION PROTECTION AND INSTRUMENTATION, in "*SP-368 Biomedical Results of Apollo*" (eds. Johnston, R. S., *et al.*) Lyndon B. Johnson Space Center, 1975.
https://history.nasa.gov/SP-368/s2ch3.htm

[2-2]　JAXA ホームページ
(A) http://spaceinfo.jaxa.jp/iss_program.html
(B) http://iss.jaxa.jp/about/config/

[2-3]　JAXA プレスリリース「国際宇宙ステーションの運用延長参加に対する日本国政府決定について」(2015)
http://www.jaxa.jp/press/2015/12/20151222_iss_j.html

[2-4]　Ijili, K., Fish mating experiment in space--what it aimed at and how it was prepared. *Biol. Sci. Space.*, **9**, pp. 3-16, 1995.

[2-5]　Kenol Jules, K. *et al.*, Summary of Recent Research Accomplishment Onboard the International Space Station-Within the United States Orbital Segment, *Microgravity Science and Technology*, **23**, pp. 311-343, 2011.

[2-6]　Izumi, R. *et al.*, Development of Basic Technologies for Drop-Tower Experiments on Vertebrates, *Biol. Sci. Space.*, **23**, pp. 85-97, 2009.

[2-7]　特集：航空機の放物線飛行による短時間微小重力実験　I & II, *Int. J. Microgravity Science and Application*, **31**, 2014.

[2-8]　Freed, L. E. *et al.*, Tissue engineering of cartilage in space. *Proc. Natl. Acad. Sci. USA.*, **94**, pp. 13885-13890, 1997.

[2-9]　Higashibata, A. *et al.*, Influence of simulated microgravity on the activation of the small GTPase Rho involved in cytoskeletal formation--molecular cloning and sequencing of bovine leukemia-associated guanine nucleotide exchange factor. *BMC Biochem.*, **7**, 2006. doi: 10.1186/1471-2091-7-19

[2-10]　Hirasaka, K. *et al.*, Clinorotation prevents differentiation of rat myoblastic L6 cells in association with reduced NF-kappa B signaling. *Biochim. Biophys. Acta.*, **1743** (1-2) pp. 130-40. 2005. doi: 10.1016/j.bbamcr.2004.09.013

[2-11]　GSI-ESA-IBER: https://www.gsi.de/work/forschung/biophysik/esa_iber.htm

第３章

[3-1]　森　滋夫,『どうして宇宙酔いは起きる？』恒星社厚生閣, 2012.

[3-2]　FMPT 実験結果の概要「鯉を用いた宇宙酔いの基礎研究」, 日本航空宇宙学会誌, **42**, pp. 625-628, 1994.

[3-3]　American College of Cardiology:
http://www.acc.org/about-acc/press-releases/2014/03/29/09/09/may-hearts-in-space?w_nav=S

[3-4]　Diaz, A., Trigg, C., Young, L., Combining ergometer exercise and artificial gravity in a compact-radius centrifuge. *Acta Astronautica*, **113**, pp. 80-88, 2015.

doi.org/10.1016/j.actaastro.2015.03.034

［3-5］ Mader, T. H., *et al.*, Optic disc edema, globe flattening, choroidal folds, and hyperopic shifts observed in astronauts after long-duration space flight. *Ophthalmology*, **118**, pp. 2058-69, 2011.

［3-6］ Kramer, L. A., Sargsyan, A. E., *et al.*, Orbital and Intracranial Effects of Microgravity: Findings at 3-T MR Imaging. *Radiology*, 2012 June; 263 (3): pp. 819-827. DOI: 10.1148/radiol.12111986. PMID: 22416248.

［3-7］ Ikemoto, M., *et al.*, Space shuttle flight (STS-90) enhances degradation of rat myosin heavy chain in association with activation of ubiquitin-proteasome pathway. *FASEB J.*, **15**, pp. 1279-1281, 2001.

［3-8］ 二川　健，きぼう利用宇宙実験「ユビキチンリガーゼ Cbl-b を介した筋委縮の心機メカニズム（Myo Lab）」2012.
JAXA ホームページ　http://iss.jaxa.jp/kiboexp/theme/first/myolab/naiyou.html

［3-9］ Zhang, R., Ran, H. H., *et al.*, Simulated microgravity-induced mitochondrial dysfunction in rat cerebral arteries. *FASEB J.*, **6**, pp. 2715-24, 2014. doi: 10.1096/fj.13-245654.

［3-10］ van Loon, J. J. W. A., *et al.*, Decreased mineralization and increased calcium release in isolated fetal mouse long bones under near weightlessness. *J. Bone Min. Res.*, **10**, pp. 550-557, 1995.

［3-11］ 井尻憲一，『宇宙の生物学』朝倉書店，2001.

［3-12］ Lujan, B. F. & White, R. J., Human Physiology in Space. *Teacher's Manual: A Curriculum Supplement for Secondary Schools*, NASA, 1994.

［3-13］ Wronski, T. J., Morey, E. R., Alterations in calcium homeostasis and bone during actual and simulated space flight, *Med. Sci. Sport. s Exerc.*, **15**, pp. 410-414, 1983.

［3-14］ Morey-Holton, E. R., *et al.*, Animals and spaceflight: from survival to understanding, *J. Musculoskeletal Neuronal Interact.*, **7**, pp. 17-25, 2007.

［3-15］ 工藤　明，きぼう利用宇宙実験「メダカにおける微小重力が破骨細胞に与える影響と重力感知の解析」2014.
JAXA ホームページ　http://iss.jaxa.jp/kiboexp/theme/second/medakaosteoclast/naiyou.html

［3-16］ Cogoli, A., *et al.*, Cell sensitivity to gravity. *Science*, **225**, pp. 228-230, 1984.

［3-17］ Cogoli, A & Cogoli, -Greuter, M. Activation and proliferation of lymphocytes and other mammalian cells in microgravity. *Adv. Space Biol. Med.*, **6**, pp. 33-79, 1997

［3-18］ Cogoli, A., Signal Transduction in T lymphocytes in microgravity. Gravit. *Space Biol. Bull.*, **10**, pp. 5-16, 1997.

［3-19］ Ullrich, O., *et al.*, Signal transduction in cells of the immune system in microgravity. *Cell communication and Signaling*, **6**, 2008.

［3-20］ Meloni M.A., *et al.*, Cytoskeleton changes and impaired motility of monocytes at modelled low gravity. *Protoplasma*, **229**, pp. 243-249, 2006.

［3-21］ Meloni, M. A. *et al.*, Effects of Real Microgravity Aboard International Space Station on Monocytes Motility and Interaction with T-Lymphocytes, *10th ESA Life Sciences Symposium*, Angers, France, 2008

［3-22］ Souza, K. A., *et al.*, Amphibian development in the virtual absence of gravity. *Proc. Natl. Acad. Sci. U.S.A.*, **92**, pp. 1975-1978, 1995.

［3-23］ Morey-Holton, E. R., *et al.*, Animals and spaceflight: from survival to understanding. *J. Musculoskeletal Neuronal Interact.*, **7**, pp. 17-25, 2007.

［3-24］ 阿部悦子・須田立雄，「鶏胚の発生」，遺伝，**48**, pp. 48-53, 1994.

［3-25］ Ijiri, K., Development of space-fertilized eggs and formation of primordial germ cells in the embryos of Medaka fish. *Adv. Space. Res.*, **21**, pp. 1155-1158, 1998.

[3-26] Miyake, M. *et al.*, Effects of microgravity on organ development of the neonatal rat. *Biol. Sci. Space.*, **18**, pp. 126-127, 2004.

[3-27] 宇宙開発事業団,『宇宙環境利用の展望』, 2001.

[3-28] ESA SP, **1162**, pp. 41-50, 1995.

[3-29] Durante, M., Biomarkers of Space Radiation Risk. *Radiat. Res.*, **164**, pp. 467-473, 2005.

[3-30] Takahashi, H. *et al.*, A spaceflight experiment for the study of gravimorphogenesis and hydrotropism in cucumber seedlings. *J. Plant. Res.*, **112**, pp. 497-505, 1999.

[3-31] 高橋秀行, きぼう利用宇宙実験「根を曲がらせる影の物質を宇宙で探る：微小重力下における根の水分屈性とオーキシン制御遺伝子の発現」2012.
JAXA ホームページ http://iss.jaxa.jp/kiboexp/theme/first/hydrotropi/

[3-32] 鈴木信夫, きぼう利用宇宙実験「目からウロコの実験が重力応答の仕組みを解明する：宇宙空間における骨代謝制御；キンギョの培養ウロコを骨のモデルとした解析」2012.
JAXA ホームページ http://iss.jaxa.jp/kiboexp/theme/second/fishscales/

[3-33] Honda, Y., *et al.*, Genes down-regulated in spaceflight are involved in the control of longevity in *Caenorhabditis elegans*. *Sci. Rep.*, **2**, p. 487, 2012. doi: 10.1038/srep00487.

[3-34] Higashibata, A. *et al.*. Decreased expression of myogenic transcription factors and myosin heavy chains in *Caenorhabditis elegans* muscles developed during spaceflight, *Journal of Experimental Biology*, **209**, pp. 3209-3218, 2006. doi: 10.1242/jeb.02365.

[3-35] 本田陽子, きぼう利用宇宙実験「宇宙での寿命の変化を線虫を用いて調べる：「宇宙環境における線虫の老化研究」2015.
JAXA ホームページ http://iss.jaxa.jp/kiboexp/theme/second/spaceaging/

[3-36] Higashitani, A. *et al.*, Checkpoint and physiological apoptosis in germ cells proceeds normally in spaceflown Caenorhabditis elegans. *Apoptosis*. **10** (5), pp. 949-54, 2005.

[3-37] Etheridge, T. *et al.*, The Effectiveness of RNAi in *Caenorhabditis Elegans* Is Maintained During Spaceflight. *PLOS ONE*, **6** (6), 2011. doi: 10.1371/journal. pone.0020459.

[3-38] Higashibata, A. *et al.*, Microgravity elicits reproducible alterations in cytoskeletal and metabolic gene and protein expression in space-flown *Caenorhabditis elegans*. *npj Microgravity*. **2**, 2016. doi: 10.1038/npjmgrav.2015.22.

[3-39] Landry, M. & Fleisch, H., The influence of immmobilization on bone formation as evaluated by osseous incorporation tetracycline. *J. Bone Joint Surg.* (*Br.*), **46B**, pp. 764-771, 1964.

[3-40] 関口千春 他, 骨カルシウム代謝,『宇宙生理学・医学』(宇宙開発事業団編), 社会保険出版社, 1998.

[3-41] LeBlanc, A. D. *et al.*, Bone mineral loss and recovery after 17 weeks of bed rest. *J. Bone Miner. Res.*, **5**, pp. 843-860, 1990.

[3-42] Cogoli, A. & Cogoli-Greuter, M. Activation and proliferation of lymphocytes and other mammalian cells in microgravity. *Adv. Space. Biol. Med.*, **6**, pp. 33-79, 1997.

[3-43] De Groot R. P., *et al.*, Nuclear responses to protein kinase C signal transduction are sensitive to gravity change. *Experimental Cell Res.*, **197**, pp. 87-90, 1991.

[3-44] De Groot R.P., *et al.*, Microgravity decreases *c-fos* induction and serum element activity. *J. Cell Sciences*, **97**, pp. 33-38, 1990.

[3-45] Tauber, S., *et al.*, Signal transduction in primary human T lymphocytes in altered gravity during parabolic flight and clinostat experiments. *Cellular Physiology and Biochemistry*, **35**, pp. 1034-1051, 2015.

第４章

[4-1]　George, K. *et al.*, In vivo and in vitro measurements of complex chromosomal exchanges induced by heavy ions. *Adv. Space. Res.*, **31**, pp. 1525-1535, 2003.

[4-2]　George, K. *et al.*, Chromosome aberrations of clonal origin are present in astronaut's blood lymphocytes. *Cytogenet. Genome Res.*, **104**, pp. 245-251, 2004.

[4-3]　Honglu W., *et al.*, Comparison of chromosome aberration frequencies in pre- and post-flight astronaut lymphocytes irradiated in vitro with gamma rays. *Phys. Med.*, **17** Suppl 1, pp. 229-231, 2001.

[4-4]　Snigiryova, G. P., *et al.*, Cytogenic examination of cosmonauts for space radiation exposure examination. *Adv. Space Res.*, **50**, pp. 502-507, 2012.

[4-5]　Khaidakov, M., *et al.*, Molecular analysis of mutations in T-lymphocytes from experienced Soviet cosmonauts. *Environ., Mol. Mutagen.*, **30**, pp. 21-30, 1997.

[4-6]　Bailey, J. V., Radiological protection and medical dosimetry for the Skylab. Chapter 9 in "*Biomedical result s from Skylab NASA SP 377*" (eds. Dietlein Rsjalf) Pp. NASA; Washington, 1977.

[4-7]　Budinger, T. F., *et al.*, Light flash observations. Experiment MA-106. Apollo-Soyuz Tet Project Summary Science Report, *NASA Special Publication NASA SP-412*, pp. 193-209, NASA; Washington, 1977.

[4-8]　Casolino, M., Space travel: Dual origins of light flashes seem in space. *Nature*, **422**, p. 680, 2003.

[4-9]　Cucinotta, F. A., *et al.*, Space radiation and cataracts in astronauts., *Radiat. Res.*, **156**, pp. 460-466, 2001

[4-10]　Cucinotta, F. A. & Durante, M. Cancer risk from exposure to galactic cosmic rays: implication for space exploration by human beings. *Lancet Oncol.*, **7**, pp. 431-435, 2006.

[4-11]　Durante, M., Biomarkers of space radiation risk, *Radiat. Res.*, **164**, pp. 467-473, 2005.

[4-12]　Cucinotta, F. A., Space radiation risks for astronauts on multiple international space station missions, *PLOS ONE*, **9**, 2014. doi: 10.1371/journal.pone.0096099

[4-13]　Cummings, P., Obenaus, D. *et al.*, High-energy (HZE) radiation exposure causes delayed axonal degeneration and astrogliosis in the central nervous system of rats, *Gravitational and Space Biology*, **20**, pp. 89-90, 2007.

[4-14]　Parihar, V. K., *et. al.*, What happens to your brain on the way to Mars., *Sci. Adv.*, **1** (4) 2015. doi: 10.1126/sciadv.1400256

[4-15]　Bender, M. A., Gooch, P. C. & Kondo, S. The Gemini-3 S-4 Spaceflight-radiation interaction experiment. *Radiat. Res.*, **31**, pp. 91-111, 1967.

[4-16]　Bender, M. A., Gooch, P. C., and Kondo, S. The Gemini-XI S-4 Spaceflight-radiation interaction experiment: The human blood experiment. *Radiat. Res.*, **34**, pp. 228-238, 1968.

[4-17]　Shank, B. B. Results of radiobiological experiments on satellites, in "*Space radiation biology and related topics*" (eds. Tobias, C. A. & Todd, P.), Academic Press, pp. 313-351, 1974.

[4-18]　Bucker, H., *et al.*, Embryogenesis and organogeneis of *Carausius morosus* under spaceflight conditions. *Adv. Space Res.*, **12**, pp. 115-124, 1986.

[4-19]　Pross, H. D., Kost, M. & Kiefer, J., Repair of radiation induced genetic damage under microgravity. *Adv. Space Res.*, **14**, pp. 125-130, 1994.

[4-20]　Kobayashi, Y., *et al.*, Recovery of *Deinococcus radiodurans* from radiation damage was enhanced under microgravity. *Biol. Sci.*, **10**, pp. 97-101, 1996.

[4-21]　Ikenaga, M., *et al.*, Mutations incuced in *Drosophila* during space flight. *Biol. Sci.*, **11**, pp. 346-350, 1997.

[4-22]　Horneck, G., *et al.*, The influence of microgravity on repair of radiation-induced DNA damage in bacteria and human fibroblasts. *Radiat. Res.*, **147**, pp. 376-384, 1997.

[4-23]　Pross, H. D. & Kiefer, J., Repair of cellular radiation damage in space under microgravity condition. *Radiat. Environ. Biophys.*, **38**, pp. 133-138, 1999.

[4-24]　Ikenaga, M., Hirayama, J. *et al.*, Effect of space flight on the frequency of micronuclei and expression of stress-responsive proteins in caltured mammarian cells, *J. Radiat. Res.*, **43** Suppl. S 141-S 147, 2002.

[4-25]　Takahashi, A., *et al.*, The effects of microgravity on ligase activity in the repair of DNA double strand breaks. *Int. J. Radiat. Biol.*, **76**, pp. 783-788, 2000.

[4-26]　Horneck, G., Impact of microgravity on radiobiological processes and efficiency of DNA repair. *Mutat. Res.*, **430**, pp. 221-228, 1999.

[4-27]　Manti, L., *et al.*, Modelled microgravity does not modify the yield of chromosome aberrations induced by high-energy protons in human lymphocytes. *Int. J. Radiat. Biol.*, **81**, pp. 147-155, 2005.

[4-28]　Mognato, M., Celotti, L., Modeled microgravity affects cell survival and HPRT mutant frequency, but not the expression of DNA repair genes in human lymphocytes irradiated with ionising radiation. *Mutat. Res.*, **578**, pp. 417-429, 2005.

[4-29]　Canova, S., *et al.*, "Modeled microgravity" affects cell response to ionizing radiation and increases genomic damage. *Radiat. Res.*, **163**, pp. 191-199, 2005.

[4-30]　Wei, L., *et al.*, Synergistic Effects of Incubation in Rotating Bioreactors and Cumulative Low Dose 60Co γ-ray Irradiation on Human Immortal Lymphoblastoid Cells, *Microgravity Sci. Technol.* **24**, pp. 335-344, 2012.

[4-31]　Yatagai, F., *et al.*, Frozen human cells can record radiation damage accumulated during space flight: mutation induction and radioadaptation. *Radiat. Environ. Biophys.*, **50** (1). pp. 125-134. 2011 doi: 10.1007/s00411-010-0348-3.

[4-32]　Yatagai, F., *et al.*, Preliminary results of space experiment: Implications for the effects of space radiation and microgravity on survival and mutation induction in human cells. *Adv. Space Res.*, **49**, pp. 479-486, 2012.

[4-33]　Ohnishi, T., *et al.*, Detection of space radiation-induced double strand breaks as a track in cell nucleus. *Biochem. Biophys. Res. Commun.*, **390**, pp. 485-488, 2009. doi: 10.1016/j.bbrc.2009.09.114.

[4-34]　Takahashi, A., *et al.*, p53-dependent adaptive response in human cells exposed to space radiation. *Int. J. Radiat. Oncol. Biol. Phys.*, **78**, pp. 1171-1176, 2010.

[4-35]　Takahashi, A. *et al.*, The expression of p53-regulated genes in human cultured lymphoblastoid TSCE5 and WTK-1 cell lines during space flight. *Int. J. Radiat. Biol.*, **86**, pp. 669-681, 2010.

[4-36]　古澤嘉治，「きぼう」利用研究成果レポート，2012.

第5章

[5-1]　Ishioka, N., *et al.*, Development and verification of hardware for life science experiments in the Japanese experiment module 'Kibo' on the international space station. *J. Gravit. Physiol.*, **11**, pp. 81-91, 2004.

[5-2]　Yano, S., *et al.*, Excellent Thermal Control Ability of Cell Biology Experiment Facility (CBEF) for Ground-Based Experiments and Experiments Onboard the Kibo Japanese Experi-

ment Module of International Space Station, *Biological Sciences in Space*, **26**, pp. 12–20, 2012.

[5–3]　NASA Lab-on-a-Chip Application Development-Portable Test System (LOCAD-PTS) https://www.nasa.gov/mission_pages/station/research/experiments/232.html

[5–4]　Sims, M. R., *et al.*, Development status of the life marker chip, instrument for Exomars. *Planet. Space Sci.*, **72**, pp. 129–137, 2012.

[5–5]　Parro, V., *et al.*, SOLID3: a multiplex antibody microarray based optical sensor instrument for in situ life detection in planetary exploration. *Astrobiology*, **11**, pp. 15–28, 2011.

[5–6]　Vigier, A., *et al.*, Preparation of the Biochip experiment on the EXPOSE-R2 mission outside the International Space Station, *Adv. Space Res.*, **52**, pp. 2168–2179, 2011.

[5–7]　Brinckmann, E., Centrifuges and Their Application for Biological Experiments in Space. *Microgravity Science and Technology*, **24**, pp. 365–372, 2012.

[5–8]　Sridharan, D. M., *et al.*, Understanding cancer development processes after HZE-particle exposure: roles of ROS, DNA damage repair and inflammation. *Radiat Res.*, **183**, pp. 1–26, 2015. doi: 10.1667/RR13804.1.

[5–9]　谷田貝文夫 他,「放射線と微小重力の複合効果」, 放射線生物研究, **52**, pp. 80–94, 2017.

[5–10]　Girardi C, *et al.*, Analysis of miRNA and mRNA expression profiles highlights alterations in ionizing radiation response of human lymphocytes under modeled microgravity. *PLoS One*, **7**, 2012. doi: 10.1371/journal.pone.0031293.

[5–11]　Corydon, T., *et al.* Alterations of the cytoskeleton in human cells in space proved by life-cell imaging, *Scientific Reports*, **6**, 2016. doi: 10.1038/srep20043

[5–12]　Meloni, M. A., *et al.*, Space Flight Affects Motility and Cytoskeletal Structures in Human Monocyte Cell Line J-111, *Cytoskeleton*, **68**, pp. 125–137. 2011. doi: 10.1002/cm.20499

[5–13]　Chang, S., *et al.*, Tumor suppressor BRCA1 epigenetically controls oncogenic microRNA-155. *Nature Medicine*, **17**, pp. 1275–1282, 2011. doi: 10.1038/nm.2459.

[5–14]　El-Samad, H. & Weissman, J. S., Genetics: Noise rules. *Nature*, **480**, pp. 188–189. 2011. doi: 10.1038/480188a.

[5–15]　Gordon, A., *et al.*, Transcriptional Infidelity Promotes Heritable Phenotypic Change in a Bistable Gene Network. *PloS Bio.*, **7**, pp. 364–369, 2009.

[5–16]　Burg, A., *et. al.*, Predicting mutation outcome from early stochastic variation in genetic interaction partners. *Nature*, **480**, pp. 250–253. 2011. doi: 10.1038/nature10665.

第６章

[6–1]　Freed, L. E., Langer, R., Martin, I., Pellis, N. R., Vunlak-Novakovic, G., Tissue engineering of cartrilage in space., *Proc. Natl. Acad. Sci. USA.*, **94**, pp. 13885–13890, 1997.

[6–2]　石岡憲昭,「宇宙と老化」, 宇宙科学最前線, ISASA ニュース, No. 392, 2013.

[6–3]　Solar System Exploration Research (SERVI), The Space elevator Concept
https://servi.nasa.gov/articles/the-space-elevator-concept/
Audacious & Outrageous: Space Elevators| Science Mission Directorate
https://science.nasa.gov/science-news/science-at-nasa/2000/ast07sep_1/

[6–4]　To the Cosmos by Electric Train
http://www.spaceward.org/documents/Artsutanov_Pravda_SE.pdf

[6–5]　Isaacs, J. D., Vine, A. C., *et al.*, Satellite elongation into a true “sky-hook”, *Science*, **151** (3711), pp. 682–683, 1966

[6–6]　アーサー・C・クラーク,『楽園の泉』ハヤカワ文庫 SF, 早川書房, 2006.

[6-7]　J. Pearson, J., The orbital tower: a spacecraft launcher using the Earth's rotational energy. *Acta Astronautica*, **2**, pp. 785-799, 1975. doi: 10.1016/0094-5765(75)90021-1.
[6-8]　Smitherman, Jr. D. V., Marshall Space Flight Center, Huntsville, Alabama, Space Elevators, An Advanced Earth-Space Infrastructure for the New Millennium, NASA/CP—2000-210429, http://images.spaceref.com/docs/spaceelevator/elevator.pdf
[6-9]　Bradlley, C., E., The Space Elevator (NASA Institute for Advanced Concepts Study Phase 1 Final Report), 2000,
http://www.nss.org/resources/library/spaceelevator/2000-SpaceElevator-NIAC-phase1.pdf
[6-10]　LIFTPORT, http://www.liftport.com/
[6-11]　LiftPort plans to build space elevator on the Moon by 2020,
http://newatlas.com/lunar-elevator/23884/
[6-12]　宇宙エレベーター協会（JSEA），http://jsea.jp/
宇宙エレベーター協会 編『宇宙エレベーターの本』，アスペクト，2014.
[6-13]　広報誌「季刊大林」53 号（特集：タワー），プレスリリース，2012.
http://www.obayashi.co.jp/press/news20120220
[6-14]　STARS プロジェクト，http://stars.eng.shizuoka.ac.jp/starsc.html
[6-15]　宇宙ステーション・きぼう広報・情報センター（きぼうでの実験・新着情報）
http://iss.jaxa.jp/kiboexp/news/20161219-stars-c.html
[6-16]　O'Neill, Gerard K., *The High Frontier: Human Colonies in Space*. William Morrow & Company, 1977.
[6-17]　Space Colony Art from the 1970s
https://settlement.arc.nasa.gov/70sArt/art.html
[6-18]　A Village in Orbit: Inside NASA's Space Colony Concepts (Infographic)
http://www.space.com/22228-space-station-colony-concepts-explained-infographic.html
[6-19]　ウィキペディア「バイオスフィア 2」
https://ja.wikipedia.org/wiki/バイオスフィア 2
[6-20]　相部洋一，「閉鎖型生態系実験施設（CEEF）における居住実験」，宇宙航空環境医学，**46**, 2009
[6-21]　Sagan, C., The Planet Venus, *Science*, **133**, pp. 849-858, 1961.
[6-22]　Christopher, M., Making Mars habitable, *Nature*, **352**, pp. 489-496, 1991.
[6-23]　橋本博文，「テラフォーミング研究のすすめ」，日本機械学會誌, **101**, p. 71, 1998.
[6-24]　NASA Confirms Evidence That Liquid Water Flows on Today's Mars. Sept. 28, 2015.
https://www.nasa.gov/press-release/nasa-confirms-evidence-that-liquid-water-flows-on-today-s-mars
[6-25]　BBC ニュース「火星に生物は存在するのか」
http://www.bbc.com/japanese/features-and-analysis-34421252
[6-26]　火星で探査機が水を発見！　移住計画が現実味を帯びてきた？
http://the-liberty.com/article.php?item_id=6727
[6-27]　Plant Life on Mars? NASA May Send Up Greenhouse in 2021,
http://www.nbcnews.com/science/space/plant-life-mars-nasa-may-send-greenhouse-2021-n99696
[6-28]　Mars One,　http://www.mars-one.com/
[6-29]　AFP ニュース「火星への片道切符　世界から 20 万人以上が応募」
http://www.afpbb.com/articles/-/2967283
AFP ニュース「火星への片道旅行　候補者に 5 日間の選抜試験実施へ」

http://www.afpbb.com/articles/-/3089607
[6-30]　Swedish man survives for months in snowed-in car
http://uk.reuters.com/article/2012/02/18/uk-sweden-snow-idUKTRE81H0JX20120218
[6-31]　BBC News, Japanese man in mystery survival, 2006. 12. 21.
http://news.bbc.co.uk/2/hi/asia-pacific/6197339.stm
[6-32]　CNN ニュース「宇宙飛行士を「冬眠」させて火星へ　NASA 研究」
http://www.cnn.co.jp/fringe/35054863. html
[6-33]　NASA, NIAC 2016 Phase I and Phase II selections, 2016. 5. 13.
https://www.nasa.gov/feature/advancing-torpor-inducing-transfer-habitats-for-human-stasis-to-mars
[6-34]　Space Works Enterprise Inc.,　http://spaceworkseng.com/
[6-35]　You Tube, Rhino Chill IntraNasal Cooling System,
https://www.youtube.com/watch?v=p7NPGFwpx3c
[6-36]　QUARTZ, Hi-tech pods that allow human beings to hibernate for long-distance space travel are about to become a reality. 2017. 1.
https://qz.com/889581/hi-tech-pods-that-allow-human-beings-to-hibernate-for-long-distance-space-travel-are-about-to-become-a-reality/
[6-37]　EXPRESS　2017 年 2 月，Humans to be FROZEN IN TIME for space travel as scientists move to COLONISE other planets.
http://www.express.co.uk/news/science/762844/FROZEN-IN-TIME-space-travel-planet-colony
[6-38]　TOKANA「コールドスリープ（人工冬眠）が実現間近！　1 年後に動物実験を開始，人体実験へ」
http://tocana.jp/2017/02/post_12264_entry_2.html
[6-39]　Medical Note「低体温療法とは」
https://medicalnote.jp/contents/151204-000028-FKETNG
[6-40]　New Scientist, Gunshot victims to be suspended between life and death.
https://www.newscientist.com/article/mg22129623.000-gunshot-victims-to-be-suspended-between-life-and-death?full=true
[6-41]　National Geographic（日本語版）「“人工冬眠”による救命医療始まる」2014. 04. 08
http://natgeo.nikkeibp.co.jp/nng/article/news/14/9103/

索　引

数字・ギリシャ文字・欧文

あ行

か行

さ行

な行

は行

ま行

や行

ら行

Memorandum

Memorandum

【著　者】

石岡　憲昭（いしおか のりあき）

略　歴

1983 年 東京都立大学大学院博士課程修了，理学博士.

同年に米国インディアナ州インディアナ大学生物学科の博士研究員となる. 1986 年より東京慈恵会医科大学助手，講師を経て 1998 年宇宙開発事業団（NASDA）に入社. その後機関統合により宇宙航空研究開発機構（JAXA）となり JAXA 宇宙科学研究所の教授を務める. 2017 年宇宙航空研究開発機構を定年退職後，宇宙科学研究所専任教授として，また，総合研究大学院大学物理科学研究科教授を兼務し，および鹿児島大学大学院理工学研究科，医歯学総合研究科客員教授，徳島大学大学院医科学教育部客員教授を務め，現在に至る.

専　門

宇宙生命科学

主　著

日本生化学会編「新生化学実験講座 1，タンパク質 I」（東京化学同人）分担執筆（1990）

「酵素実験法 I」（広川書店）分担執筆（1993）

「医学・生物学のための Photoshop 活用ガイドブック」（日本薬事新報社）分担執筆（1997）

【執筆協力】

谷田貝　文夫（やたがい ふみお）

略　歴

1975 年 早稲田大学大学院博士課程修了，理学博士.

1976 年に理化学研究所入所後，ラジオアイソトープ技術室室長などを務める. その間 1984 年～1986 年にはカナダヨーク大学生物学科招聘助教授を務める. 理化学研究所を定年退職後，同研究所研究嘱託として，また，JAXA 宇宙科学研究所システム研究員，および早稲田大学，学習院大学，武蔵大学それぞれの非常勤講師，放送大学講師を務め，現在に至る.

専　門

放射線生物学

主　著

「今知りたい放射線と放射能：人体への影響と環境でのふるまい」（オーム社）共著（2011）

「物質環境科学」（NHK 出版）分担執筆（2014）

「放射化学の事典」（朝倉書店）分担執筆（2015）

宇宙生命科学入門
——生命の大冒険——

Life Sciences in Space
—*The Great Adventure of Life to Space*—

2017 年 11 月 25 日　初版 1 刷発行

著　者　石岡憲昭　©2017
発行者　南條光章
発行所　**共立出版株式会社**
〒112-0006
東京都文京区小日向 4 丁目 6 番 19 号
電話　(03) 3947-2511 (代表)
振替口座　00110-2-57035
URL　http://www.kyoritsu-pub.co.jp/

印　刷　精興社
製　本　協栄製本

一般社団法人
自然科学書協会
会員

検印廃止
NDC 460, 429.65, 450.12, 538.95
ISBN 978-4-320-04732-7

Printed in Japan